从零开始学 SpringBoot

明日科技 编著

全国百佳图书出版单位

化学工业出版社

·北京·

内容简介

本书从零基础读者的角度出发，通过通俗易懂的语言、丰富多彩的实例，循序渐进地让读者在实践中学习Spring Boot框架的用法。

全书共分为3篇15章，内容包括环境搭建，Spring Boot基础，配置项目，Controller控制器，请求的过滤、拦截与监听，Service服务，日志组件，单元测试，异常处理，模板引擎，JSON解析器，WebSocket长连接，上传与下载，MyBatis和Redis等。书中先介绍基本概念和基础语法，再讲解代码位置、参数说明，最后将代码整合到项目中并演示运行效果；讲解过程给出详细说明与注释，降低读者学习难度。同时，本书配套了大量教学视频，扫码即可观看，还提供所有程序源文件，方便读者实践。

本书适合Spring Boot初学者及已学完Java基础、Java Servlet基础和HTML基础的读者自学使用，也可用作高等院校相关专业的教材及参考书。

图书在版编目（CIP）数据

从零开始学Spring Boot/明日科技编著．—北京：化学工业出版社，2022.7
ISBN 978-7-122-41216-4

Ⅰ．①从…　Ⅱ．①明…　Ⅲ．①JAVA语言－程序设计
Ⅳ．①TP312.8

中国版本图书馆CIP数据核字（2022）第061079号

责任编辑：张　赛　耍利娜　　　　　　　　装帧设计：尹琳琳
责任校对：赵懿桐

出版发行：化学工业出版社（北京市东城区青年湖南街13号　邮政编码100011）
印　　装：三河市延风印装有限公司
787mm×1092mm　1/16　印张24¾　字数614千字　2022年7月北京第1版第1次印刷

购书咨询：010-64518888　　　　　　　　售后服务：010-64518899
网　　址：http://www.cip.com.cn
凡购买本书，如有缺损质量问题，本社销售中心负责调换。

定　　价：99.00元　　　　　　　　　　　　　　　　　　　版权所有　违者必究

  Spring Boot 是在 Spring 框架的基础之上发展而来的，不仅继承了 Spring 框架的所有特点，还融合了 Spring 家族其他框架的特色功能。因为 Spring Boot 设计合理、结构紧凑、开发效率高，所以一经推出就成为主流 Java 框架，在商业项目中的覆盖率很高。

  但对于初学者而言，学习 Spring Boot 的门槛是很高的，不仅需要掌握 Java SE、Java Servlet、Spring 框架的基础，还需要了解 Spring MVC、Spring Data、JUnit、Maven 等一系列框架和软件的使用方法。本书为了降低初学者的学习压力，尽量避免剖析 Spring Boot 的底层代码，而是把相关知识点融入 Spring Boot 中进行讲解，通过语法与示例教大家如何在 Spring Boot 项目中实现具体功能。即使初学者没有其他框架的基础，也可能参考本书编写 Spring Boot 项目。

本书内容

  本书包含了学习 Spring Boot 开发的各类必备知识，全书共分为 3 篇 15 章内容，结构如下。

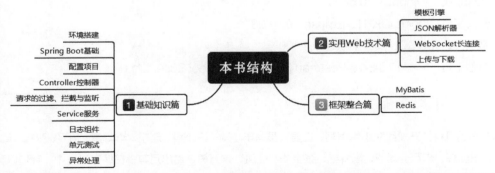

  第 1 篇：基础知识篇。本篇主要对 Spring Boot 的一些基础知识进行详解，包括环境搭建、基础的语法、项目结构、核心技术、常用技术等内容。

  第 2 篇：实用 Web 技术篇。本篇主要介绍 Spring Boot 开发 Web 项目时需要依赖的一些其他组件，这些组件可以丰富网页的功能，包括模板引擎、JSON 的使用、长连接的实现以及上传下载功能。

  第 3 篇：框架整合篇。本篇会介绍如何在 Spring Boot 项目中整合目前比较流行的持久层框架 MyBatis 和缓存中间件 Redis。

本书特点

- ☑ **知识讲解详尽细致**。本书以入门学员为对象，力求将知识点划分得更加细致，讲解更加详细，使读者能够"学必会，会必用"。
- ☑ **案例侧重实用有趣**。通过实例学习是最好的编程学习方式，本书在讲解知识时，通过有趣、实用的案例对所讲解的知识点进行解析，让读者不仅学会知识，还能够了解所学知识的真实使用场景。
- ☑ **思维导图总结知识**。每章最后都使用思维导图总结本章重点知识，使读者能一目了然地回顾本章知识点以及需要重点掌握的知识。

读者对象

- ☑ Java 进阶学习者
- ☑ 大中专院校的老师和学生
- ☑ 做毕业设计的学生
- ☑ 程序测试及维护人员
- ☑ 编程爱好者
- ☑ 相关培训机构的老师和学员
- ☑ 初、中、高级程序开发人员
- ☑ 参加实习的"菜鸟"程序员

读者服务

为了方便解决本书学习中的疑难问题，我们提供了多种服务方式，并由作者团队提供在线技术指导和社区服务，服务方式如下：

- √ 企业 QQ：4006751066
- √ QQ 群：309198926
- √ 服务电话：400-67501966、0431-84978981

本书约定

开发环境及工具如下：

- √ 操作系统：Windows 10 64 位
- √ 开发工具：OpenJDK 11、Eclipse 2021-03
- √ 数 据 库：MySQL 8.0、Redis 3.2.100
- √ 其他工具：Maven 3.8.1、Postman 8.6.2、Sping Tool Suite 4.11.0

致读者

本书由明日科技开发团队组织编写，主要人员有申小琦、王小科、赵宁、李菁菁、何平、张鑫、周佳星、赛奎春、王国辉、李磊、杨丽、高春艳、张宝华、庞凤、宋万勇、葛忠月等。在编写过程中，我们以科学、严谨的态度，力求精益求精，但疏漏之处在所难免，敬请广大读者批评指正。

感谢您阅读本书，零基础编程，一切皆有可能，希望本书能成为您编程路上的敲门砖。

祝读书快乐！

编著者

第 1 篇　基础知识篇

第 1 章　环境搭建 / 2

1.1 安装 Java 运行环境——JDK / 3
　1.1.1 下载 Open JDK / 3
　1.1.2 安装与配置 / 4
1.2 安装项目构建工具——Maven / 6
　1.2.1 下载压缩包 / 6
　1.2.2 修改 JAR 文件的存放位置 / 7
　1.2.3 添加阿里云中央仓库镜像 / 8
1.3 安装集成开发环境——Eclipse / 9
　1.3.1 下载与安装 / 9
　1.3.2 启动 / 11
　1.3.3 配置 Java 运行环境 / 12
　1.3.4 配置 Maven 环境 / 14
1.4 接口测试工具——Postman / 16
1.5 编写第一个 Spring Boot 程序 / 18
　1.5.1 在 Spring 官网生成初始项目文件 / 18
　1.5.2 Eclipse 导入 Spring Boot 项目 / 21
　1.5.3 编写简单的跳转功能 / 23
　1.5.4 打包项目 / 25
1.6 为 Eclipse 安装 Spring 插件（可选）/ 26
　1.6.1 安装插件的步骤 / 27
　1.6.2 快速创建 Spring Boot 项目 / 28
◉ 本章知识思维导图 / 31

第 2 章　Spring Boot 基础 / 32

2.1 Spring Boot 简介 / 33
　2.1.1 为什么用 Spring Boot？/ 33
　2.1.2 Spring Boot 的特点 / 33
2.2 常用注解 / 34
2.3 启动类 / 35
2.4 命名规范 / 36
　2.4.1 包的命名 / 36
　2.4.2 Java 文件的命名 / 39
2.5 理解注入 / 41
　2.5.1 一个简单的注入例子 / 41
　　[实例 01] 将用户名注册成 Bean / 41
　2.5.2 注册 Bean / 43

[实例 02] 李四的名字必须通过别名注入 / 44
[实例 03] 指定 People 对象初始化方法和销毁方法 / 46
  2.5.3 获取 Bean / 48

2.6 为项目添加依赖 / 50
  2.6.1 修改 pom.xml 配置文件 / 50
  2.6.2 如何查找依赖的版本号 / 53
💡本章知识思维导图 / 54

第 3 章 配置项目 / 55

3.1 配置文件 / 56
  3.1.1 properties 和 yml / 56
  3.1.2 常用配置 / 59
3.2 读取配置项的值 / 60
  3.2.1 使用 @Value 注解注入 / 60
  [实例 01] 读取配置文件中记录的学生信息 / 60
  3.2.2 使用 Environment 环境组件 / 61
  [实例 02] 读取配置文件中个人的简历信息 / 62
  3.2.3 创建配置文件的映射对象 / 63

[实例 03] 将配置文件中的信息封装成学生对象 / 66
3.3 同时拥有多个配置文件 / 69
  3.3.1 加载多个配置文件 / 69
  [实例 04] 读取自定义配置文件中的静态数据 / 70
  3.3.2 切换多环境配置文件 / 72
  [实例 05] 创建生产和测试两套环境的配置文件，切换两套环境后启动项目 / 73
3.4 @Configuration 配置类 / 74
  [实例 06] 自定义项目的错误页面 / 75
💡本章知识思维导图 / 77

第 4 章 Controller 控制器 / 78

4.1 映射 HTTP 请求 / 79
  4.1.1 @Controller / 79
  4.1.2 @RequestMapping / 79
  [实例 01] 访问指定地址进入主页 / 79
  [实例 02] 访问多个地址进入同一主页 / 80
  [实例 03] 根据请求类型显示不同的页面 / 82
  [实例 04] 用户发送的请求必须包含 name 参数和 id 参数 / 83
  [实例 05] 获取用户客户端 Cookie 中的 Session id，判断用户是否为自动登录 / 85
  [实例 06] 要求用户发送的数据必须是 JSON 格式 / 86
  [实例 07] 为电商平台设置上层地址 / 89
  4.1.3 @ResponseBody / 89

  4.1.4 @RestController / 91
  4.1.5 重定向 / 91
  [实例 08] 将请求重定向为百度首页（方法一）/ 91
  [实例 09] 将请求重定向为百度首页（方法二）/ 92
4.2 传递参数 / 93
  4.2.1 自动识别请求的参数 / 93
  [实例 10] 验证用户发送的账号、密码是否正确 / 93
  4.2.2 @RequestParam / 95
  [实例 11] 获取用户发送的 token 口令 / 95
  [实例 12] 如果用户没有发送用户名，则用"游客"称呼用户 / 97

4.2.3 @RequestBody / 97
[实例 13] 将前端发送的 JSON 数据封装成 People 类对象 / 98
4.2.4 获取 Servlet 的内置对象 / 99
[实例 14] 服务器返回图片 / 100
4.3 RESTful 风格及传参方式 / 101
4.3.1 什么是 RESTful 风格？/ 101
4.3.2 动态 URL 地址 / 102
[实例 15] 使用 RESTful 风格对用户信息进行查、改、删 / 103
💡本章知识思维导图 / 107

第 5 章 请求的过滤、拦截与监听 / 108

5.1 过滤器 / 109
5.1.1 通过配置类注册 / 109
[实例 01] 用过滤器检查用户是否登录 / 110
[实例 02] 让同一个请求经过三个过滤器 / 111
5.1.2 通过 @WebFilter 注解注册 / 113
[实例 03] 用过滤器统计资源访问数量 / 114
5.2 拦截器 / 115
[实例 04] 捕捉一个请求的执行前、执行后和结束事件 / 116
[实例 05] 拦截高频访问 / 118
5.3 监听器 / 120
[实例 06] 监听每一个前端请求的 URL、IP 和 session id / 121
[实例 07] 监听网站的当前访问人数 / 123
💡本章知识思维导图 / 124

第 6 章 Service 服务 / 125

6.1 服务层的概念 / 126
6.2 @Service 注解 / 126
[实例 01] 创建用户服务，校验用户账号密码是否正确 / 127
6.3 同时存在多个实现类的情况 / 128
6.3.1 按照实现类名称映射 / 128
[实例 02] 为翻译服务创建英译汉、法译汉实现类 / 129
6.3.2 按照 @Service 的 value 属性映射 / 131
[实例 03] 为成绩服务创建升序排列和降序排列实现类 / 131
6.4 不实现接口的 @Service 类 / 134
[实例 04] 校验前端发送的名称是否为中文姓名 / 134
6.5 @Service 和 @Repository 的区别 / 136
💡本章知识思维导图 / 136

第 7 章 日志组件 / 137

7.1 Spring Boot 默认的日志组件 / 138
7.1.1 log4j 框架与 logback 框架 / 138

7.1.2　slf4j 框架 / 138
7.2　打印日志 / 138
　7.2.1　slf4j 的用法 / 138
　　[实例 01]　在日志中输出前端发来的数据 / 140
　7.2.2　解读日志 / 141
7.3　保存日志文件 / 142
　7.3.1　指定日志文件保存地址 / 142
　　[实例 02]　在项目的 logs 文件夹下保存日志文件 / 142
　7.3.2　指定日志文件名称 / 143
　7.3.3　为日志文件添加约束 / 144
　　[实例 03]　若 logs 文件夹下日志文件超出 2kB 则打包成 ZIP 压缩包 / 144

7.4　调整日志内容 / 146
　7.4.1　设置日志级别 / 146
　　[实例 04]　让所有控制器都打印 DEBUG 日志 / 146
　7.4.2　修改日志格式 / 148
　　[实例 05]　在控制台显示简化的中文日志，在日志文件中记录详细英文日志 / 148
7.5　支持 logback 配置文件 / 149
　　[实例 06]　使用 logback.xml 配置日志组件，在控制台打印日志的同时生成日志文件 / 149
🔖 本章知识思维导图 / 151

第 8 章　单元测试 / 152

8.1　JUnit 简介 / 153
　8.1.1　什么是 JUnit？/ 153
　8.1.2　Spring Boot 中的 JUnit / 153
8.2　注解 / 155
　8.2.1　核心注解 / 155
　　[实例 01]　测试用户登录验证服务 / 156
　8.2.2　测前准备与测后收尾 / 157
　　[实例 02]　在测试方法运行前后打印方法名称 / 158
　　[实例 03]　在测试开始前执行初始化方法，测试结束后执行资源释放方法 / 159
　8.2.3　参数化测试 / 161
　　[实例 04]　测试判断素数算法的执行效率 / 161
　　[实例 05]　设计多组用例来测试证用户登录验证功能 / 163
　　[实例 06]　将季节枚举作为测试方法的参数 / 164
　8.2.4　其他常用注解 / 165
8.3　断言 / 168

　8.3.1　Assertions 类的常用方法 / 168
　8.3.2　两种导入方式 / 169
　8.3.3　Executable 接口 / 169
　8.3.4　在测试中的应用 / 170
　　[实例 07]　验证开发者编写的升序排序算法是否正确 / 170
　　[实例 08]　验证用户登录方法是否完善 / 172
8.4　模拟 Servlet 内置对象 / 174
　　[实例 09]　在单元测试中伪造用户登录的 session 记录 / 174
8.5　模拟网络请求 / 176
　8.5.1　创建网络请求 / 176
　8.5.2　添加请求参数 / 177
　8.5.3　分析结果 / 178
　8.5.4　在测试用的应用 / 179
　　[实例 10]　测试 RESTful 风格的物料查询服务和物料新增服务 / 180
　　[实例 11]　使用 MockMvc 进行断言测试 / 182
🔖 本章知识思维导图 / 184

第 9 章 异常处理 / 185

9.1 拦截特定异常 / 186
[实例 01] 拦截缺失参数引发的空指针异常 / 186

9.2 拦截全局最底层异常 / 188
[实例 02] 拦截意料之外出现的异常 / 188

9.3 获取具体的异常日志 / 190
[实例 03] 打印异常的堆栈日志 / 190

9.4 指定被拦截的 Java 文件 / 192
9.4.1 只拦截某个包中发生的异常 / 192
[实例 04] 只拦截注册服务引发异常 / 192

9.4.2 只拦截某个注解标注类发生的异常 / 195
[实例 05] 只拦截注册服务引发异常 / 195

9.5 拦截自定义异常 / 197
[实例 06] 拦截年龄是负数的异常 / 197

9.6 修改自定义异常的错误状态 / 198
[实例 07] 让负数年龄引发 HTTP 400 错误 / 199

◎ 本章知识思维导图 / 201

第 2 篇 实用 Web 技术篇

第 10 章 模板引擎 / 204

10.1 Thymeleaf / 205
10.1.1 添加依赖 / 205
10.1.2 跳转至 HTML 页面文件 / 206
[实例 01] 为首页和登录页面编写 HTML 文件，并实现跳转逻辑 / 207
[实例 02] 为项目添加默认首页和错误页 / 209
10.1.3 常用表达式和标签 / 210
10.1.4 向页面传值 / 212
[实例 03] 在前端页面显示用户的 IP 地址等信息 / 213
10.1.5 向页面传输对象 / 214
[实例 04] 用三种方式显示人员信息 / 215
10.1.6 页面中的判断 / 216
[实例 05] 判断购票者是否符合儿童票要求 / 217
[实例 06] 判断季节并展示结果 / 218
10.1.7 页面中的循环 / 219
[实例 07] 打印人员名单 / 220

10.1.8 Thymeleaf 内置对象 / 221
[实例 08] 以不同形式打印当前日期 / 222
[实例 09] 操作字符串内容 / 223
[实例 10] 操作 List、Set 和 Map 类型的集合对象 / 224
[实例 11] 读取当前登录的用户名和请求中的消息 / 225
10.1.9 嵌入其他页面文件 / 226
[实例 12] 在主页插入顶部的登录菜单和底部的声明页面 / 227
10.1.10 其他配置 / 228
10.2 FreeMarker / 229
10.2.1 添加依赖 / 229
10.2.2 添加配置 / 229
10.2.3 跳转至页面和传递参数 / 230
[实例 13] 在主页中显示班级和老师姓名、年龄 / 230

10.2.4 指令 / 231
10.2.5 在网页中声明变量 / 233
[实例 14] 使用 assign 指令定义西游记师徒四人的基本信息 / 234
10.2.6 "?"和"!"的用法 / 235
[实例 15] 使用 ?? 和 ! 处理后端发送的值，防止出现空数据 / 236
10.2.7 内置函数 / 236
10.2.8 页面中的条件判断 / 240
[实例 16] 根据学生各科成绩给出优、良、及格、不及格评级 / 241

10.2.9 页面中的循环 / 243
[实例 17] 使用 list 指令展示图书销售排行榜 / 243
10.2.10 在网页中声明方法 / 245
[实例 18] 为特惠活动中的图书商品添加首尾标签 / 246
10.2.11 嵌入其他页面文件 / 247
[实例 19] 使用 FreeMarker 嵌入顶部的登录菜单和底部的声明页面 / 247
◆ 本章知识思维导图 / 249

第 11 章 JSON 解析器 / 250

11.1 Jackson / 251
  11.1.1 什么是 JSON / 251
  11.1.2 Jackson 的核心 API / 252
  11.1.3 将对象转为 JSON 字符串 / 256
  [实例 01] 账号密码错误时返回 JSON 格式错误信息 / 258
  11.1.4 将 JSON 字符串转为实体对象 / 260
  [实例 02] 将 JSON 中的员工信息封装成员工实体类 / 260
  11.1.5 Spring Boot 可自动将对象转换成 JSON / 262
  11.1.6 Jackson 的注解 / 264

[实例 03] 利用注解设定商品实体类的 JSON 格式 / 264
  11.1.7 JSON 数据的增删改查 / 265
11.2 FastJson / 268
  11.2.1 添加 FastJson 依赖 / 268
  11.2.2 对象与 JSON 字符串互转 / 268
  [实例 04] 接受前端发来的 JSON 登录数据，返回 JSON 登录结果 / 269
  11.2.3 @JSONField 注解 / 270
  11.2.4 FastJson 对 JSON 数据进行增删改查 / 272
◆ 本章知识思维导图 / 278

第 12 章 WebSocket 长连接 / 279

12.1 概念 / 280
  12.1.1 短连接与长连接 / 280
  12.1.2 WebSocket 协议 / 280
12.2 端点 / 280
  12.2.1 添加依赖 / 280
  12.2.2 开启自动注册端点 / 281
  12.2.3 创建服务器端点 / 281
  12.2.4 Session 会话对象 / 282
  12.2.5 服务器端点的事件 / 284
12.3 页面客户端 / 286

12.3.1 JavaScript 中的 WebSocket 对象 / 286

12.3.2 事件及触发的方法 / 287

12.3.3 客户端与服务端之间的触发关系 / 287

12.4 一个简单实例 / 288

[实例 01] 页面动态展示服务器回执 / 288

12.5 模拟手机扫码登录 / 291

[实例 02] 模拟手机扫码登录 / 292

12.5.1 添加 qrcode.js / 292

12.5.2 模拟消息队列 / 292

12.5.3 服务端实现 / 293

12.5.4 客户端实现 / 294

12.5.5 控制器的实现 / 295

12.5.6 运行效果 / 295

12.6 网页聊天室 / 297

[实例 03] 网页聊天室 / 297

12.6.1 添加 JQuery / 297

12.6.2 自定义会话组 / 297

12.6.3 服务端实现 / 298

12.6.4 客户端实现 / 299

12.6.5 运行效果 / 300

本章知识思维导图 / 302

第 13 章　上传与下载 / 303

13.1 上传文件 / 304

[实例 01] 将图片文件上传至服务器 / 305

13.2 同时上传多个文件 / 307

[实例 02] 一次上传文件至服务器 / 308

13.3 下载文件 / 310

[实例 03] 根据 URL 地址下载不同的文件 / 311

13.4 提交 Excel 模板 / 312

13.4.1 添加 POI 依赖 / 312

13.4.2 读取 Excel 文件的 API / 313

13.4.3 综合实例 / 315

[实例 04] 批量上传考试成绩 / 315

本章知识思维导图 / 319

第 3 篇　框架整合篇

第 14 章　持久层框架——MyBatis / 322

14.1 简介 / 323

14.2 添加依赖 / 323

14.3 映射器 Mapper / 324

14.4 增、删、改、查 / 325

14.4.1 @Select / 326

[实例 01] 将 t_people 表中的数据取出并封装成实体类对象 / 328

14.4.2 @Insert、@Update 和 @Delete / 330

[实例 02] 向 t_people 表中添加新人员数据、修改新人员数据，再删除此新人员数据 / 330

14.5 SQL 语句构建器 / 332
　14.5.1 SQL 类 / 332
　14.5.2 Provider 系列注解 / 333
　14.5.3 动态构建 SQL / 334
　[实例 03] 创建带参数的接口方法，允许插入定义人员数据，并查询指定姓氏的人员数据 / 335
14.6 SQL 参数 / 337
　[实例 04] 创建开放式人员信息增删改查映射器接口 / 339

14.7 结果映射 / 340
　[实例 05] 创建图书馆借书单实体列，将三表联查结果封装到借书单对象中 / 341
14.8 级联映射 / 343
　14.8.1 一对一 / 344
　[实例 06] 构建手机与电池的一对一关系 / 345
　14.8.2 一对多 / 346
　[实例 07] 构建老师与学生的一对多关系 / 348
◎本章知识思维导图 / 351

第 15 章 缓存中间件——Redis / 352

15.1 Redis 简介 / 353
　15.1.1 非关系型数据库 / 353
　15.1.2 Redis 简介 / 353
　15.1.3 为什么把 Redis 称为缓存？ / 353
15.2 Windows 系统搭建 Redis 环境 / 354
　15.2.1 下载 / 354
　15.2.2 启动 / 355
15.3 Redis 常用命令 / 357
　15.3.1 基础键值命令 / 357
　15.3.2 哈希命令 / 361
　15.3.3 列表命令 / 364

　15.3.4 集合命令 / 367
15.4 Spring Boot 访问 Redis / 370
　15.4.1 添加依赖 / 370
　15.4.2 配置项 / 371
　15.4.3 使用 Jedis 访问 Redis / 371
　[实例 01] 高并发抢票服务 / 373
　15.4.4 使用 RedisTemplate 访问 Redis / 376
　[实例 02] 为视频播放量排行榜添加缓存 / 379
◎本章知识思维导图 / 384

Spring Boot

从零开始学 Spring Boot

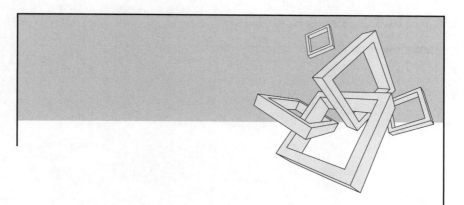

第1篇
基础知识篇

第 1 章
环境搭建

扫码领取
- 配套视频
- 配套素材
- 学习指导
- 交流社群

 本章学习目标

- 搭建 Java 运行环境
- 搭建 Maven 环境
- 安装并成功运行 Eclipse
- 成功启动 Spring Boot 项目

1.1 安装 Java 运行环境——JDK

JDK 是为 Java 代码提供编译和运行的环境。虽然 Oracle JDK 是最完善的商业 JDK，但在 Oracle 官网下载稳定版本的 JDK 安装包需要用户先登录账号，但国内用户注册 Oracle 官网账号是一件很麻烦的事情，所以，本书采用功能与 Oracle JDK 一样，但可以免费下载的 Open JDK。

下面将介绍下载并安装 Open JDK 和配置环境变量的方法。

1.1.1 下载 Open JDK

JDK 从上市至今已经发布了很多个版本，根据官方的公告，其中 JDK 8 与 JDK 11 为长更新版本，也就是推荐广大用户使用的稳定版本。在笔者编写本书时，除了 JDK 8 与 JDK 11 以外的其他版本均为过渡版本。

Open JDK 提供的各个版本中，Open JDK 8 为 32 位版本，Open JDK 11 为 64 位版本。读者需要先确认自己的计算机系统的位数，然后再下载相应的版本。

本节将介绍下载 Open JDK 11 版本的方法，具体步骤如下。

① 打开浏览器，输入网址 http://jdk.java.net，在页面下方的 Reference implementations 一栏右侧，单击如图 1.1 所示的 "11" 超链接，进入 Open JDK 11 的下载页面。

图 1.1 Open JDK 的下载页面

👑 说明：

从图中可以看到，除了 11 版本之外，Open JDK 还提供了很多其他版本的超链接，读者可自行下载体验。但本书只介绍 Open JDK 11 的下载与安装。其他版本的安装步骤与 Open JDK 11 的安装步骤大致相同。

② 在 Open JDK 11 的下载页中，单击 Windows/x64 Java Development Kit 超链接，即可下载 Open JDK 11 的 ZIP 压缩包，操作如图 1.2 所示。

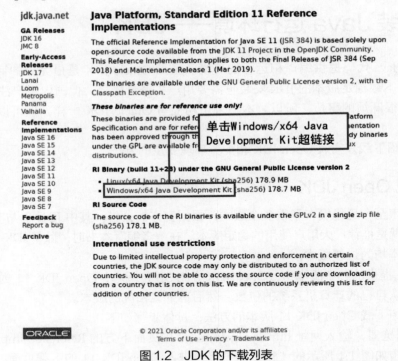

图1.2 JDK 的下载列表

1.1.2 安装与配置

下载完 Open JDK 的 ZIP 格式压缩包后，将压缩包中的所有文件解压到计算机硬盘中，例如解压到 D 盘根目录的 Java 文件夹中，效果如图 1.3 所示。

在 Windows 10 系统配置环境变量的步骤如下。

① 在桌面上的"此电脑"图标上单击鼠标右键，在弹出的快捷菜单中选择"属性"，在弹出的窗体左侧单击"高级系统设置"超链接，位置如图 1.4 所示。

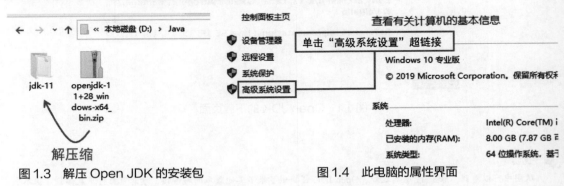

图1.3 解压 Open JDK 的安装包　　　　　　图1.4 此电脑的属性界面

② 单击完"高级系统设置"超链接之后将打开如图 1.5 所示的"系统属性"对话框。单击"环境变量"按钮，将弹出如图 1.6 所示的"环境变量"对话框。先选择"系统变量"栏中 Path 变量，再单击下方的"编辑"按钮。

③ 单击完"编辑"按钮之后会打开如图 1.7 所示的"编辑环境变量"对话框。首先单击右侧的"新建"按钮，列表中会出现一个空的环境变量，然后将解压完成的 JDK 根目录路径填充到这个空环境变量中，最后单击下方的"确定"按钮。

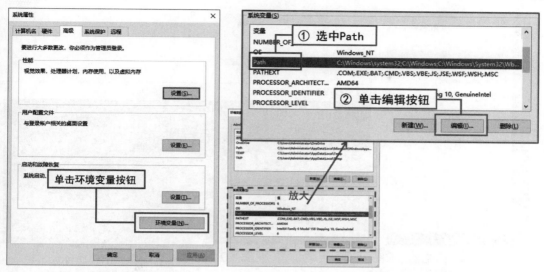

图 1.5 "系统属性"对话框　　　　图 1.6 "环境变量"对话框

图 1.7 创建 Open JDK 的环境变量

④ 逐个单击对话框中的"确定"按钮，依次退出上述对话框后，即可完成在 Windows 10 系统中配置 JDK 的相关操作。

JDK 配置完成后，需确认其是否可以正常运行。在 Windows 10 下测试 JDK 环境需要先单击桌面左下角的图标，在下方搜索框中输入"cmd"，如图 1.8 所示，然后按 Enter 键启动"命令提示符"对话框。

在"命令提示符"对话框中输入"java -version"命令，按 Enter 键，将显示如图 1.9 所示的 JDK 版本信息。如果显示当前 JDK 版本号、位数等信息，则说明 JDK 环境已搭建成功。如果显示"java 不是内部或外部命令……"，则说明搭建失败（原因是在环境变量配置的文件夹中无法找到 java.exe 这个执行文件），可重新检查在环境变量中填写的路径是否正确。

图1.8 输入"cmd"后的效果图

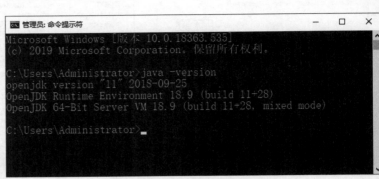

图1.9 JDK版本信息

1.2 安装项目构建工具——Maven

Maven 是 Apache 公司推出的一款项目构建管理工具，开发者只需要在 XML 文件中填写 Java 项目需要使用的 JAR 文件名称和版本号等一些信息，Maven 就可以自动从服务器下载并导入这些 JAR 文件。

Maven 是一个非常小的软件，非常适合初学者快速上手，本节将介绍如何在 Windows 10 系统中安装并配置 Maven。

1.2.1 下载压缩包

Maven 是一款绿色软件，只需要下载压缩包并解压到本地硬盘就算是完成了下载与安装。具体步骤如下。

① 打开浏览器，输入网址 https://maven.apache.org，打开如图 1.10 所示的主页之后，在左侧的菜单栏中单击"Download"超链接，进入下载页面。

图1.10 Maven 的主页

② 进入下载页面之后，Files 标题下的内容就是 Maven 的下载链接。找到"Binary zip archive"对应的"Link"链接，例如本书下载的 Maven 版本为 3.8.1，单击"apache-maven-3.8.1-bin.zip"，即可开启下载任务，位置如图 1.11 所示。

③ 下载完 ZIP 压缩包之后，将其解压到本地硬盘上，如图 1.12 所示。这样就完成了下载与安装的工作，下一步将对 Maven 进行配置，指定存放 JAR 文件的路径以及下载采用的服务器。

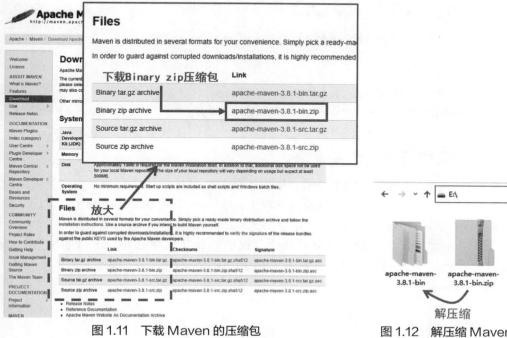

图 1.11　下载 Maven 的压缩包　　　　图 1.12　解压缩 Maven 的 ZIP 压缩包

1.2.2　修改 JAR 文件的存放位置

Maven 自动下载 JAR 文件后，会将这些 JAR 文件存放在本地硬盘上。如果不指定存放目录，Maven 会默认将 JAR 文件存放在如下位置：

```
C:\Users\Administrator\.m2\repository
```

👑 说明：

C 盘是系统所在盘符，Administrator 是 Windows 系统默认的用户名，如果开发者使用其他用户登录 Windows，默认路径会随之改变。

想要更改 JAR 文件的存放路径，需要修改 Maven 的配置文件。在 Maven 的 conf 文件夹下找到 settings.xml 配置文件，使用记事本或其他文本编辑器打开 settings.xml，找到 <settings> 标签，在此标签下添加以下内容：

```
<localRepository>E:/apache-maven-3.8.1/Maven-lib</localRepository>
```

这行配置表示让 Maven 把所有下载的 JAR 文件都放在 E:/apache-maven-3.8.1/Maven-lib 这个目录下。若该目录不存在，Maven 会自动创建该目录。添加的位置类似图 1.13 所示。

7

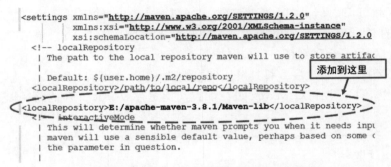

图 1.13 指定 Maven 存放 JAR 文件的路径

> 说明：
> ① <!-- --> 是 XML 文件的注释标签，不要在此标签内写配置内容。
> ② 推荐读者使用免费的文本编辑软件 Notepad++ 对配置文件进行编辑，图 1.12 正是 Notepad++ 编辑时的效果。

1.2.3 添加阿里云中央仓库镜像

因为 Maven 默认连接国外的服务器，所以下载 JAR 文件的速度会很慢。开发者可以通过修改镜像配置的方式，让 Maven 从国内的阿里云 Maven 中央仓库下载 JAR 文件，下载速度会比默认服务器快很多。

阿里云 Maven 中央仓库为"阿里云云效"提供的公共代理仓库，主页地址为 https://maven.aliyun.com/，在主页中可以找到如图 1.14 所示的 Maven 配置指南、

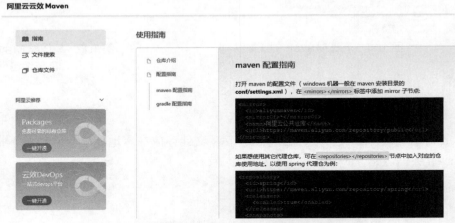

图 1.14 阿里云云效 Maven 主页的配置指南页面

在配置指南中列出了阿里云 Maven 中央仓库的镜像节点，内容如下：

```
<mirror>
    <id>aliyunmaven</id>
    <mirrorOf>*</mirrorOf>
    <name>阿里云公共仓库</name>
    <url>https://maven.aliyun.com/repository/public</url>
</mirror>
```

参照 1.2.2 小节的操作再次打开并编辑 settings.xml 配置文件，找到 <mirrors> 标签，将阿里云 Maven 中央仓库的镜像节点文本粘贴在该标签下，位置类似图 1.15 所示。

```xml
<mirrors>
    <!-- mirror
     | Specifies a repository mirror site to use instead of a given repository. The reposit
     | this mirror serves has an ID that matches the mirrorOf element of this mirror. IDs a
     | for inheritance and direct lookup purposes, and must be unique across the set of mi
     |
    <mirror>
      <id>mirrorId</id>
      <mirrorOf>repositoryId</mirrorOf>
      <name>Human Readable Name for this Mirror.</name>
      <url>http://my.repository.com/repo/path</url>
    </mirror>
     -->
    <mirror>
      <id>aliyunmaven</id>
      <mirrorOf>*</mirrorOf>
      <name>阿里云公共仓库</name>
      <url>https://maven.aliyun.com/repository/public</url>
    </mirror>

    <mirror>
      <id>maven-default-http-blocker</id>
      <mirrorOf>external:http:*</mirrorOf>
      <name>Pseudo repository to mirror external repositories initially using HTTP.</name>
      <url>http://0.0.0.0/</url>
      <blocked>true</blocked>
    </mirror>
  </mirrors>
```

图 1.15　配置 Maven 镜像

保存并关闭 settings.xml 配置文件之后，Maven 就会自动从阿里云仓库下载 JAR 文件。开发者也可以使用阿里云仓库主页的"文件搜索"功能，查询仓库是否可提供某个依赖，以及该依赖的 ID 和版本号等信息，效果如图 1.16 所示。

图 1.16　阿里云云效 Maven 的文件搜索功能页面

1.3　安装集成开发环境——Eclipse

目前市面上有很多 Java 集成开发环境供用户选择，例如完全开源免费的 Eclipse、专为框架开发优化过的 Intellij IDEA、高度自由化的 VS Code 等。用户可以根据自己的使用习惯选择开发环境。本书将介绍完全免费的绿色版 Eclipse。

1.3.1　下载与安装

下载与安装步骤如下。

① 打开浏览器，访问 Eclipse 的官网首页，单击如图 1.17 所示的 Download Packages 超

链接，进入下载列表页面。

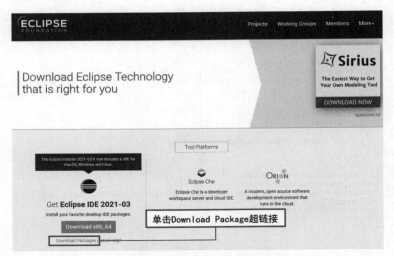

图1.17　Eclipse下载网站首页

> **注意：**
> 不要点击Download x86_64按钮，此按钮下载的是Eclipse安装版，开发者尽量使用绿色版。

② 在下载列表页面中，找到可以开发Web项目的企业版Eclipse，单击"Windows"右侧的x86_64超链接（图1.18）。

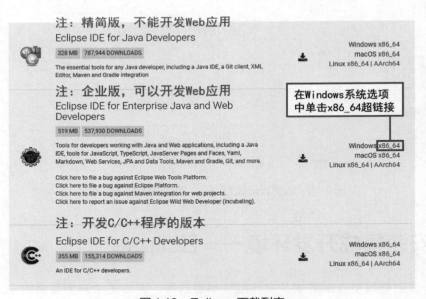

图1.18　Eclipse下载列表

③ 在跳转的页面中，可以选择下载的镜像，建议读者使用默认镜像，直接单击Download按钮开启下载（图1.19）。

④ 在开启下载任务的界面中会有一些致谢和捐赠的内容，读者只需等待下载任务开启即可。如果下载任务长时间未开启，可以单击如图1.20所示位置的"click here"超链接重新开始下载任务。

第 1 章 环境搭建

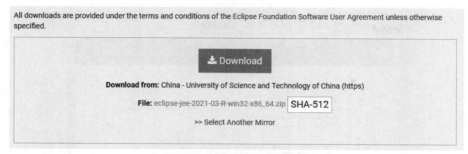

图 1.19　Eclipse 下载镜像

⑤ 将下载完毕的压缩包解压至本地硬盘（图 1.21），就完成了下载与安装的操作。

图 1.20　开始下载页面

图 1.21　解压 Eclipse 压缩包

1.3.2　启动

打开已经安装好的 Eclipse 目录，双击如图 1.22 所示的启动文件。

首先弹出的窗口是为 Eclipse 设置工作空间（图 1.23），就是创建项目、源码等文件默认存放在硬盘的哪个目录下。这里建议读者将工作空间设置为 ".\eclipse-workspace"，该地址表示所有文件都存放在 Eclipse 的根目录下的 eclipse-workspace 子目录中。

图 1.22　Eclipse 的启动文件

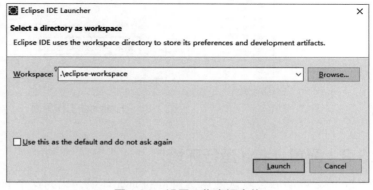

图 1.23　设置工作空间窗体

Eclipse 第一次打开时会展示一个欢迎页面，该页面介绍了 Eclipse 的常用功能。读者可以单击标签上的 "×" 关闭此页面，位置如图 1.24 所示。

图 1.24　Eclipse 欢迎页

关闭欢迎页之后就可以看到 Eclipse 的工作界面了，效果如图 1.25 所示。左侧的项目浏览区用来展示项目文件结构；右侧的概述与任务区很少会用到，读者可以将其关闭；顶部的功能区包括菜单栏和功能按钮；底部是开发者看各种日志的地方，控制台也会默认在此处显示。

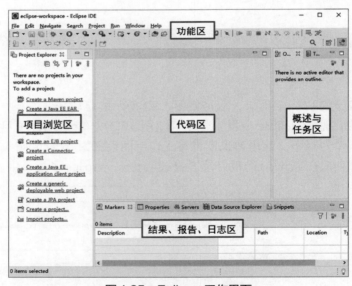

图 1.25　Eclipse 工作界面

1.3.3　配置 Java 运行环境

Eclipse 启动后会默认使用其自带的 Java 环境，因为这个 Java 环境的版本通常会比较新，很有可能会与各种框架、软件不兼容，所以要让 Eclipse 使用本地安装好的、稳定的 JDK。配置步骤如下。

① 选择 Window → Preference 菜单，如图 1.26 所示。

② 在打开的首选项窗口的左侧菜单中，展开 Java 菜单，选中 Installed JREs 子菜单。选中之后可以看到当前 Eclipse 使用的是什么 JRE（即 Java 运行环境），单击右侧的 Add 按钮添加新 JRE。操作步骤如图 1.27 所示。

图 1.26　选择 Eclipse 首选项菜单

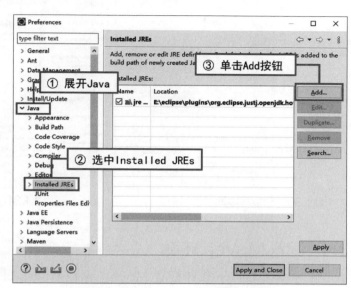

图 1.27　打开添加 JDK 的功能界面

③ 弹出的新窗口中选中 Standar VM，单击 Next 按钮，效果如图 1.28 所示。

④ 在弹出的窗口中，单击右侧的 Director 按钮，选中已安装好的 JDK 的根目录，填写完毕之后单击 Finish 按钮。操作如图 1.29 和图 1.30 所示。

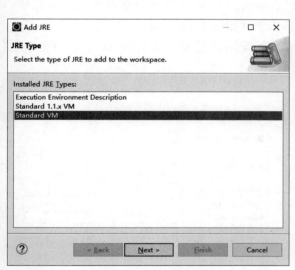

图 1.28　选择添加的类型

图 1.29　填写已在本地安装的 JDK 路径

⑤ 回到首选项界面，可以看到配置完的 JDK 显示在了列表中，鼠标左键选中刚才配置好的 JDK，再单击下方的 Apply and Close 按钮，完成本地 JDK 的配置工作，操作如图 1.31 所示。这样 Eclipse 就会采用本地的 JDK 作为程序的运行环境。

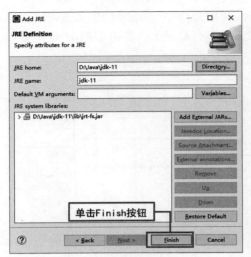

图 1.30　已填写本地 JDK 路径　　　　图 1.31　选中已配置好的 JDK

1.3.4　配置 Maven 环境

之前介绍了如何下载并配置 Maven，但没有介绍如何使用 Maven 命令，这是因为 Eclipse 支持 Maven 项目，可以自动调用 Maven 的各项功能，所以不需要开发者手动执行 Maven 命令了。

在创建或导入 Maven 项目之前，首先要为 Eclipse 配置本地安装好的 Maven，步骤如下。

① 选择 Window → Preference 菜单，在打开的首选项窗口的左侧菜单中，展开 Maven 菜单，选中 Installation 子菜单。选中之后可以看到当前 Eclipse 使用的是哪个 Maven 环境，单击右侧的 Add 按钮添加新的 Maven 环境。操作步骤如图 1.32 所示。

② 在弹出的窗口中单击 Directory 按钮，选中已安装好的 Maven 的根目录，填写完毕之后单击 Finish 按钮。操作如图 1.33 和图 1.34 所示。

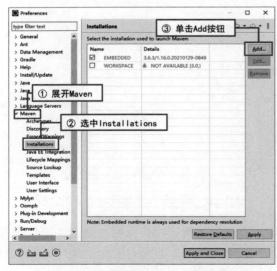

图 1.32　打开配置 Maven 的功能界面

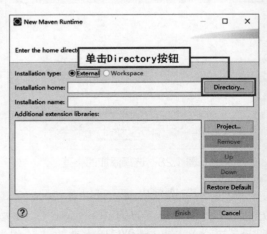

图 1.33　填写已在本地安装的 Maven 路径

③ 回到首选项界面，可以看到配置完的 Maven 环境显示在了列表中，鼠标左键选中刚才配置好的 Maven 环境，再单击下方的 Apply 按钮，让配置生效，操作如图 1.35 所示。

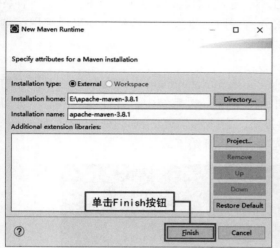

图 1.34　已填写本地 Maven 路径

图 1.35　选中已配置好的 Maven

注意：
单击的不是最下面的 Apply and Close 按钮。

④ 选中 Maven 菜单的 User Settings 子菜单，在右侧窗口中单击第二个 Browse 按钮，操作如图 1.36 所示。

⑤ 在弹出来的窗口中，选中本地已安装好的 Maven 的 settings.xml 配置文件，文件的完整路径会自动填写进去，然后单击下面的 Update Settings 按钮，更新 Eclipse 的 Maven 配置（如果开发者修改了 Maven 的配置文件，需要在 Eclipse 中重复此操作）。最后单击下方的 Apply and Close 按钮，完成 Eclipse 的 Maven 环境配置（图 1.37）。

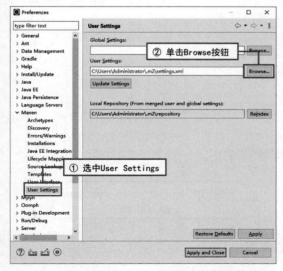

图 1.36　打开设置 Maven 配置文件的功能界面

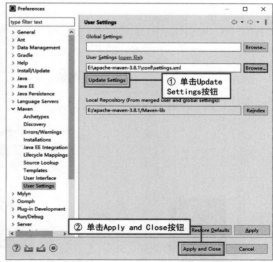

图 1.37　完成 Maven 配置

1.4 接口测试工具——Postman

Postman 是一款功能强大的网络接口测试工具,它可以模拟各种网络场景,发送各种各式各样的请求。Spring Boot 是一个专门编写服务器接口的框架,一些特殊场景很难用前端页面模拟,因此推荐使用 Postman 来完成复杂场景的测试工作。

Postman 下载及安装步骤如下。

① 打开浏览器,输入网址 https://www.Postman.com/downloads/,网页会自动识别你的操作系统,给出适合操作系统的安装包。例如,在 Windows 系统中打开此网页,显示页面如图 1.38 所示。单击左侧的 Download the App 按钮,会弹出"Windows 32-bit"和"Windows 64-bit"两个选项,选择与你系统位数相同的选项,即可开始下载任务。

图 1.38　Postman 下载页面

② 下载完成之后,双击安装包,软件会自动安装。安装完成后会在桌面生成如图 1.39 所示的快捷图标。

③ 双击打开 Postman,首先会让用户登录或注册,此时单击下方的"Skip and go to the app"超链接,位置如图 1.40 所示,跳过登录,直接进入软件。

图 1.39　桌面上的 Postman 快捷图标

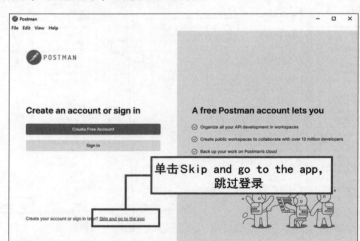

图 1.40　跳过登录

④ 在软件主界面中，单击如图 1.41 所示的 New 按钮，创建新的连接测试。

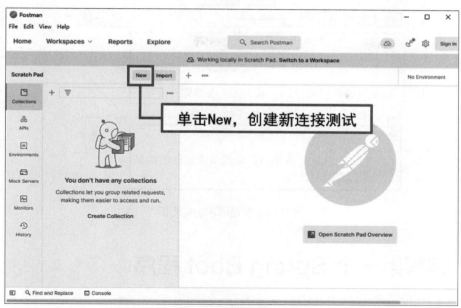

图 1.41　创建新连接测试

⑤ 新的连接测试选择 HTTP Request 类型，如图 1.42 所示。

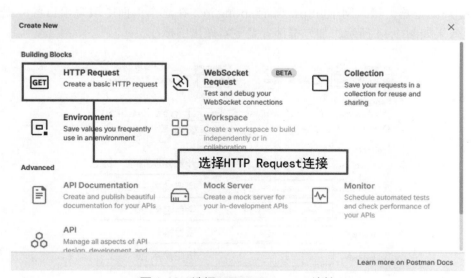

图 1.42　选择 HTTP Request 连接

⑥ 选择完之后，在主界面右侧即可看到如图 1.43 所示的功能面板。开发者只需在此功能面板中填写 URL 地址，设置好请求类型、请求参数等，单击 Send 按钮即可向服务器发送一条请求。服务器返回的内容会在面板底部展示。

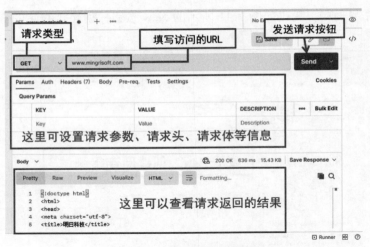

图 1.43　发送请求功能面板

1.5　编写第一个 Spring Boot 程序

1.5.1　在 Spring 官网生成初始项目文件

Spring 官方提供了一个自动创建 Spring Boot 项目的网页，可以为开发者省下大量的配置操作。使用该网页创建 Spring Boot 项目的步骤如下。

① 打开浏览器，输入网址 https://start.spring.io，在这个页面中填写项目各种配置和基本信息，效果如图 1.44 所示，加方框部分是笔者做出的标注。

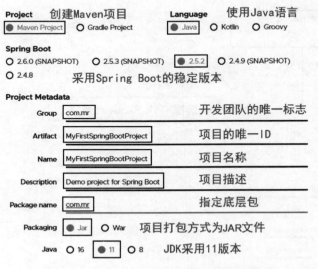

图 1.44　填写 Spring Boot 项目的相关内容

表单中的相关标签说明如下。

● Project，表示创建什么类型的项目。书中使用 Maven 作为项目构建工具，所以这里选择 Maven Project，也就 Maven 项目。

- Language，表示使用哪种开发语言。这里选择 Java。
- Spring Boot，表示使用哪个版本的 Spring Boot。SNAPSHOT 表示仍在开发过程中的试用版，RELEASE 表示稳定版，表单中未做任何标注的版本则认为是稳定版，因此选择最新的稳定版本 2.5.2。

👑 说明：

Spring 官方一直在不断更新 Spring Boot，读者打开网站时看到稳定版本可能会高于 2.5.2，可以下载最新的稳定版本。若在使用过程发现新版与旧版存在不兼容问题，建议换成本书所使用的 2.5.X 稳定版。

- Project Metadata 下的 Group，这是开发团队或公司的唯一标志。命名规则通常为团队 / 公司主页域名的转置，例如域名为 www.mr.com，Group 就应该写成 com.mr，忽略域名前缀。
- Project Metadata 下的 Artifact，表示项目的唯一 ID。因为同一个团队下可能有多个项目，这个 ID 就是用来区分不同项目的。图中填写的是 MyFirstSpringBootProject。
- Project Metadata 下的 Name，是项目的名称，也是导入 Eclipse 之后看到的项目名。图中填写的是 MyFirstSpringBootProject。
- Project Metadata 下的 Description，是该项目的描述。对于学习者来说使用默认值即可。
- Project Metadata 下的 Package，用于指定 Spring Boot 的底层包，也就是 Spring Boot 启动类所在的包。图中填写的是 com.mr。
- Project Metadata 下的 Packaging，表示项目以哪种格式打包。项目如果打包成 JAR 文件，可以直接在 JRE 环境中启动运行；如果打包成 War 文件，可以直接部署到服务器容器中。这里推荐大家打包成 JAR 文件，便于学习。
- Project Metadata 下的 Java，用于指定项目使用哪个版本的 JDK，根据已安装的 JDK 版本进行选择，这里选择 JDK11。

② 因为 Spring Boot 主要用于 Web 项目开发，所以还需要给项目添加 Web 依赖。单击页面右侧的"ADD DEPENDENCIES"按钮，列出可选的依赖项。位置如图 1.45 所示。

图 1.45　为项目添加依赖

③ 在列出的依赖项中，鼠标左键单击 Spring Web 选项，位置如图 1.46 所示。

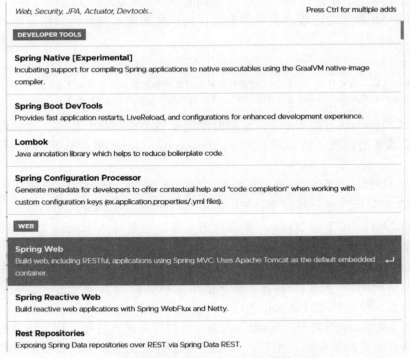

图 1.46　选中 Spring Web 依赖

④ 完成以上操作，可以看到页面右侧已经添加了 Spring Web 依赖，此时单击页面下方的"GENRATE"按钮，位置如图 1.47 所示，下载自动生成的项目压缩包。

图 1.47　生成并下载初始项目

⑤ 将下载好的压缩包解压至本地硬盘（图 1.48），这样就完成了初始项目的准备工作。

图1.48　解压项目

1.5.2　Eclipse 导入 Spring Boot 项目

Eclipse 支持导入 Maven 项目，不过导入 Maven 项目的方式与导入普通 Java 项目不太一样，本节将演示 Eclipse 导入 Maven 项目的具体步骤。

① 依次选择 File → Import 菜单，位置如图 1.49 所示。在导入的类型中，选中 Maven 菜单下的 Existing Maven Projects 子菜单，然后单击 Next 按钮，步骤如图 1.50 所示。

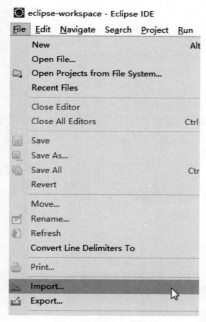

图 1.49　导入菜单

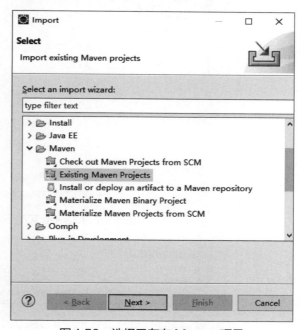

图 1.50　选择已存在 Maven 项目

② 在弹出的窗口中，单击右侧的 Browse 按钮，位置如图 1.51 所示。找到上一节下载并解压完毕的项目目录，项目目录确认成功后，单击下方的 Finish 按钮完成导入，位置如图 1.52 所示。

③ 导入完成后，Eclipse 会自动启动 Maven 下载 JAR 文件的操作，此时 Eclipse 右下方出现一个滚动条，显示下载进度，开发者可以点击滚动条右侧的图标查看下载明细。位置如图 1.53 所示。

导入之后的项目结构如图 1.54 所示。

图 1.51 找到项目所在目录

图 1.52 确认导入

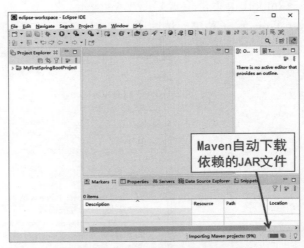
图 1.53 Maven 自动下载 JAR 文件

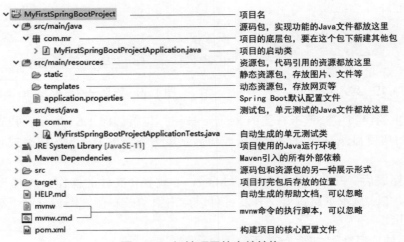
图 1.54 初始项目的文件结构

说明:

Eclipse 有两种常用的项目结构视图风格,一种叫 Project Explorer,另一种叫 Package Explorer,这两种风格如图 1.55 和图 1.56 所示。读者可以按照自己的习惯选择哪种视图。如果在 Eclipse 中找不到任何一种视图,可以点击 Eclipse 右上角的搜索按钮,在弹出的搜索框中输入"explorer"就可以看到这两种视图选项了,操作如图 1.57 和图 1.58 所示。

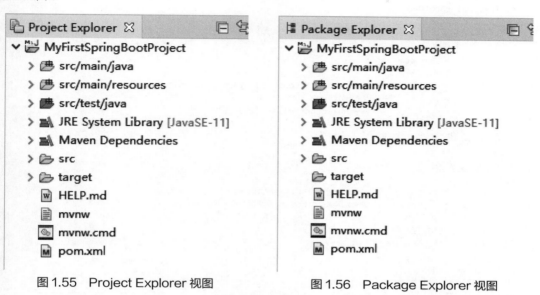

图 1.55　Project Explorer 视图　　　　图 1.56　Package Explorer 视图

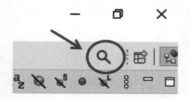　　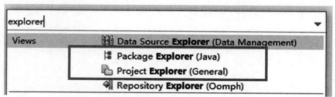

图 1.57　Eclipse 的搜索按钮　　　　图 1.58　在搜索框里搜索 explorer

1.5.3　编写简单的跳转功能

Spring Boot 自带 Tomcat 容器,无需部署项目就可以直接启动 Web 服务。下面将演示如何编写一个简单的跳转功能,当用户访问一个网址后,页面会展示一段开发者自己编写的文字。

① 首先在 com.mr 包下创建子包 controller,然后在该子包中创建名为 HelloController 的类,所在位置如图 1.59 所示。

图 1.59　创建的类所在位置

注意：

表示在 A 包下创建 B 包，这样 B 包就是 A 的子包。虽然 Spring Boot 项目中看到的 com.mr 包和 com.mr.controller 包好像是平级的，但它们实际上是上下级的关系，Eclipse 没有很好地展现出来。读者可以到本地的项目文件夹中去查看，项目的真实文件结构是这样的：

```
MyFirstSpringBootProject
└── src
    └── main
        └── java
            └── com
                └── mr
                    ├── MyFirstSpringBootProjectApplication.java
                    └── controller
                        └── HelloController.java
```

② 打开该类文件，补充以下代码：

```
01  package com.mr.controller;
02
03  import org.springframework.web.bind.annotation.RequestMapping;
04  import org.springframework.web.bind.annotation.RestController;
05
06  @RestController
07  public class HelloController {
08
09      @RequestMapping("hello")
10      public String sayHello() {
11          return "你好，这是我的第一个 Spring Boot 项目";
12      }
13  }
```

说明：

在代码中使用快捷键 ctrl + = 可以放大代码字体。

③ 运行 com.mr 包下的 MyFirstSpringBootProjectApplication.java 文件（即项目的启动类），可以在控制台中看到如图 1.60 所示的启动日志。

图 1.60　项目的启动日志

其中，日志"Started MyFirstSpringBootProjectApplication in 1.767 seconds"表示项目启动成功，耗时 1.767 秒，这样就可以在浏览器里访问 Web 服务了。

打开浏览器，访问"http://127.0.0.1:8080/hello"地址，就可以在页面中看到代码返回的字符串，效果如图 1.61 所示。

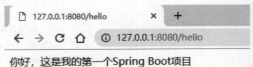

你好，这是我的第一个 Spring Boot 项目

图 1.61　在浏览器中访问得到的结果

如果使用 Postman 测试此接口，只需在 URL 的位置填写 http://127.0.0.1:8080/hello，单击右侧 Send 按钮，在底部可看到服务器返回的结果，如图 1.62 所示，该结果与用户在网页端看到的内容相同。

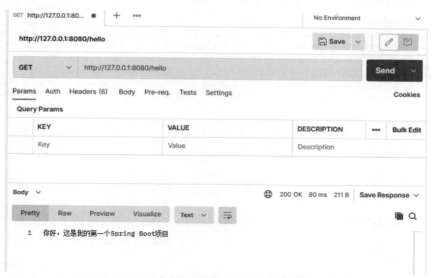

图 1.62 使用 Postman 发送请求看到的结果

1.5.4 打包项目

Spring Boot 可以将所有依赖都打包到一个 JAR 文件中，只需要执行这个 JAR 文件就可以启动完整 Spring Boot 项目。这为开发者省去了不少配置和部署的工作。本小节介绍如何在 Eclipse 环境中为 Spring Boot 项目打包，步骤如下。

① 在项目上单击鼠标右键，依次选择 Run As→Maven install 菜单，位置如图 1.63 所示。选中之后 Maven 会自动下载打包所需要 JAR 文件。

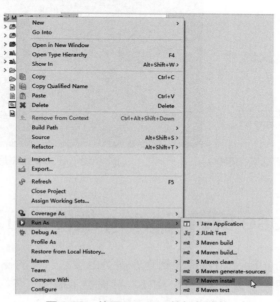

图 1.63 使用 Maven 的打包功能

② 打包时控制台会打印大量日志，当打包程序结束，日志出现如图1.64所示的"BUILD SUCCESS"字样，表示打包成功。

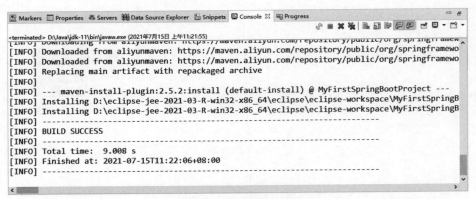

图1.64　打包成功日志

③ 在项目上点击鼠标右键，在弹出的菜单中选择ReFresh（或按下键盘的F5键）刷新项目，就可以在target文件夹下看到很多文件，其中JAR文件就是本项目打包生成的执行文件，位置如图1.65所示。

④ 将这个JAR文件保存到D盘根目录，再打开CMD命令行，输入以下命令：

```
d:
java -jar MyFirstSpringBootProject-0.0.1-SNAPSHOT.jar
```

命令执行结果如图1.66所示，可以看到Spring Boot项目成功启动，启动日志与Eclipse控制台中打印的日志相同。此时就打开浏览器访问项目资源了。

图1.65　项目打包生成的JAR文件

图1.66　在命令行中启动的效果

1.6　为Eclipse安装Spring插件（可选）

如果每次创建Spring Boot项目都要到官方网页下载，这样的操作非常麻烦，学习成本太高。其实Spring为各类集成开发环境（IDE）都提供了插件，包括Eclipse、IntelliJ IDEA、VS Code等。开发者可以在自己常用IDE的应用市场里找到Spring插件，使用插件就可以在 IDE 中快速创建 Spring Boot 项目，还可以帮助开发者在编写代码时自动联想一些关键词。

Spring 插件的英文全称叫 Spring Tool Suite，简称 STS。本节将介绍如何在 Eclipse 中安装 STS 插件。

1.6.1 安装插件的步骤

在 Eclipse 自带的应用市场中安装 STS 插件的步骤如下。

① 依次选择 Help → Eclipse Marketplace 菜单，打开 Eclipse 自带的应用市场，步骤如图 1.67 所示。

② 在应用市场中搜索"sts"，在搜索结果中找到名称包含"Sping Tool Suite"并且包含"STS"标签的插件，单击此插件的 Install 按钮，步骤如图 1.68 所示。

> **注意：**
> 图中演示的 STS 插件为 4.11 版本，读者下载默认给出的最新版本即可。

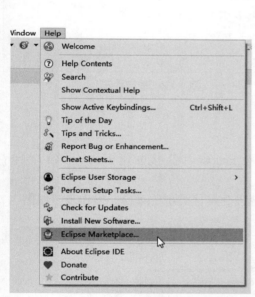

图 1.67　打开 Eclipse 自带的应用市场

图 1.68　找到并安装 STS 插件

③ 在确认安装内容的窗口中直接点击 Confirm，保持默认选项即可。操作如图 1.69 所示。

④ 正式安装前需要同意该插件的许可声明，选中第一个选项之后，单击 Finish 按钮开始安装，步骤如图 1.70 所示。

⑤ 同意许可之后，应用市场的窗口会自动关闭，Eclipse 右下方会显示插件安装的进度条。因为 Eclipse 会从服务器上下载插件并安装，所以安装时间会很长。进度条如图 1.71 所示。

⑥ 安装完毕之后会弹出如图 1.72 所示的重启 Eclipse 对话框，此时单击 Restart Now 按钮即可立即重启。重启之后就可以使用插件功能了。

图 1.69 确认安装的内容

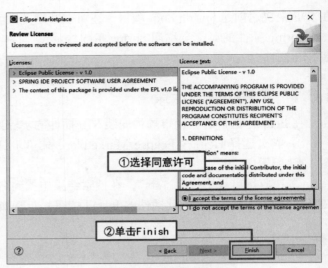

图 1.70 同意许可声明

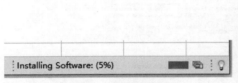

图 1.71 开始自动安装

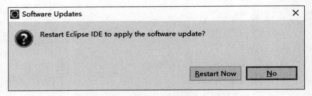

图 1.72 重启提示

1.6.2 快速创建 Spring Boot 项目

安装完 STS 插件并重启 Eclipse 之后就可以在 Eclipse 中直接创建 Spring Boot 项目了，创建步骤如下。

① 依次选择 File → New → Other 菜单，选择创建其他类型的项目。操作步骤如图 1.73 所示。

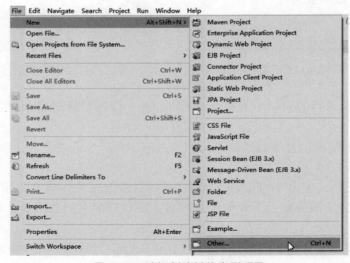

图 1.73 选择创建其他类型项目

② 在所有项目类型中找到 Spring Boot 类型，展开之后选中 Spring Starter Project 选项，然后单击 Next 按钮。步骤如图 1.74 所示。Spring Boot 菜单是 STS 插件添加的新项目类型。

图 1.74　通过 Spring Starter 创建项目

③ 进入创建项目的界面后，Eclipse 会先连接 Spring 的官网，读取 Spring Boot 的版本以及创建项目所要填写的项，最后将网页中需要填写的内容展示在窗口中。这一过程可能会因网速原因存在一定的延迟。当 Eclipse 从官网读取到所有信息后，就会显示如图 1.75 所示的界面，开发者可以在此填写之前在网页表单中填写过的内容。填写完毕之后单击 Next 按钮。

图 1.75　填写 Spring Boot 项目的相关内容

👑 注意：

如果 Eclipse 无法连接到 Spring 官网，则会显示如图 1.76 所示的错误提示。遇到这种情况需要先关闭创建项目的窗口，然后再重复创建步骤，直到 Eclipse 可以正常显示图 1.75 的内容为止。

④ 进入图 1.77 所示的界面中，可以选择 Spring Boot 的版本和依赖。版本使用默认的稳定版本即可，添加 Web 依赖只需在搜索框里搜一下"web"，然后勾选"Spring Web"依赖。如果点错其他依赖，可以在右侧的 Selected 分页中点击选错的依赖前面的 ×。添加完 Web 依赖之后，单击 Finish 按钮即可完成 Spring Boot 项目的创建。

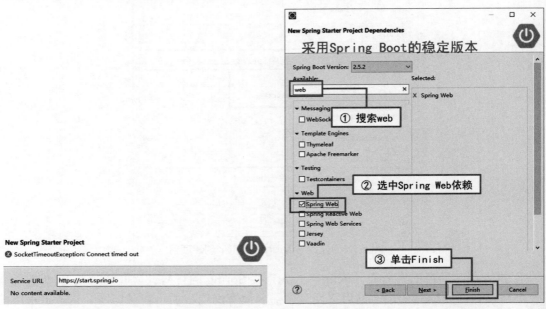

图 1.76　无法连接 Spring 官网的情况　　图 1.77　选择 Spring Boot 版本并添加 Web 依赖

👑 说明：

如果开发者已经按照上面的步骤成功创建过一次 Spring Boot 项目，Eclipse 会记住之前设定的包名和添加过的依赖，再次创建项目时会将使用过的依赖显示在如图 1.78 所示的位置，开发者无需再搜索"web"字样，直接勾选置顶的"Spring Web"就可以完成依赖的添加。

⑤ Spring Boot 项目创建完成，如图 1.79 所示。使用 STS 插件创建的项目与 Spring 官网创建的项目并无差别。但是安装 STS 插件之后，Spring Boot 项目中的 application.properties 配置文件将不再是文本图标，而是变成了 Spring 的树叶图标，效果如图 1.79 所示。

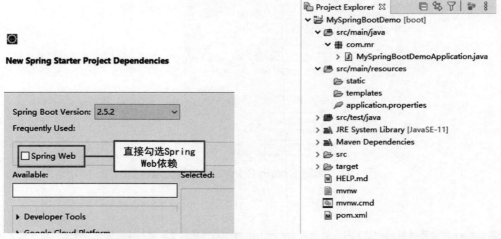

图 1.78　第二次创建项目可以快速选中已用过的依赖　　图 1.79　通过 STS 插件在 Eclipse 中创建的项目

本章知识思维导图

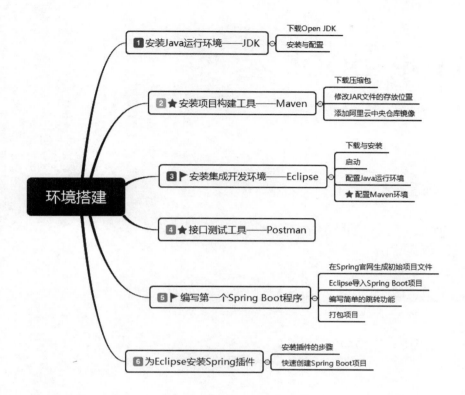

第 2 章
Spring Boot 基础

扫码领取
- 配套视频
- 配套素材
- 学习指导
- 交流社群

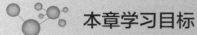 本章学习目标

- 掌握 Spring Boot 项目的命名规则
- 掌握如何为项目添加依赖
- 理解注入概念

2.1 Spring Boot 简介

Spring Boot 是 Spring 推出的一款极具亮点的框架。使用 Spring Boot 可以用非常简洁的方式快速搭建起一个 Spring 应用程序，代码量非常小，可扩展性极强，并且建好的程序可以直接打包成一个独立的 JAR 文件，使用 Java 命令运行这个 JAR 文件就可以启动整个项目。

2.1.1 为什么用 Spring Boot？

Spring 本身是一个非常强大的企业级应用框架，它可以提高项目开发效率，降低可入侵性，将 "高内聚、低耦合" 的软件设计思路发挥到极致。但 Spring 框架也有很多自身的缺点。

① Spring 框架依赖的 JAR 文件太多，每次开发人员搭建开发环境都要下载十多个 JAR 文件。并且 Spring 版本变更频繁，甚至导致不同版本的 Spring 对于依赖的 JAR 文件也有着严格的版本要求。即使开发者手中有早期版本的 JAR 文件，但会因为版本不兼容而导致项目无法运行。

② Spring 有两大功能：依赖注入和切面编程，但实现这两大功能需要进行大量的配置工作，很多工作都是重复的。

③ 庞大、臃肿的依赖库也导致基于 Spring 开发的 Web 项目在部署之后，服务器需要花很长时间才能启动。

这些缺点不禁让广大 Java 技术人员叫苦连天，与此同时，人们开始思考：为什么不能把 Spring 中那些机械性的、重复的、一成不变的工作交给计算机自己完成呢？于是 Spring Boot 应运而生。

Spring Boot 用极少的代码就可以自动完成项目的整合、配置、部署和启动工作，因此受到广大 Java 技术人员的青睐。现在市面上越来越多的企业使用 Spring Boot 作为项目架构的框架。与此同时，Spring 推出 Spring Cloud 云服务框架集合，也使得 Spring Boot 在微服务技术领域占据一席之地。

2.1.2 Spring Boot 的特点

对于学习过 Java EE 和 Spring 的技术人员来说，Spring Boot 的特点是非常明显的。

① Spring Boot 的代码非常少。源于 Spring 的注解驱动编程避免了大量的配置工作，并且 Spring Boot 可以自动创建各种工厂类，开发者直接通过依赖注入就可以获取各类对象。

② Spring Boot 的配置非常简单。开发者只需在 application.properties 或 application.yml 文件中编写一些配置项就可以影响整个项目。即使不编写任何配置，项目也可以采用一套默认配置正常启动。Spring Boot 支持通过 @Configuration 注解修改，让配置工作变得更灵活。

③ Spring Boot 可以自动部署。Spring Boot 自带 Tomcat 服务器，在项目启动的过程中可以自动完成所有资源的部署操作。

④ Spring Boot 易于单元测试。Spring Boot 自带 Junit 单元测试框架，可以直接对各个组件中的方法进行测试。

⑤ Spring Boot 集成了各种流行的第三方框架或软件。Spring Boot 提供了许多集成其他技术的依赖包，开发者可以直接通过这些依赖包调用第三方框架或软件，例如 Redis、

MyBatis、ActiveMQ 等。

⑥ Spring Boot 项目启动的速度很快。即使项目有庞大的依赖库，但仍能在几秒内完成部署和启动。

2.2 常用注解

早期的 Spring 框架都需要把配置内容写在 XML 文件中，从 Spring 2.0 版本开始推出了大量可替代 XML 文件的注解。直至今日，Spring Boot 在原有的 Spring 框架之上将注解驱动编程发扬光大，作为一个流行框架大集合，也自然成了一个支持海量注解的框架（虽然很多注解是由其他框架提供的）。

注解的用法非常灵活，几乎可以标注在任何位置。注入 Bean 的时候可以写在变量的上面，例如：

```
01  @Autowired
02  private String name;
```

同样也可以写在变量左边，例如：

```
03  @Autowired private String name;
```

注解不仅可以用来标注类、属性和方法，还可以标注方法中的参数，例如：

```
04  @RequestMapping("/user")
05  @ResponseBody
06  public String getUser(@RequestParam Integer id) {
07      return "success";
08  }
```

Spring Boot 自带的常用注解如表 2.1 所示，这些注解的具体用法会在后面的文章中做详细介绍。

表 2.1　Spring Boot 的常用注解

注解	标注位置	功能
@Autowired	成员变量	自动注入依赖
@Bean	方法	用 @Bean 标注方法等价于 XML 中配置的 bean，用于注册 Bean
@Component	类	用于注册组件。当不清楚注册类属于哪个模块时就用这个注解
@ComponentScan	类	开启组件扫描器
@Configuration	类	声明配置类
@ConfigurationProperties	类	用来加载额外的 properties 配置文件
@Controller	类	声明控制器类
@ControllerAdvice	类	可用于声明全局异常处理类和全局数据处理类
@EnableAutoConfiguration	类	开启项目的自动配置功能
@ExceptionHandler	方法	用于声明处理全局异常的方法
@Import	类	用来导入一个或者多个 @Configuration 注解标注的类
@ImportResource	类	用来加载 XM 配置文件

注解	标注位置	功能
@PathVariable	方法参数	让方法参数从URL中的占位符中取值
@Qualifier	成员变量	与@Autowired配合使用，当Spring容器中有多个类型相同的Bean时，可以用@Qualifier("name")来指定注入哪个名称的Bean
@RequestMapping	方法	指定方法可以处理哪些URL请求
@RequestParam	方法参数	让方法参数从URL参数中取值
@Resource	成员变量	与@AutoWired功能类似，但有name和type两个参数，可根据Spring配置的bean的名称进行注入
@ResponseBody	方法	表示方法的返回结果直接写入HTTP response body中。如果返回值是字符串，则直接在网页上显示该字符串
@RestController	类	相当于@Controller 和@ResponseBody的合集，表示这个控制器下的所有方法都被@ResponseBody标注
@Service	服务的实现类	用于声明服务的实现类
@SpringBootApplication	主类	用于声明项目主类
@Value	成员变量	动态注入，支持"#{}"与"${}"表达式

2.3 启动类

每一个 Spring Boot 项目中都有一个启动类，该类的写法是固定的，必须被 @SpringBootApplication 注解标注，并使用 SpringApplication.run() 方法启动。

例如，第 1 章中编写的一个 Spring Boot 项目中，com.mr 包下的 MyFirstSpringBootProjectApplication 类就是该项目的启动类，其代码如下：

```
09  package com.mr;
10  import org.springframework.boot.SpringApplication;
11  import org.springframework.boot.autoconfigure.SpringBootApplication;
12
13  @SpringBootApplicatio
14  public class MyFirstSpringBootProjectApplication {
15      public static void main(String[] args) {
16          SpringApplication.run(MyFirstSpringBootProjectApplication.class, args);
17      }
18  }
```

执行此类中的 main 方法，就可以启动整个项目。启动过程中会自动加载项目中的所有配置和组件，并启动 Spring Boot 自带的 Tomcat 服务。整个项目会自动完成所有部署操作，耗时非常短。

@SpringBootApplication 注解虽然重要，但使用起来非常简单，因为这个注解是由多个功能强大的注解整合而成的。打开 @SpringBootApplication 注解的源码可以看到它被很多其他注解标注，其中最核心的三个注解如下：

① @SpringBootConfiguration 注解，让项目采用基于 Java 注解的配置方式，而不是传统的 XML 文件配置。当然，如果开发者写了传统的 XML 配置文件，Spring Boot 也是能够读取这些 XML 文件并识别里面的内容的。

②@EnableAutoConfiguration 注解，开启自动配置。这样 Spring Boot 在启动的时候就可以自动加载所有配置文件和配置类了。

③@ComponentScan 注解，启用组件扫描器。这样项目才能自动发现并创建各个组件的 Bean，包括 Web 控制器（@Controller）、服务（@Service）、配置类（@Configuration）和其他组件（@Component）。

> 注意：
> 一个项目可以有多个启动类，但这样的代码毫无意义。一个项目应该只使用一次 @SpringBootApplication 注解。

@SpringBootApplication 有一个使用要求：只能扫描底层包及其子包中的代码。底层包就是启动类所在的包。如果启动类在 com.mr 包下，其他类应该写在 com.mr 包或其子包中，否则无法被扫描器找到，就等同于无效代码。例如在图 2.1 和图 2.2 中，Controller 类所在的位置可以被扫描到的。而图 2.3 和图 2.4 中，Controller 类的位置就无法被扫描到了。

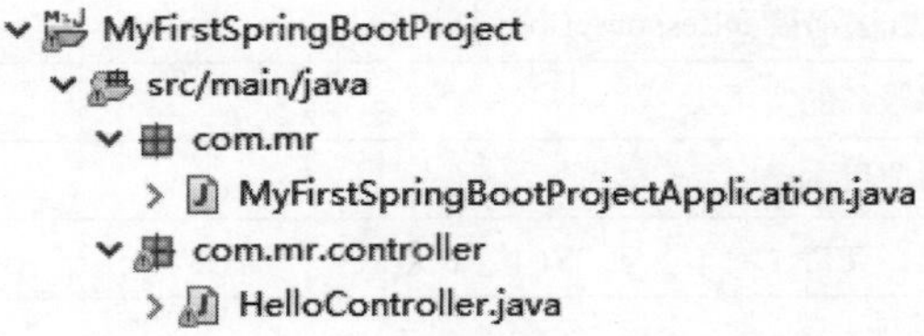

```
▼ MyFirstSpringBootProject
  ▼ src/main/java
    ▼ com.mr
      > MyFirstSpringBootProjectApplication.java
    ▼ com.mr.controller
      > HelloController.java
```
图 2.1　Controller 类在 com.mr 的子包中

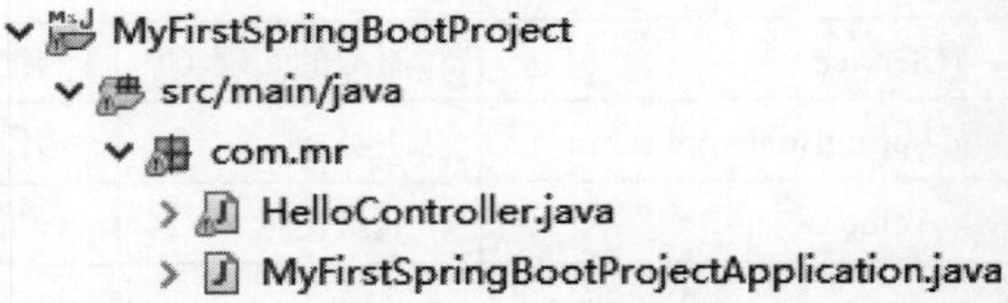

```
▼ MyFirstSpringBootProject
  ▼ src/main/java
    ▼ com.mr
      > HelloController.java
      > MyFirstSpringBootProjectApplication.java
```
图 2.2　Controller 类与启动类在同一个包

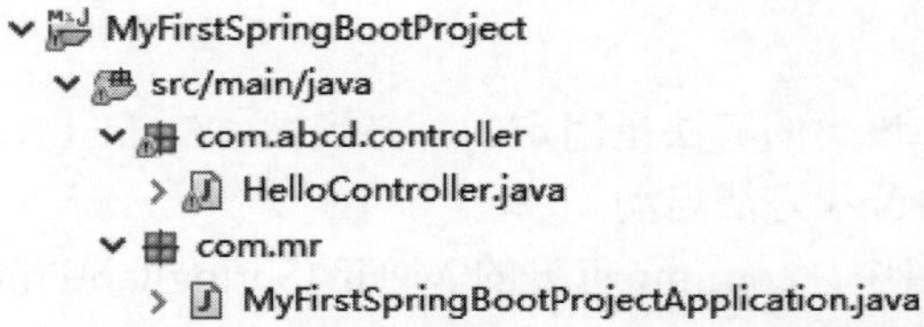

```
▼ MyFirstSpringBootProject
  ▼ src/main/java
    ▼ com.abcd.controller
      > HelloController.java
    ▼ com.mr
      > MyFirstSpringBootProjectApplication.java
```
图 2.3　Controller 类不在 com.mr 的子包中

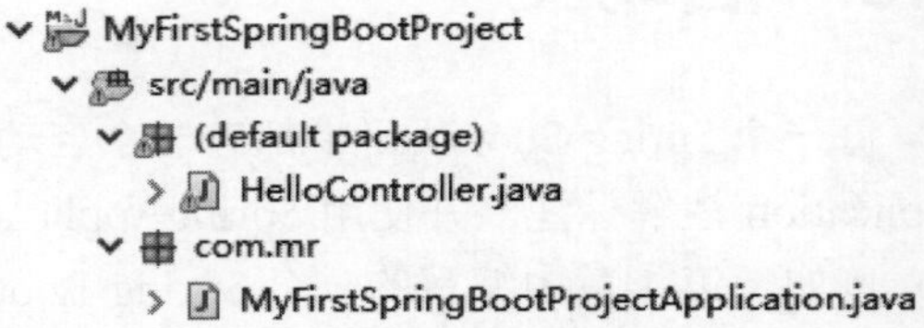

```
▼ MyFirstSpringBootProject
  ▼ src/main/java
    ▼ (default package)
      > HelloController.java
    ▼ com.mr
      > MyFirstSpringBootProjectApplication.java
```
图 2.4　Controller 类不在任何包中

2.4　命名规范

Spring Boot 采用标准的 Java 编程规范，使用驼峰命名法，名称里不能有中文。使用 Spring Boot 还应遵守模块化命名规范，每一个包和类都应该在名称上体现出各自的功能。

很多项目在设计阶段会制定出一套代码命名规范，如果这套规范是完整的、清晰的、层次分明的、容易阅读的，就可以认为这套规范是合理的、可行的，项目开发人员应该自觉遵守。因此不同的项目组可能会有不同的命名风格。下面介绍一些比较常见的命名规范供大家参考。

2.4.1　包的命名

包的命名有两种风格。

① 以业务场景进行分类。以业务场景名称作为包名，同一个业务场景中所使用的核心代码都要放在同一个包下。例如，将用户登录业务的相关代码都放在 com.mr.user.login 包下。该包可能包含：UserLoginController（用户登录控制器）、UserLoginService（用户登录服

务)、UserLoginDTO(用户业务实体类)等 Java 文件。这样开发人员或维护人员想要修改登录业务时,就可以直接在这个包下找到相关代码。

② 以功能模块进行分类。以模块名称作为包名,所有业务场景中相同功能的代码都放在同一个包下。例如,负责页面跳转的 Controller(控制器)都放在 com.mr.controller 包下,该包可能包含:UserLoginController(用户登录控制器)、ErrorPageController(错误页控制器)等。负责处理业务的 Service(业务)都放在 com.mr.service 包下,该包可能包含 UserLoginService(用户登录服务)、ShoppingCartService(购物车业务)等。

本书将会以模块名称作为包名来编写实例代码,以下是项目中可能会涉及的模块包。

(1) 配置包

配置包用于存放配置类,所有被 @Configuration 标注的类都要放到配置包下。配置包可以命名为 config 或 configration,例如:

```
com.mr.config
com.mr.configration
```

> **注意**:
> 配置包中只能存放配置类,不可以存放其他配置文件。例如 application.properties 配置文件应该放在 src/main/resources 目录下。

(2) 公共类包

公共类用于存放供其他模块使用的组件、工具、枚举等代码。公共类包可以命名为 common,例如:

```
com.mr.common
```

如果包中存放的都是被 @Component 标注的组件类,包名也可以叫 component,例如:

```
com.mr.component
com.mr.common.component
```

如果包中存放的都是工具类,可以命名为 utils 或者 tools,例如:

```
com.mr.utils
com.mr.tools
com.mr.common.utils
com.mr.common.tools
```

如果包中存放的都是常量类,可以命名为 constant,例如:

```
com.mr.constant
com.mr.common.constant
```

(3) 控制器包

控制器包用来存放 Spring MVC 的控制器类。控制器包可以命名为 control 或者 controller,例如:

```
com.mr.control
com.mr.controller
```

（4）服务包

服务包用于存放所有实现业务的服务接口或服务类。服务包可以命名为 service，例如：

```
com.mr.service
```

如果服务包下存放的是服务接口，那么这些接口的实现类都应该放在服务包的子包当中，子包名为 impl，例如：

```
com.mr.service.impl
```

> 说明：
> impl 是实现类的意思。

（5）数据库访问接口包

数据库访问接口也就是持久层接口，专门执行读写数据库的操作。持久层接口通常命名为 dao，所以包名也叫 dao，例如：

```
com.mr.dao
```

如果项目使用 MyBatis 作为持久层框架，MyBatis 会把持久层接口命名为 mapper（映射器），所以包名也可以叫 mapper，例如：

```
com.mr.mapper
```

同样，如果数据库访问接口也有具体的实现类，这些实现类都应该放在数据库访问接口包的 impl 子包下。

（6）数据实体包

数据实体包的名称在编程历史上有很多版本。早期 Java EE 版本的数据实体类都被统一叫做 JavaBean，常用于 JSP + Servlet + JDBC 技术当中，实体类会放在 javabean 或 bean 包下。

随着技术的发展，开源框架慢慢替代了传统的 Java EE，例如 SSH（Spring + Struts + Hibernate）整合框架开始流行，实体类就通常被叫做 POJO，所以实体类及其映射关系文件都会放在 pojo 包下。

后来 Spring 推出的 Spring MVC 框架渐渐地取代了 SSH，组建了新的 SSM（Spring + Spring MVC + MyBatis）整合框架，实体类通常会放在 model 包下。

MyBatis 框架将实体类称为 entity，所以使用 MyBatis 的项目也有可能会将实体类放在 entity 包下。实体类的映射文件可能会与实体类同在 entity 包下，也有可能会在另一个 mapper 包下。

随着业务场景越来越复杂，需求越来越细化，虽然实体类的功能没发生改变，但根据数据的来源和去处，对实体类进行了更详细的划分，不同场景的实体类可能会放在名为 po、dto、bo、vo 等包下，这些简称具体代表什么含义会在下一节 "Java 文件的命名" 中做详细介绍。

开发者可以根据自己的项目规模、采用的技术种类来决定如何为数据实体包命名。

> 注意：
> 包名不能命名为 do，因为这是关键字。

（7）过滤器包

过滤器包用于存放过滤器类，通常都命名为 filter，例如：

> com.mr.filter

（8）监听包

监听器包类似过滤器包类似，专门存放监听器实现类，通常都命名为 listener，例如：

> com.mr.listener

2.4.2　Java 文件的命名

Java 文件也就是项目中的源码文件，包括类、接口、枚举和注解的源码。所有 Java 文件都使用"驼峰命名法"，就是每一个单词的首字母都大写，其他字母都小写，单词之间没有下划线。每一个 Java 文件的名字都要体现其功能，通常以"业务＋模块"的方式命名。例如，实现用户登录服务的 Java 文件就应该命名为 UserLoginService.java，service 后缀表示这个文件属于服务模块，user login 表示它专门用于处理用户登录业务。

下面会列出一些常见的文件命名方式供大家参考。

（1）控制器类

控制器类的名字要以"Control"或"Controller"结尾。例如，错误页面跳转控制器可以命名为 ErrorPageController。

（2）服务接口 / 类

服务可以是接口，也可以是类，但都要以"Service"结尾。例如，订单服务可以命名为 OrderService。

（3）接口的实现类

接口的实现类必须以"Impl"结尾。例如，如果 OrderService（订单服务）是接口，那么它的实现类应该命名为 OrderServiceImpl。

（4）工具类

工具类就是封装了一些常用的算法、正则校验、文本格式化、日期格式化之类的方法。工具类的名称通常以"Util"结尾，很少会用"Tool"结尾。名称前半部分要体现出这是什么工具，例如字符串工具可以叫 StringUtil。

（5）配置类

被 @Configuration 标注的类就是配置类，通常配置类应该以"Config"或"Configuration"结尾。例如，异常页面跳转配置类可以命名为 ErrorPageConfig。

（6）组件类

被 @Component 标注的类就是组件类，通常组件类应该以"Component"结尾。例如，ActiveMQ 消息队列的初始化组件可以命名为 ActiveMQComponent。

（7）异步消息处理类

异步消息处理是这样一个场景：A 线程发出一条数据，B 线程会接收并处理这条数据。A 线程和 B 线程是异步执行的。异步消息处理类就是 B 线程中接收并处理数据的类，这种类通常以"Handler"结尾。例如，项目中专门捕捉全局空指针异常的类可以命名为 NullPointerExceptionHandler，只要项目触发了空指针异常，NullPointerExceptionHandler 就会立刻执行相关的处理方法。

（8）实体类

实体类是专门用来存放数据的类，类的属性用来保存具体的值。每一个实体类都要提供无参构造方法，每一个属性都要提供 Getter/Setter 方法，除此之外开发者可以根据项目需求重写 hashCode()、equals() 和 toString() 方法。

实体名必须是名词。例如，颜色的实体类应该叫 Color，而不应该用形容词 Colorful。

实体名称可以直接作为类名，不同的应用场景下可以在类名后面拼接不同的后缀，例如 User、UserDTO、UserVO，这些都是用户实体类。下面列出几个场景划分比较详细的后缀名供大家参考。

① PO（Persinstens Object）持久层对象。PO 实体类的属性与数据表中的字段一一对应，通常直接用表名为实体类命名，例如 t_user 表的实体类命名为 UserPO，t_student_info 表的实体类命名为 StudentInfoPO。

② DO（Data Object）数据对象，与 PO 用法类似，区别是 PO 用来封装持久保存的数据（例如 MySQL 中的数据），DO 通常用来封装非持久的数据（例如 Redis 缓存中的数据）。

③ DTO（Data Transfer Object）数据传输对象，是服务模块向外传输的业务数据对象，通常用业务名做前缀。业务对象的属性不一定全来源于一张表，可能是由多张表的数据加工而成的。例如，登录模块发送的 UserDTO 对象，除了包含用户名、昵称以外，还有可能包含用户的邮箱、IP 地址、权限认证等数据，这些数据都来自不同的表，甚至来自不同的数据库。

④ BO（Business Object）业务对象，与 DTO 类似。

⑤ VO（View Object）显示层对象，直接用于在网页上展示的数据对象，对象中包含的属性必须全部在页面中展示出来，不应该有页面不需要的数据。例如，学生成绩单可以命名为 SchoolReportVO，类中保存的数据除了学生基本信息之外就是各科成绩，像学生的兴趣爱好、家庭住址等成绩单中没有的数据不应该保存在类中。

除了上述后缀名之外，还有几个不推荐大家使用的后缀名。

① Bean（JavaBean 的简称）简单的实体类。Bean 的含义太广泛了，容易让学习者产生混淆。但有很多早期的项目代码中习惯用 Bean 做实体类的后缀名。

② POJO（Plain Ordinary Java Object）简易 Java 对象。与 Bean 一样，含义太广泛。上文中提到的 PO、DO、DTO、BO、VO 都属于 POJO。

③ Entity，实体的直译，但很少会用 Entity 作为类名的后缀，通常用来命名包。entity 包下的所有类不管叫什么面名字，都属于实体类。

> 说明：
> 很多项目的实体类没有任何后缀，只用包名作了区分，这也是合理的。开发者了解这些简称的含义即可。

（9）枚举

所有的枚举都应该以 Enum 结尾，表明这个 Java 文件是枚举，而不是类或接口。例如，性别枚举可以命名为 GenderEnum。

2.5 理解注入

依赖注入是 Spring 框架的核心功能之一，它允许开发者在不使用 new 关键字的情况下获得某个类的对象。Spring 框架是一个大容器，它可以自动寻找开发者已创建好的值或对象，并将其保存在大容器中，这个过程叫做注册。大容器中的值或对象被叫做 Bean。将大容器中的 Bean 赋值给某个（尚未赋值的）变量，这过程叫做注入。这两个过程的如图 2.5 所示。

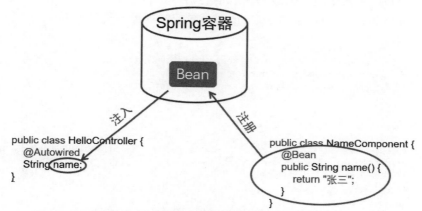

图 2.5　Spring 注册 Bean，并将其注入变量中

在 Spring Boot 中，依赖注入功能得到了很好的体现。在项目启动的时候，Spring Boot 会自动扫描所有的组件，然后注册所有的 Bean，并将其注入到各自的使用场景当中。

2.5.1　一个简单的注入例子

[实例 01]　　　　　　　　　　　　　　　　　　　（源码位置：资源包\Code\02\01）

将用户名注册成 Bean

创建一个名为 BeanDemo 的 Spring Boot 项目，项目的源码结构如图 2.6 所示。

```
▼ BeanDemo
  ▼ src/main/java
    ▼ com.mr
      ▷ BeanDemoApplication.java
    ▼ com.mr.component
      ▷ BeanComponent.java
    ▼ com.mr.controller
      ▷ BeanTestController.java
```

图 2.6　项目中源码文件结构

com.mr.component 包下的 BeanComponent 是用于注册 Bean 的组件类，代码如下：

```
19  package com.mr.component;
20  import org.springframework.context.annotation.Bean;
21  import org.springframework.stereotype.Component;
22
23  @Component  // 将类注册为组件
24  public class BeanComponent {
25      @Bean  // 将方法返回的对象注册成 Bean
26      public String name() {
27          return "张三";
28      }
29  }
```

BeanComponent 类被 @Component 标注，表示这个类是一个组件类。类中只有一个 name() 方法，并且被 @Bean 标注，表示这个方法返回的对象被注册成了 Bean。只需要这短短几行代码就可以将方法的返回值放到 Spring 容器中。

com.mr.controller 包下的 BeanTestController 是控制器类，代码如下：

```
30  package com.mr.controller;
31  import org.springframework.beans.factory.annotation.Autowired;
32  import org.springframework.web.bind.annotation.RequestMapping;
33  import org.springframework.web.bind.annotation.RestController;
34
35  @RestController
36  public class BeanTestController {
37
38      @Autowired                              // 找到类型为 String 的 Bean，并注入给 name
39      private String name;
40
41      @RequestMapping("/bean")                // 处理 /bean 地址产生的请求
42      public String showName() {
43          return name.toString();             // 将 name 的值返回给请求
44      }
45  }
```

BeanTestController 类被 @RestController 标注，表示这个类是一个负责页面跳转的控制器，会直接返字符串结果。类中的 name 属性被 @Autowired 标注，表示这个属性的值由 Spring 注入。showName() 方法被 @RequestMapping("/bean") 标注，表示该方法映射"/bean"地址，并将 name 的值展示在页面中。

启动项目，打开浏览器，访问"http://127.0.0.1:8080/bean"地址，可以看到如图 2.7 所示结果。

页面中显示张三，但 BeanTestController 类中没有出现任何"张三"的字样，这个值是哪来的呢？

想必大家可以猜到，"张三"这个值出现在 BeanComponent 类的 name() 方法的返回值中。Spring Boot 项目启动时，扫描器发现了 BeanComponent 类，并在该类下发现了被 @

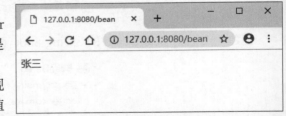

图 2.7　网页展示的结果

Bean 标注方法，于是把该方法返回的对象注册成 Bean，再放到 Spring 容器中。同时扫描器也发现了 BeanTestController 类，发现这个类有一个 name 属性需要被注入值，Spring Boot 便从在大容器中查找有没有类型相同、名称匹配的 Bean，于是就找到了 name() 方法返回的字符串"张三"，便将"张三"赋给了 name 属性。当前端发来请求时，showName() 方法便将 name 的值（也就是"张三"）展示在了网页中。这就是一个最简单的注入例子。

2.5.2 注册 Bean

注册 Bean 需要用到 @Bean 注解，该注解用于标注方法，表示方法的返回值是一个即将进入 Spring 大容器中的 Bean。下面介绍 @Bean 注解的具体用法。

（1）让 Spring Boot 发现 @Bean

但如果想让 @Bean 注解生效，方法所在的类必须能够被 Spring Boot 的组件扫描器扫描到。以下几个标签都可以让类被扫描到。

- @Configuration：声明配置类。
- @Controller：声明控制器类。
- @Service：声明服务接口或类。
- @Repository：声明数据仓库。
- @Component：如果不知道类属于什么模块，就用这个注解将类声明成组件。推荐使用此注解。

如果不使用上面这 5 个注解，也可以用 @Import 注解将 @Bean 所在类的主动注册给 Spring Boot。

例如，修改 2.5.1 小节的实例 01，删除 BeanComponent 类上的 @Component 注解，代码如下：

```
46  package com.mr.component;
47  import org.springframework.context.annotation.Bean;
48
49  public class BeanComponent {
50      @Bean                    // 将方法返回的对象注册成 Bean
51      public String name() {
52          return "张三";
53      }
54  }
```

在项目的启动类中，使用 @Import({BeanComponent.class}) 声明启动类，让项目启动时自动导入 BeanComponent 类，代码如下：

```
55  package com.mr;
56
57  import org.springframework.boot.SpringApplication;
58  import org.springframework.boot.autoconfigure.SpringBootApplication;
59  import org.springframework.context.annotation.Import;
60
61  @SpringBootApplication
62  @Import({com.mr.component.BeanComponent.class})   // 将 BeanComponent 类注册给 Spring Boot
63  public class BeanDemoApplication {
64      public static void main(String[] args) {
65          SpringApplication.run(BeanDemoApplication.class, args);
66      }
67  }
```

这样启动项目的时候，BeanComponent 类中的 @Bean 也可以被注册到 Spring 容器中。如果想要导入多个指定的类，@Import 的语法如下（注意圆括号和大括号的位置）：

```
@Import({A.class, B.class, C.class})
```

（2）@Bean 的使用方法

@Bean 注解与传统 XML 配置文件的功能相同，但是 @Bean 的用法要比配置 XML 文件简单并且智能很多。@Bean 注解有很多属性，其核心源码如下：

```
68    public @interface Bean {
69        @AliasFor("name")
70        String[] value() default {};
71        @AliasFor("value")
72        String[] name() default {};
73        boolean autowireCandidate() default true;
74        String initMethod() default "";
75        String destroyMethod() default AbstractBeanDefinition.INFER_METHOD;
76    }
```

下面分别介绍这几个属性的用法：

① value 和 name 这两个属性的作用是一样的，就是给 Bean 起别名，让 Spring 可以区分多个类型相同的 Bean。给 Bean 起别名的语法如下：

```
@Bean("goudan")
@Bean(value = "goudan")
@Bean(name = "goudan")
@Bean(name = {"goudan", "GouDan", "Golden"})    // 同时给一个 Bean 起多个别名
```

如果没有给 Bean 起任何别名的话，@Bean 注解会默认将方法名作为别名，例如：

```
01    @Bean
02    public String getName() {
03        return "张三";
04    }
```

等同于：

```
01    @Bean(name = "getName")
02    public String getName() {
03        return "张三";
04    }
```

② autowireCandidate 属性表示 Bean 是否采用默认的匹配机制，默认值为 true，如果将其赋值为 false，这个 Bean 就不会被默认匹配机制所匹配到，只能通过使用别名的方式匹配到。

[实例 02] 李四的名字必须通过别名注入 （源码位置：资源包 \Code\02\02）

创建一个名为 AutowireCandidateDemo 的 Spring Boot 项目，项目的源码结构如图 2.8 所示。

图 2.8　项目中源码文件结构

com.mr.component 包下的 BeanComponent 是用于注册 Bean 的组件类，代码如下：

```
05  package com.mr.component;
06  import org.springframework.context.annotation.Bean;
07  import org.springframework.stereotype.Component;
08
09  @Component
10  public class BeanComponent {
11      @Bean
12      public String name1() {
13          return new String("张三");
14      }
15
16      @Bean(name = "lisi", autowireCandidate = false)    // 放弃自动匹配
17      public String name2() {
18          return new String("李四");
19      }
20  }
```

类中创建了两个方法，返回值类型均为 String。name2() 方法定义了别名，并且 autowireCandidate 的值为 false，表示 Spring 在匹配 Bean 时会自动忽略 name2() 方法的返回值。下面再来看一下注入的代码。

com.mr.controller 包下的 BeanController 类是控制器类，代码如下：

```
21  package com.mr.controller;
22  import javax.annotation.Resource;
23  import org.springframework.web.bind.annotation.RequestMapping;
24  import org.springframework.web.bind.annotation.RestController;
25
26  @RestController
27  public class BeanController {
28
29      @Resource
30      private String name;
31
32      @RequestMapping("bean")
33      public String showName() {
34          return name.toString();
35      }
36  }
```

BeanController 类定义了一个 name 属性，该属性使用 @Resource 标注，表示这个属性由 Spring 自动匹配并注入值。启动项目，打开浏览器访问"http://127.0.0.1:8080/bean"地址，看一下 name 被注入的值是什么。用户可以看到的结果如图 2.9 所示。

name 的值为"张三"，即使 Spring 容器中有两个 String 类型的 Bean，但值为"李四"的 Bean 拒绝自动匹配机制，所以 name 只能得到"张三"这个值。

如果想要得到"李四"这个 Bean，就需要在注入的时候指定 Bean 的别名。例如使用 @Resource 注解读取别名为"lisi"的 Bean，关键代码如下：

```
37  @Resource(name = "lisi")
38  private String name;
```

这样 name 取的值就是别名为"lisi"的 Bean 的值。重启项目，重新访问"http://127.0.0.1:8080/bean"地址，就可以看到网页上显示的值变成了"李四"，效果如图 2.10 所示。

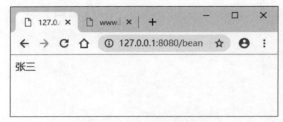
图2.9　网页展示的结果

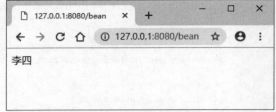
图2.10　再次访问同一地址看到的结果

③ initMethod 属性用于指定 Bean 初始化的时候会调用什么方法，destroyMethod 属性用于指定 Bean 被 Spring 销毁时会调用什么方法，两个属性的值均为 Bean 对象的方法名。

[实例03] 指定 People 对象初始化方法和销毁方法

（源码位置：资源包\Code\02\03）

创建一个名为 BeanMethodDemo 的 Spring Boot 项目，项目的源码结构如图 2.11 所示。这次运行项目要使用项目中的测试类，测试类位于 src/test/java 源码目录下的 com.mr 包中，名为 BeanMethodDemoApplicationTests，此类中的被 @Test 标注的方法可以像 main() 方法那样直接运行。

com.mr.model 包下的 People 类是一个简单的实体类，的代码如下：

图2.11　项目中源码文件结构

```
39  package com.mr.model;
40
41  public class People {
42      String name;
43
44      public People(String name) {
45          this.name = name;
46      }
47
48      public void hello() {
49          System.out.println("我叫" + name);
50      }
51
52      public void init() {
53          System.out.println(name + "来了");
54      }
55
56      public void destroy() {
57          System.out.println(name + "走了");
58      }
59  }
```

类中只有一个 name 属性用于保存用户姓名。除了构造方法以外，People 类还提供了三个方法：hello() 方法是一个简单的输出内容的方法，init() 将作为 Bean 的初始化方法，destroy() 将作为 Bean 的销毁方法。

com.mr.component 包下的 BeanComponent 是用于注册 Bean 的组件类，代码如下：

```
60  package com.mr.component;
61  import org.springframework.context.annotation.Bean;
62  import org.springframework.stereotype.Component;
63
64  @Component
65  public class BeanComponent {
66
67      @Bean(initMethod = "init", destroyMethod = "destroy")
68      public People name() {
69          return new People("张三");
70      }
71  }
```

@Bean 在声明 name() 方法时，指定在注册 People 类型的 Bean 时，先执行 People 类中名为"init"的方法，当这个 Bean 被销毁时执行 People 类中名为"destroy"的方法。

在 Spring Boot 的测试类中注入 People 类型的 Bean，并执行 People 类的 hello() 方法。测试类的代码如下：

```
72  package com.mr;
73  import org.junit.jupiter.api.Test;
74  import org.springframework.beans.factory.annotation.Autowired;
75  import org.springframework.boot.test.context.SpringBootTest;
76
77  import com.mr.model.People;
78
79  @SpringBootTest
80  class BeanMethodDemoApplicationTests {
81      @Autowired                                  // 取出 People 类型的 Bean
82      People someone;
83
84      @Test                                       // 测试方法
85      void contextLoads() {
86          someone.hello();
87      }
88  }
```

运行测试类，Spring Boot 会启动，并为测试类中的 someone 属性注入 Bean，可以在控制台看到如图 2.12 所示结果。

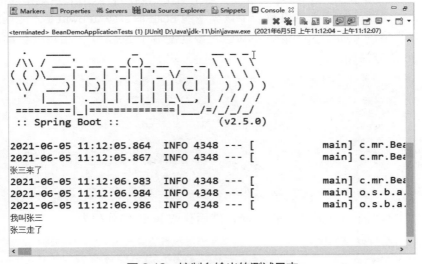

图 2.12　控制台输出的测试日志

从这个结果可以看出，Spring Boot 刚启动不久，控制台就打印了"张三来了"，这是因为注册 Bean 的时候触发了 Bean 的 init() 方法。当项目启动完成后，控制台打印了"我叫张三"，这是因为程序进入了测试方法中，执行了 Bean 的 hello() 方法。最后控制台打印"张三走了"，这是因为测试方法执行完毕，Spring Boot 在关闭之前销毁了所有 Bean，触发了 Bean 的 destroy() 方法。

2.5.3 获取 Bean

获取 Bean 就是在类中创建一个属性（可以是 private 属性），通过为属性添加注解，让 Spring 为这个属性注入 Bean。可以获取 Bean 的注解有三个：@Autowired、@Resouce 和 @Value，这三个注解只能在可以被扫描到的类中使用。下面分别介绍这三个注解的用法。

（1）@Autowired

@Autowired 注解可以自动到 Spring 容器中寻找名称相同或类型相同的 Bean。例如，注册 Bean 的方法为：

```
89    @Bean
90    public String zhangsan() {
91        return " 张三 ";
92    }
```

获取这个 Bean 的时候可以写成：

```
93    @Autowired
94    String zhangsan;
```

@Autowired 可以自动匹配与属性同名（即别名为"zhagnsan"）的 Bean。如果匹配不到同名的 Bean，@Autowired 可以自动匹配类型相同的 Bean。例如，注册方法不变，获取 Bean 的代码为：

```
95    @Autowired
96    String name;
```

即使这么写，name 也可以获得"张三"这个值，因为两者数据类型是相同的。

但要注意，当 Spring 容器中仅有一个该类型的 Bean 时，@Autowired 才能匹配成功。如果存在多个该类型的 Bean，Spring 就不知道应该匹配哪个 Bean 了，项目就会抛出异常。例如，注册 Bean 的方法如下：

```
97     @Bean
98     public String zhangsan() {
99         return " 张三 ";
100    }
101
102    @Bean
103    public String lisi() {
104        return " 李四 ";
105    }
```

现在容器中有两个 String 类型的 Bean，然后获取 Bean 的代码为：

```
106    @Autowired
107    String name;
```

启动项目后会抛出如下异常日志：

```
Caused by: org.springframework.beans.factory.NoUniqueBeanDefinitionException: No qualifying
bean of type 'java.lang.String' available: expected single matching bean but found 2:
zhangsan,lisi
```

这个异常日志的意思是：你的代码中需要自动匹配一个独立的 Bean，但程序却找到两个符合条件的 Bean，一个叫 zhangsan，一个叫 lisi，程序不知道你要的是哪个 Bean，程序就停止了。

像这种同时存在多个 Bean 无法自动匹配的情况下，在获取时就需要指定 Bean 的别名了。指定别名有两种方式。

① 将类属性名改成 Bean 的别名。如果 Bean 的别名叫"zhangsan"，@Autowired 标注的属性名也叫 zhangsan。

② 使用 @Qualifier 注解。@Qualifier 注解有一个 value 属性，用于指定获取 Bean 的别名。可以与 @Autowired 配套使用。例如，获取别名为"lisi"的 Bean，代码如下：

```
108    @Autowired
109    @Qualifier("lisi")
110    String name;
```

（2）@Resouce

@Resouce 注解的功能与 @Autowired 类似，@Autowired 是 Spring 提供的注解，@Resouce 是 Java EE 自带的注解。

@Resouce 注解自带 name 属性，可直接指定 Bean 的别名，默认值为空字符串，表示自动将被标注的属性名作为 Bean 的别名。例如，获取别名为"zhangsan"的 Bean，可以有三种写法，第一种写法：

```
111    @Resource(name="zhangsan")
112    String name;
```

第二种写法：

```
113    @Resource
114    String zhangsan;              // 属性名就叫张三
```

第三种写法虽然可以执行，实际与第一种写法是一样的，不推荐这样写：

```
115    @Resource(name="")
116    String zhangsan;
```

> ♛ 注意：
> 如果使用 @Autowired 注入 Object 类型的 Bean 时，抛出了 org.springframework.beans.factory.NoUniqueBeanDefinitionException:No qualifying bean of type 'java.lang.Object' available 异常，就将 @Autowired 换成 @Resouce。

（3）@Value

@Value 注解可以动态地向属性注入值。@Value 有三种语法，分别如下。

① 注入常量值。下面的语法会让 name 的值等于"zhangsan"这个字符串，例如：

```
117    @Value("zhangsan")
118    String name;
```

② 注入 Bean。使用 #{Bean 别名} 格式可以注入指定别名的 Bean，效果类似于 @Resource(name=" Bean 别名"），例如：

```
119    @Value("#{zhangsan}")
120    String name;
```

③ 注入配置文件中的值。使用 #{配置项} 格式可以注入 application.properties 文件中指定名称的配置项的值，例如：

```
121    @Value("${zhangsan}")
122    String name;
```

> **注意：**
> 如果配置文件中没有该项则会抛出 BeanCreationException 异常。

2.6 为项目添加依赖

Spring 生成项目的网页中可自动添加的依赖项很少，有些依赖需要开发者手动添加。本书采用 Maven 作为项目构建工具，这一节就来介绍一下如何手动为 Maven 项目添加依赖。

2.6.1 修改 pom.xml 配置文件

pom.xml 是 Maven 构建项目的核心配置文件，开发人员可以在此文件中为项目添加新的依赖，添加的位置为 <dependencies> 标签内部，作为其子标签，格式如下：

```
<dependency>
    <groupId> 所属团队 </groupId>
    <artifactId> 项目 ID</artifactId>
    <version> 版本号 </version>
    <scope> 使用范围（可选）</scope>
</dependency>
```

> **注意：**
> <dependency> 是 <dependencies> 的子标签，单词末尾少一个字母 s。

例如，Spring Boot 项目自带的 Web 依赖和 JUnit 单元测试依赖，其在 pom.xml 中填写的位置如图 2.13 所示。开发者只需要仿照这种格式在 <dependencies> 标签内部添加其他依赖，然后保存 pom.xml 文件，Maven 就会自动下载依赖中的 JAR 文件并自动引入到项目中了。

在 pom.xml 文件中添加依赖有两点要注意的事项：

① 直接在 pom.xml 文件中粘贴文本很有可能会将原文本的格式粘贴进来，Maven 无法自动忽略这些格式或其他非法字符，会导致 pom.xml 校验错误。如果出现了莫名其妙的校验错误，开发者需要使用 Ctrl + Z 快捷键撤回粘贴的内容。如果撤回之后仍然有校验错误，可以尝试重启 Eclipse。

为了避免出现非法字符的问题，建议读者使用 Eclipse 自带的添加依赖的功能。在 pom.xml 的代码窗口下方找到 Dependencies 分页标签，位置如图 2.14 所示。

第 2 章 Spring Boot 基础

图 2.13　Spring Boot 自带的依赖及其填写的位置

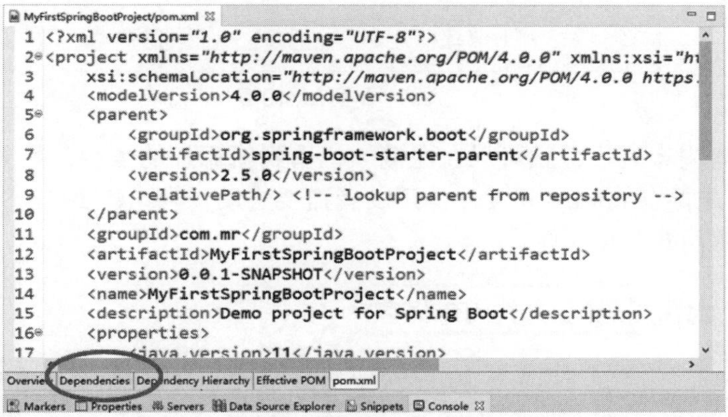

图 2.14　Dependencies 分页标签的位置

在新的界面中单击左侧的 Add 按钮来添加依赖，位置如图 2.15 所示。

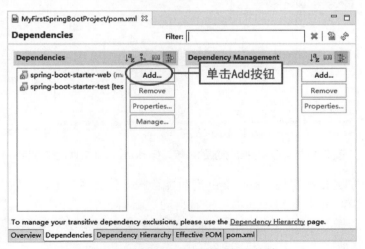

图 2.15　单击 Add 按钮添加以依赖

在弹出的窗体中填写 XML 格式中的 groupId、artifactId 和 version 三个值，scope 若无特殊要求默认即可。填写完毕之后单击底部的"OK"按钮，窗体如图 2.16 所示。

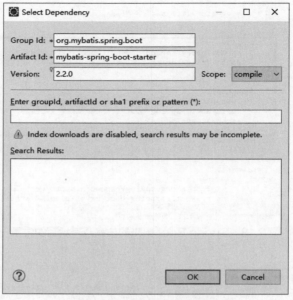

图 2.16　填写依赖内容

正确填写所有内容之后，就可以在左侧一栏看到新添加的依赖，效果如图 2.17 所示。但此时 Eclipse 尚未保存 pom.xml 文件，开发者需要主动保存（CTRL + S 快捷键）才能让 Maven 开始下载依赖的 JAR 文件。

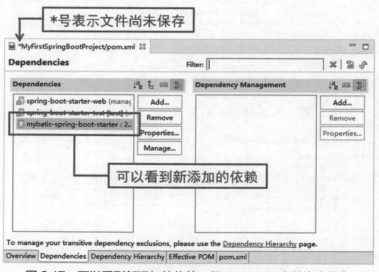

图 2.17　可以看到新添加的依赖，但 pom.xml 文件尚未保存

② 开发者添加完依赖之后，pom.xml 有可能会报一些类似"添加失败""无法识别"之类的错误，这些错误可能是 Maven 项目没有自动更新引起的，开发者只需要在项目上单击鼠标右键，依次选择 Maven → Update Project 菜单手动更新项目，操作如图 2.18 所示。更新完毕之后错误就消失了。

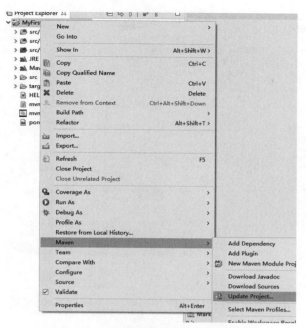

图 2.18　手动更新 Maven 项目的菜单

2.6.2　如何查找依赖的版本号

如果开发者不知道自己要填写的依赖的 ID 和版本是什么，可以到 MVNrepository 或阿里云云效 Maven 去查找。

MVNrepository 的查询结果如图 2.19 所示。

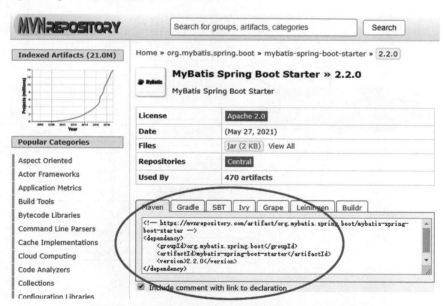

图 2.19　到 MVNrepository 中查找 Maven 依赖

阿里云云效 Maven 虽然不会直接显示 XML 文本，但可以看到 groupId、artifactId 和 version 这三个值，效果如图 2.20 所示。

图 2.20　到阿里云云效 Maven 中查找 Maven 依赖

 ## 本章知识思维导图

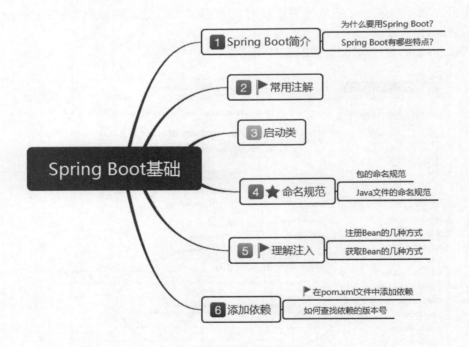

第 3 章
配置项目

扫码领取
- 配套视频
- 配套素材
- 学习指导
- 交流社群

 本章学习目标

- 如何编写配置文件
- 如何读取配置文件中的内容
- 如何加载多个配置文件
- 如何使用配置类
- 了解一些常见配置

3.1 配置文件

Spring Boot 项目有一个默认的配置文件，存放于 src/main/resources 目录，文件名固定为"application"，位置如图 3.1 所示。项目启动时，Spring Boot 会根据配置文件中的内容完成自动装配。如果配置文件中没有任何内容，Spring Boot 会采用一套默认配置。

下面将介绍配置文件的用法和一些特性。

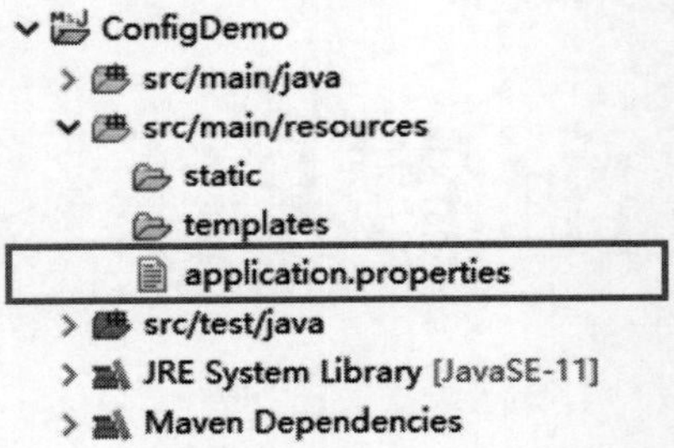

3.1.1 properties 和 yml

图 3.1 配置文件的位置

Spring Boot 支持多种格式的配置文件，最常用的是 properties 格式（默认格式）和比较新颖的 yml 格式。下面分别介绍这两种格式的特点。

> 说明：
> 本书提供的源码均采用 properties 格式作为项目配置文件，读者在开发过程成可以根据自己的喜好选择 properties 格式或 yml 格式。

（1）properties 格式

properties 格式是经典的键值文本格式，语法非常简单，"="左侧为键（key），右侧为值（value），每个键独占一行，其语法如下：

```
key=value
```

如果多个键之间存在层级关系，需要用"父键.子键"的格式表示。例如，为有三层关系的键赋值的语法如下：

```
key1.key2.key3=value
```

例如，将项目启动的 Tomcat 端口号改为 8081，可以在 application.properties 中填写如下内容：

```
01    server.port=8081
```

启动项目之后，就可以在控制台看到如下一行日志：

```
Tomcat started on port(s): 8081 (http) with context path ''
```

这行日志表明 Tomcat 根据用户的配置开启了 8081 端口。

properties 文件使用"#"作为注释符号，例如：

```
02    # 修改 Tomcat 接口
03    server.port=8081
```

> 注意：
> "#"必须写在"="之前才有注释功能，若写在"="之后则表示"#"字符。

properties 文件不支持中文，如果开发者在 properties 文件中编写中文，Eclipse 会自动将其转化为 Unicode 码，将鼠标悬停在 Unicode 码可以看到对应的中文。效果如图 3.2 所示。

图 3.2　在 properties 文件中编写中文会自动转为 Unicode 码

properties 文件不支持中文不代表不能保存中文字符。在 properties 文件上单击鼠标右键，依次选择 Open With → Text Editor，步骤如图 3.3 所示，以文本的形式进行编辑就可以插入中文字符了。但这样插入的字符是无法被正常读取的，所以中文只能用于写注释。

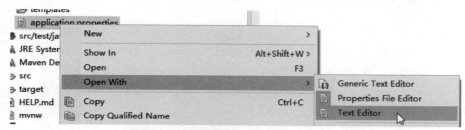

图 3.3　以文本的形式编辑 application.properties 文件

（2）yml 格式

yml 是 YAML 的缩写，这是一种可读性高、用来表达数据序列化的文本格式。yml 文件的语法比较像 Python 语言，通过缩进表示层级关系。英文"："左侧为键（key），右侧为值（value）。其语法如下：

```
key: value
```

> 注意：
> "："与值之间必须有至少一个空格。

yml 只能用空格缩进，不能用 tab 缩进。空格数量表示各层的层级关系。例如，properties 文件中的三层关系：

```
04    key1.key2.key3=value
```

在 yml 文件中的写法如下：

```
key1:
  key2:
    key3: value
```

在 properties 文件，即使父键相同，每一个的子键赋值时都要单独占一行，且要把父键写完整，例如：

```
05    com.mr.strudent.name=tom
06    com.mr.strudent.age=21
```

相同的配置，在 yml 中只需要编写一次父键，然后保证两个子键缩进关系相同即可，上述配置对应的 yml 写法如下：

```
07  com:
08    mr:
09      student:
10        name: Tom
11        age: 21
```

（3）配置文件里的特殊数据结构

properties 文件和 yml 文件都支持保存数组结构和键值结构的数据。

① 在 properties 文件中创建数组结构的语法如下：

```
12  com.mr.people.name[0]=zhangsan
13  com.mr.people.name[1]=lisi
```

这两行配置表示创建了一个以"com.mr.people"为前缀、以"name"为数组名的数组，数组中第一个元素为 zhangsan，第二个元素为 lisi。

在 yml 文件中创建数组结构的语法如下：

```
14  com:
15    mr:
16      people:
17        name:
18          - zhangsan
19          - lisi
```

除了用空格表示层级关系之外，英文"-"符号表示该数值为数组元素。此 yml 格式配置的内容与刚才 properties 格式配置的内容完全一致。

> 说明：
> 这种配置语法不仅可以表示数组格式，还可以用来表示 List 格式。

② 在 properties 文件中创建键值结构的语法如下：

```
20  com.mr.student.grade[chinese]=95
21  com.mr.student.grade[math]=91
22  com.mr.student.grade[english]=86
```

这种格式与数组格式比较像，只不过方括号内的值从数字改成了字符串，字符串表示键。这三行配置表示创建了一个类似于"{"chinese"："95"，"math"："91"，"english"："86"}"键值结构的数据。这种数据可以用 Map 对象保存。

yml 文件也可以创建键值结构，但没有出现特殊语法，只要对齐缩进即可：

```
23  com:
24    mr:
25      student:
26        grade:
27          chinese: 95
28          math: 91
29          english: 86
```

（4）动态引用配置项

如果配置文件中某个配置项要使用另一个配置项的值，可以使用"${ }"表达式。例如：

```
30    port1=8080
31    port2=8081
32    server.port=${port2}
```

port1 和 port2 分别是两个端口的值，server.port=${port2} 表示 server.port 采用配置文件中 port2 的值，其结果相当于：

```
33    server.port=8081
```

如果 port2 的值发生改变，server.port 的值也会随之改变。

（5）总结

项目中的配置文件采用 properties 格式还是 yml 格式，可由开发者自己决定。两种配置文件都有各自的优缺点。表 3.1 总结了这两种格式的特点，可供大家参考。

表 3.1 properties 格式与 yml 格式的特点

特点	properties 格式	yml 格式
区分英文字母大小写	不区分	区分
层级关系	用英文标点"."表示	用空格缩进表示
key 之后的符号	=	:(加一个空格)
对中文的支持	不支持，只能用 Unicode 码	支持
注释符号	#	#
是否支持数组结构	支持	支持
是否支持键值结构	支持	支持

3.1.2 常用配置

用户可以在配置文件编写任何自定义的配置项，Spring Boot 也有一些约定好的配置项，设置这些配置项之后可以更改一些项目属性。常用的配置如下：

```
34    # Tomcat 使用的端口号
35    server.port=8088
36    
37    # 配置 context-path
38    server.context-path=/
39    
40    # 错误页地址
41    server.error.path=/error
42    
43    # session 超时时间（分钟），默认为 30 分钟
44    server.session-timeout=60
45    
46    # 服务器绑定的 IP 地址，如果本机不在此 IP 地址则启动失败
47    server.address=192.168.1.1
48    
49    # Tomcat 最大线程数，默认为 200
50    server.Tomcat.max-threads=100
51    
52    # Tomcat 的 URI 字符编码
53    server.Tomcat.uri-encoding=UTF-8
```

3.2 读取配置项的值

如果用户在配置文件中保存了一些自定义的配置项,想在写代码时把这些配置项的值读出来,可以采用 Spring Boot 提供的三种读取方法,下面分别介绍。

3.2.1 使用 @Value 注解注入

@Value 注解在第 2 章曾经介绍过,它可以向类属性注入常量、Bean 或配置文件中的值。@Value 注解获取配置项值的语法下:

```
@Value("${ 配置项 }")
```

例如,读取 Tomcat 使用的端口号,代码如下:

```
54    @Value("${server.port}")
55    Integer port;
```

[实例 01]　　　　　　　　　　　　　　　　　　（源码位置:资源包 \Code\03\01 ）

读取配置文件中记录的学生信息

创建一个名为 ValueDemo 的 Spring Boot 项目,创建 com.mr.controller.ValueController 类。项目的源码结构如图 3.4 所示。

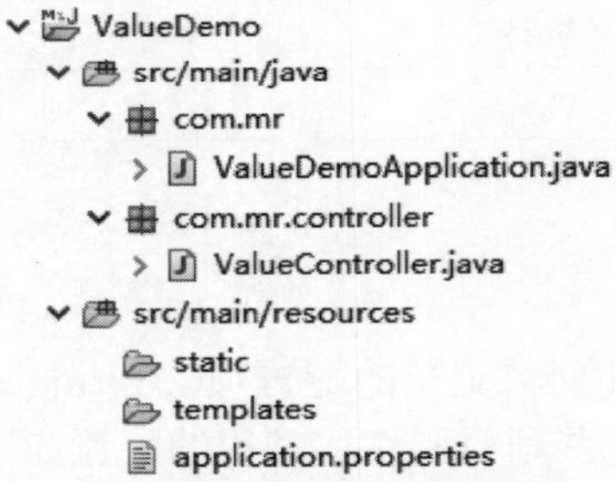

图 3.4　项目中源码文件结构

打开 application.properties 配置文件,写入以下内容:

```
56    com.mr.name=\u5F20\u4E09
57    com.mr.age=21
58    com.mr.gender=\u7537
```

这三行内容分别记录了一个学生的姓名、年龄和性别数据。

com.mr.controller 包下的 ValueController 是项目里唯一的控制器类,在该类中编写了三个属性,分别使用 @Value 注解注入配置文件中的姓名、年龄和性别数据。在 getPeople() 方法中映射了 "/people" 地址,当用户访问该地址时,在页面打印三个属性的值。ValueController 类的代码如下:

```
59    package com.mr.controller;
60    import org.springframework.beans.factory.annotation.Value;
61    import org.springframework.web.bind.annotation.RequestMapping;
62    import org.springframework.web.bind.annotation.RestController;
```

```
63
64  @RestController
65  public class ValueController {
66      @Value("${com.mr.name}")
67      private String name;
68
69      @Value("${com.mr.age}")
70      private Integer age;
71
72      @Value("${com.mr.gender}")
73      private String gender;
74
75      @RequestMapping("/people")
76      public String getPeople() {
77          StringBuilder report = new StringBuilder();
78          report.append("<li>名称: " + name + "</li>");
79          report.append("<li>年龄: " + age + "</li>");
80          report.append("<li>性别: " + gender + "</li>");
81          System.out.println(gender);
82          return report.toString();
83      }
84  }
```

启动项目，打开浏览器访问"http://127.0.0.1:8080/people"地址，可以看到如图3.5所示的结果。

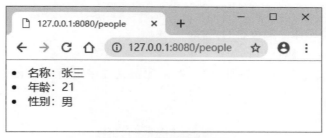

图 3.5　网页展示的结果

如果使用 @Value 注入一个不存在的配置项，例如：

```
85  @Value("${com.mr.school}")
86  private String school;
```

项目启动时就会抛出如下异常：

```
java.lang.IllegalArgumentException: Could not resolve placeholder 'com.mr.school' in value "${com.mr.school}"
```

这个异常说的是程序无法找到与"'com.mr.school'"相匹配的值，因此在使用 @Value 读取配置项时一定要确保配置项名称无误。

3.2.2　使用 Environment 环境组件

如果配置文件经常被修改的话，使用 @Value 注入配置项反而成了项目中的隐患。Spring Boot 提供了一个更灵活的 org.springframework.core.env.Environment 环境组件接口来读取配置项。即使 Environment 尝试读取一个不存在的配置项，也不会触发任何异常。

Environment对象是由Spring Boot自动创建的，开发者可以直接注入并使用，注入方式如下：

```
87    @Autowired
88    Environment env;
```

Environment 组件提供了丰富的 API，下面列举几个常用的方法：

```
containsProperty(String key);
```

参数 key：配置文件中配置项的名称。
返回值：如果配置文件存在名为 key 的配置项，则返回 true，否则返回 false。

```
getProperty(String key)
```

参数 key：配置文件中配置项的名称。
返回值：配置文件中 key 对应的值。如果配置文件中没有名为 key 的配置项，则返回 null。

```
getProperty (String key, Class<T> targetType)
```

参数 key：配置文件中配置项的名称。
参数 targetType：方法返回值封装成哪种类型。
返回值：配置文件中 key 对应的值，并封装成 targetType 类型。

```
getProperty(String key, String defaultValue);
```

参数 key：配置文件中配置项的名称。
参数 defaultValue：默认值。
返回值：配置文件中 key 对应的值，如果配置文件中没有名为 key 的配置项，则返回 defaultValue。

注意：
如果配置文件中存在某个配置项，但等号右侧没有任何值（例如"name="），Environment 组件会认为此配置项存在，但只能取出空字符串。

[实例 02] **读取配置文件中个人的简历信息**　　　　（源码位置：资源包 \Code\03\02）

创建一个名为 EnvironmentDemo 的 Spring Boot 项目，项目 application.properties 配置文件中只记录了某个姓名和所学课程这两个信息，代码如下：

```
89    com.mr.name=\u5F20\u4E09
90    com.mr.subject=Java
```

com.mr.controller 包下的 EnvironmentDemoController 是项目的控制器类，在该类的方法中读取了 4 个配置项（只有第 1 和第 4 个配置项是存在的），前两个配置项通过 containsProperty() 方法判断其是否存在，后两个配置项则给出了默认值。EnvironmentDemoController 类的代码如下：

```
91    package com.mr.controller;
92    import org.springframework.beans.factory.annotation.Autowired;
93    import org.springframework.core.env.Environment;
94    import org.springframework.web.bind.annotation.RequestMapping;
95    import org.springframework.web.bind.annotation.RestController;
```

```
96
97  @RestController
98  public class EnvironmentDemoController {
99      @Autowired
100     private Environment env;// 注入环境组件
101
102     @RequestMapping("/env")
103     public String env() {
104         StringBuilder report = new StringBuilder();// 将在页面打印的内容
105         if (env.containsProperty("com.mr.name")) {// 如果配置文件存在 com.mr.name 配置项
106             String name = env.getProperty("com.mr.name");// 取出 com.mr.name 配置项的值
107             report.append("<li> 姓名:" + name + "</li>");
108         }
109         if (env.containsProperty("com.mr.age")) {
110             int age = env.getProperty("com.mr.age", Integer.class);
111             report.append("<li> 年龄:" + age + "</li>");
112         }
113         // 取出 com.mr.school 配置项的值，如果取不到值则用默认值
114         String school = env.getProperty("com.mr.school", " 明日学院 ");
115         report.append("<li> 学校:" + school + "</li>");
116
117         String subject = env.getProperty("com.mr.subject", " 编程 ");
118         report.append("<li> 所学课程:" + subject + "</li>");
119
120         return report.toString();
121     }
122 }
```

启动项目，打开浏览器访问"http://127.0.0.1:8080/env"地址，可以看到如图3.6所示的结果。从这个结果可以看出，配置文件中不存在的 com.mr.age 配置项没有出现在页面中。不存在的 com.mr.school 配置项采用了默认值，存在的 com.mr.subject 配置项采用了原本的值而不是默认值。

图 3.6　网页展示的结果

3.2.3　创建配置文件的映射对象

除了 @Value 和 Environment，Spring Boot 还提供了 @ConfigurationProperties 注解，用于声明配置数据的映射类，供其他组件使用。

（1）映射类与对应的配置格式

封装配置文件数据的类叫做映射类，映射类中的属性就是配置文件中的各个配置项。根据配置项书写的格式，还可以将配置项进一步封装，下面介绍 4 个常见的格式及其映射类的写法。

① 映射普通格式。通常一个配置项的名称包含多个层级关系，前几层可以放在一起统

称为"前缀"，最后一层的名称对应映射类的属性名，其语法如下。

前缀.属性名=值

例如，配置文件中有如下两个配置项：

```
123    com.mr.people.name=zhangsan
124    com.mr.people.age=21
```

这两个配置项的前缀相同，都是 com.mr.people，可以将其封装成一个 People 类。配置项最后一层的名称作为 People 类的属性名，然后为每个属性添加 Getter/Setter 方法。映射类的代码如下：

```
125    public class People {
126        private String name;
127        private Integer age;
128        public String getName() {
129            return name;
130        }
131        public void setName(String name) {
132            this.name = name;
133        }
134        public Integer getAge() {
135            return age;
136        }
137        public void setAge(Integer age) {
138            this.age = age;
139        }
140    }
```

② 映射数组格式。数组格式与普通格式唯一区别就是在结尾加了一对方括号，方括号内写的是数组的索引值，语法如下：

前缀.属性名[索引]=值

"前缀.属性名"相同配置项表示同一数组，索引值从 0 开始计算，依次递增，不能中断也不能重复。例如，配置文件中有如下两个配置项：

```
141    com.mr.people.array[0]=1
142    com.mr.people.array[1]=2
```

这两个配置项可以映射为 People 类下的一个名为 array 的数组，映射类代码如下：

```
143    public class People {
144        private String[] array;
145        // 省略 array 属性的 Getter/Setter 方法
146    }
```

数组格式不仅可以映射成 Java 中的数组，还可以映射成 List 对象，所以映射类也可以写成如下形式：

```
147    import java.util.List;
148    public class People {
149        private List<String> array;
150        // 省略 array 属性的 Getter/Setter 方法
151    }
```

③ 映射键值格式。键值格式对应 Java 中的 Map 键值对，其语法如下：

```
前缀.属性名[键]=值
```

键值格式与数组格式很像，数组格式的方括号内写的是索引，键值格式的方括号内写的是键。如果键是 10 以内的整数，就很容易与数组格式混淆，所以开发者应该避开使用数字做键。

例如，配置文件中有如下三个配置项：

```
152    com.mr.people.map[name]=zhangsan
153    com.mr.people.map[age]=21
154    com.mr.people.map[gender]=male
```

这三个配置可以映射为 People 类下名为 map 的 Map 对象，映射类代码如下：

```
155    import java.util.Map;
156    public class People {
157        private Map<String,String> map;
158        // 省略 map 属性的 Getter/Setter 方法
159    }
```

④ 映射内部类格式。内部类格式实际上就是普通格式，只不过要在层级关系中体现出外部类与内部类的关系。其语法如下：

```
前缀.外部类属性名.内部类属性名=值
```

例如，配置文件中有如下两个配置项：

```
160    com.mr.outer.inner.name=zhangsan
161    com.mr.outer.inner.age=21
```

"com.mr.outer" 是前缀，"inner" 是外部类属性名，该属性是一个内部类对象，"name" 和 "age" 是内部类的属性名。这个映射类可以写成如下形式：

```
162    public class OuterClass {
163        private InnerClass inner;            // 内部类对象作为外部类的属性
164        public class InnerClass {            // 内部类
165            private String name;             // 内部类的属性
166            private Integer age;
167            // 省略 name 属性和 age 属性的 Getter/Setter 方法
168        }
169        // 省略 inner 属性的 Getter/Setter 方法
170    }
```

（2）@ConfigurationProperties 的用法

上一小节介绍了配置文件与映射类的写法，这一小节介绍 @ConfigurationProperties 注解的用法。@ConfigurationProperties 注解的用法有两种，下面分别介绍。

① 将映射类注册为组件。@ConfigurationProperties 可以直接标注在类上面，表示此类是配置文件的映射类。映射类同时也被 @Component 注解标注，这样映射类才能被注册为组件，其他类通过注入的方式即可获得映射类对象。

@ConfigurationProperties 注解有一个 prefix 属性，用于指定映射的配置项的前缀名，只有前缀一致的配置项才会被映射。

例如，配置文件内容如下：

```
171    server.port=8080
172    com.mr.people.name=zhangsan
173    com.mr.people.age=21
```

为后两个配置项创建映射类的代码如下：

```
174    @Component
175    @ConfigurationProperties( prefix = "com.mr.people") // 映射以 com.mr.people 为前缀的配置内容
176    public class People {
177        private String name;     // 属性与配置项同名
178        private Integer age;
179        // 省略 name 属性和 age 属性的 Getter/Setter 方法
180    }
```

其他类想要读取配置文件中值，只需注入 People 类的对象即可，代码如下：

```
181    @Autowired
182    People someone;// 注入映射配置文件的 Bean
```

直接调用 someone.getName() 方法就可以得到配置文件中 com.mr.people.name 对应的值。

② 将映射类的对象注册为 Bean。将映射类的对象注册为 Bean 是推荐大家使用的写法。映射类不使用任何注解标注，就是一个单纯的实体类，例如：

```
183    public class People {
184        private String name;     // 属性与配置项同名
185        private Integer age;
186        // 省略 name 属性和 age 属性的 Getter/Setter 方法
187    }
```

创建一个组件类，在组件类中编写一个返回映射类对象的方法，使用 @ConfigurationProperties 注解标注该方法，表示该方法的返回值是配置文件的映射对象，然后将返回结果注册成 Bean。例如：

```
188    @Component
189    public class ConfigMapperComponent {
190        @Bean("people")
191        @ConfigurationProperties(prefix = "com.mr.people") // 映射以 com.mr.people 为前缀的配置内容
192        public People getConfigMapper() {
193            return new People();
194        }
195    }
```

这样写的好处是可以为映射对象的 Bean 起别名，并且可以对所有映射对象做统一管理。

> **注意：**
> @ConfigurationProperties 注解的两种用法不能同时使用，否则会出现两个相同的 Bean，导致 Spring Boot 无法自动识别。

[实例 03]　　　　　　　　　　　　　　　　　　　（源码位置：资源包 \Code\03\03）
将配置文件中的信息封装成学生对象

创建一个名为 ConfigurationPropertiesDemo 的 Spring Boot 项目，源码结构如图 3.7 所示。

图 3.7　项目中源码文件结构

在 application.properties 配置文件中保存一个学生的完整信息，其代码如下：

```
196  com.mr.student.name=zhangsan
197  com.mr.student.age=21
198  #兴趣爱好
199  com.mr.student.speciality[0]=swim
200  com.mr.student.speciality[1]=music
201  #考试成绩
202  com.mr.student.grade[chinese]=95
203  com.mr.student.grade[math]=91
204  com.mr.student.grade[english]=86
205  #联系方式
206  com.mr.student.concat.phone=123456789
207  com.mr.student.concat.email=zhangsan@mr.com
208  com.mr.student.concat.qq=100000
```

com.mr.component 包下的 StudentVO 是学生信息的实体类，该类对配置文件中的配置项做了封装，其中兴趣爱好封装成了 List 类型，考试成绩封装成了 Map 类型，联系方式则用内部类的方式封装。StudentVO 类的具体代码如下：

```
209  package com.mr.component;
210  import java.util.List;
211  import java.util.Map;
212  import org.springframework.boot.context.properties.ConfigurationProperties;
213  import org.springframework.stereotype.Component;
214
215  public class StudentVO {
216      private String name;                    // 属性与配置项同名
217      private Integer age;
218      private List<String> speciality;        // 特长
219      private Map<String, Integer> grade;     // 成绩
220      private Concat concat = new Concat();   // 联系方式
221
222      public class Concat {                   // 联系方式内部类
223          private String phone;               // 电话
224          private String email;               // 邮箱
225          private String qq;                  // QQ 号
226          // 此处省略了 Concat 类所有属性的 Getter/Setter 方法
227      }
228      // 此处省略了 StudentVO 类所有属性的 Getter/Setter 方法
229  }
```

com.mr.component 包下的 StudentComponent 是组件类，该类中创建了学生实体类的对象，并通过 @ConfigurationProperties 注解将此对象与"com.mr.student"前缀的配置项做

了映射，并将实体类对象注册成 Bean。StudentComponent 的具体代码如下：

```
230    package com.mr.component;
231    import org.springframework.boot.context.properties.ConfigurationProperties;
232    import org.springframework.context.annotation.Bean;
233    import org.springframework.stereotype.Component;
234
235    @Component
236    public class StudentComponent {
237
238        @Bean
239        @ConfigurationProperties(prefix = "com.mr.student") // 采用以 com.mr.student 为前缀的配置内容
240        public StudentVO getStudent() {
241            return new StudentVO();
242        }
243    }
```

com.mr.controller 包下的 StudentController 是控制器类，该类注入了学生实体类对象，并在处理 URL 请求的方法中将学生的所有信息打印在页面中。StudentController 的具体代码如下：

```
244    package com.mr.controller;
245    import java.util.Map;
246    import org.springframework.beans.factory.annotation.Autowired;
247    import org.springframework.web.bind.annotation.RequestMapping;
248    import org.springframework.web.bind.annotation.RestController;
249    import com.mr.component.StudentVO;
250
251    @RestController
252    public class StudentController {
253        @Autowired
254        StudentVO stu;                                          // 注入映射配置文件的 Bean
255
256        @RequestMapping("/student")
257        public String getStudent1() {
258            StringBuilder report = new StringBuilder();
259            report.append("<h2> 学生姓名 </h2>");
260            report.append(stu.getName());
261            report.append("<h2> 年龄 </h2>");
262            report.append(stu.getAge());
263            report.append("<h2> 特长 </h2>");
264            for (String speciality : stu.getSpeciality()) {     // 获取所有特长
265                report.append("<li>" + speciality + "</li>");
266            }
267            report.append("<h2> 成绩 </h2>");
268            Map<String, Integer> grades = stu.getGrade();       // 获取所有成绩
269            for (String key : grades.keySet()) {
270                report.append("<li>" + key + ": " + grades.get(key) + "</li>");
271            }
272            report.append("<h2> 联系方式 </h2>");
273            report.append("<li> 电话: " + stu.getConcat().getPhone() + "</li>");
274            report.append("<li> 电子邮箱: " + stu.getConcat().getEmail() + "</li>");
275            report.append("<li>QQ 号码: " + stu.getConcat().getQq() + "</li>");
276            return report.toString();
277        }
278    }
```

启动项目，打开浏览器访问"http://127.0.0.1:8080/student"地址，可以看到如图3.8所示的结果。页面中展示的信息均是从配置文件中获得的。

图 3.8　网页展示的结果

3.3　同时拥有多个配置文件

application.properties 是项目默认配置文件，但并不意味着项目中只能有这一个配置文件。Spring Boot 支持多配置文件，开发者可以将不同类型的配置项放在不同的配置文件中。下面介绍两种多配置文件的应用场景

说明：

src/main/resources 目录在 Spring Boot 中的抽象路径为"classpath"。

3.3.1　加载多个配置文件

application.properties 是主配置文件，通常只用于保存项目的核心配置项，自定义的静态数据要尽量放在其他配置文件中。

@PropertySource 注解专可以让 Spring Boot 项目在启动时主动加载其他配置项。@PropertySource 需要标注在项目的启动类上，其语法如下：

```
@PropertySource(value= {"classpath:XX.properties"," classpath:XXXX.properties " ......})
```

value 属性是字符串数组类型（注意圆括号和大括号的位置），数组的元素为自定义配置文件的抽象地址，以 classpath: 开头表示该文件在 src/main/resources 目录下。如果 @PropertySource 中仅使用 value 这一个属性，value 字样可以省略，简化的语法如下：

```
@PropertySource({"classpath:XX.properties"," classpath:XXXX.properties " ......})
```

例如，让 Spring Boot 项目启动时加载 demo.properties 配置文件，启动类的代码如下：

```
279  @SpringBootApplication
280  @PropertySource({"classpath:demo.properties"})   // 启动时加载 demo.properties 配置文件
281  public class DemoApplication {
282      public static void main(String[] args) {
283          SpringApplication.run(DemoApplication.class, args);
284      }
285  }
```

如果自定义的配置文件在 classpath 的子目录中，例如图 3.9 所示。

```
▼ 📁 src/main/resources
    ▼ 📁 config
          📄 demo.properties
    📁 static
    📁 templates
    📄 application.properties
```

图 3.9　demo.properties 文件在 src/main/resources 下的 config 文件夹中

读取 demo.properties 的写法如下：

```
286  @PropertySource({"classpath:config/demo.properties"})
```

如果自定义的配置文件使用特殊字符编码格式，可以通过 @PropertySource 的 encoding 属性指定加载的字符编码格式。例如：

```
287  @PropertySource(value = { "classpath:demo.properties" }, encoding = "UTF-8")
```

注意：
此时要显示调用 value 属性，以保证和 encoding 属性区分开。

[实例 04]　　　　　　　　　　　　　　　　　　　　　　　　　　（源码位置：资源包 \Code\03\04）
读取自定义配置文件中的静态数据

创建一个名为 PropertySourceDemo 的 Spring Boot 项目，源码结构如图 3.10 所示。

```
▼ 📁 PropertySourceDemo
    ▼ 📁 src/main/java
        ▼ 📦 com.mr
            > 📄 PropertySourceDemoApplication.java
        ▼ 📦 com.mr.controller
            > 📄 PropertySourceController.java
    ▼ 📁 src/main/resources
          📁 static
          📁 templates
          📄 application.properties
          📄 people.properties
          📄 user.properties
```

图 3.10　项目中源码文件结构

src/main/resources 目录下除了 application.properties 主配置文件外，再创建两个自定义的配置文件。people.properties 配置文件用于保存人员信息的静态数据，其配置内容如下：

```
288    people.name=zhangsan
289    people.age=21
```

user.properties 配置文件用于保存用户账户的静态数据，其配置内容如下：

```
290    com.mr.username=mr
291    com.mr.password=123456
```

在启动类中加载这两个自定义配置文件，启动类代码如下：

```
292    package com.mr;
293    import org.springframework.boot.SpringApplication;
294    import org.springframework.boot.autoconfigure.SpringBootApplication;
295    import org.springframework.context.annotation.PropertySource;
296
297    @SpringBootApplication
298    @PropertySource({"classpath:people.properties","classpath:user.properties"})
299    public class PropertySourceDemoApplication {
300        public static void main(String[] args) {
301            SpringApplication.run(PropertySourceDemoApplication.class, args);
302        }
303    }
```

在 com.mr.controller 下的 PropertySourceController 是控制器类，该类注入环境组件对象，当用户提访问"/env"地址时，取出请求中的 name 参数值，如果这个值是有效字符串，则在页面打印 name 参数值对应的配置项的值。PropertySourceController 类的代码如下：

```
304    package com.mr.controller;
305    import org.springframework.beans.factory.annotation.Autowired;
306    import org.springframework.core.env.Environment;
307    import org.springframework.web.bind.annotation.RequestMapping;
308    import org.springframework.web.bind.annotation.RestController;
309
310    @RestController
311    public class PropertySourceController {
312        @Autowired
313        private Environment env;
314
315        @RequestMapping("/env")
316        public String getEnv(String name) {           // 映射 URL 中的 name 参数
317            if (null == name || name.isBlank()) {     // 如果 name 参数是空的
318                return "name 参数为空 ";
319            } else {
320                return name + "=" + env.getProperty(name);
321            }
322        }
323    }
```

启动项目，打开浏览器访问"http://127.0.0.1:8080/env"和"http://127.0.0.1:8080/env?name="这两个地址，故意提交空参数值请求，可以看到如图 3.11 和图 3.12 所示的结果。

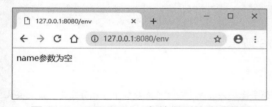

图 3.11　不写 name 参数得到的页面结果

图 3.12　name 参数为空时得到的页面结果

访问"http://127.0.0.1:8080/env?name=people.name"地址，程序会读取到 people.properties 配置文件中的 people.name 配置项，然后将该配置项的值展示在页面中，结果如图 3.13 所示。

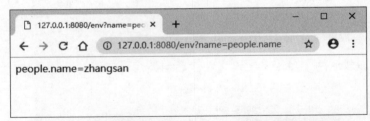

图 3.13　name 参数值为 people.name 时得到的页面结果

访问"http://127.0.0.1:8080/env?name=com.mr.usermame"地址，程序会读取到 user.properties 配置文件中的 com.mr.usermame 配置项，然后将该配置项的值展示在页面中，结果如图 3.14 所示。

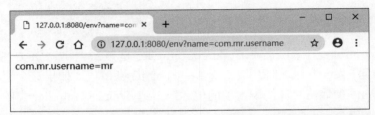

图 3.14　name 参数值为 com.mr.usermame 时得到的页面结果

3.3.2　切换多环境配置文件

开发一个大型商业项目需要搭建多套环境，测试环境用于研发或测试新功能，生产环境用于部署稳定版的程序。Spring Boot 支持加载多个配置文件，也支持切换不同的版本的配置文件。

在 application.properties 主配置文件中填写 spring.profiles.active 配置项，可以指定当前项目除了加载 application.properties 文件以外，还会激活哪些配置文件。spring.profiles.active 配置项的语法如下：

```
spring.profiles.active=suffix1, suffix2, suffix3, ……
```

spring.profiles.active 可以赋予多个值，不同值之间用英文逗号分隔。每一个值都表示一个后缀，每一个后缀都表示一个名为 application-{suffix}.properties 配置文件。{suffix} 就是开发者填写的后缀。符合此命名规则的配置文件将处于激活状态，会在项目启动时被自动加载。

例如，spring.profiles.active 配置项赋予的值如下：

```
324    spring.profiles.active=a, school
```

项目启动时会自动加载的配置文件如图 3.15 所示。

> **注意：**
> ①配置文件的前缀名"application-"是固定的，最后一个字符是英文减号。②虽然后缀中可以有空格，但是英文减号与后缀之间不允许有空格。③不要将上文中提到的"后缀"与文件后缀名".properties"搞混。

图 3.15　项目启动时可以被加载的配置文件

[实例 05]
创建生产和测试两套环境的配置文件，切换两套环境后启动项目　　　（源码位置：资源包 \Code\03\05）

创建一个名为 MultipleEnvironmentDemo 的 Spring Boot 项目，源码结构如图 3.16 所示。

图 3.16　项目中源码文件结构

application.properties 为主配置文件，只包含下面这一个配置项：

```
325    spring.profiles.active=dev
```

application-dev.properties 是生产环境的配置文件，是默认激活的配置文件，生产环境采用 8081 端口，环境名称为 dev。application-dev.properties 中的内容如下：

```
326    server.port=8081
327    env=dev
```

application-test.properties 是测试环境的配置文件，测试环境采用 8080 端口，环境名称为 test。application- test.properties 中的内容如下：

```
328    server.port=8080
329    env=test
```

com.mr.controller 包下的 EnvController 类是控制器类，该类注入环境组件对象，当用户提交 URL 请求时，控制器类会根据配置文件中的 env 配置项来判断当前环境是生产环境还是测试环境，最后将判断结果展示在页面中。EnvController 类的代码如下：

```
330    package com.mr.controller;
331    import org.springframework.beans.factory.annotation.Autowired;
332    import org.springframework.core.env.Environment;
333    import org.springframework.web.bind.annotation.RequestMapping;
334    import org.springframework.web.bind.annotation.RestController;
```

```
335
336    @RestController
337    public class EnvController {
338        @Autowired
339        private Environment env;
340
341        @RequestMapping("env")
342        public String getEnv() {
343            StringBuilder report = new StringBuilder();
344            report.append(" 当前环境 =");
345            String envName = env.getProperty("env");
346            if ("dev".equals(envName)) {
347                report.append(" 生产环境 ");
348            }
349            if ("test".equals(envName)) {
350                report.append(" 测试环境 ");
351            }
352            report.append("<br/> 打开的端口 =");
353            report.append(env.getProperty("server.port"));
354            return report.toString();
355
356        }
357    }
```

启动项目，打开浏览器访问"http://127.0.0.1:8081/env"地址可以看到图 3.17 结果。注意默认环境为生产环境，所以要访问 8081 端口号。

关闭项目，修改 application.properties 配置文件，将环境改为测试环境，修改如下：

```
358    spring.profiles.active=test
```

保存并重新启动项目之后，访问"http://127.0.0.1:8080/env"地址可以看到图 3.18 结果。注意此时的 URL 地址端口号为 8080。因为生产环境与测试环境采用的端口不一样，所以在生产环境中访问测试环境的 URL，或在测试环境中访问生产环境的 URL，都会导致 404 错误。

图 3.17　生产环境配置文件被激活

图 3.18　测试环境配置文件被激活

3.4　@Configuration 配置类

Spring Boot 在启动时会自动创建很多涉及项目配置的 Bean，开发者可以通过定义配置类来重写这些 Bean。Spring 框架提供了 @Configuration 注解来声明配置类，配置类替代了传统的 XML 配置文件，并且能提供比 application.properties 配置文件更多、更细致的功能。只不过 application.properties 配置文件是基于文本的，容易修改，@Configuration 注解是基于 Java 代码的，当项目编译之后就不能再修改了。

@Configuration 注解本身被 @Component 注解标注，说明配置类也属于 Spring Boot 的组件之一，在 Spring Boot 项目启动时可以被扫描器自动扫描到。

@Configuration 注解的用法与 @Component 注解基本相同，下面通过一个实例来演示如何在项目中编写配置类。

[实例 06]　自定义项目的错误页面　　　　（源码位置：资源包 \Code\03\06）

创建一个名为 ErrorPageDemo 的 Spring Boot 项目，源码结构如图 3.19 所示。

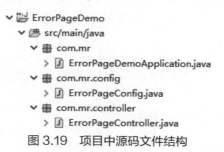

图 3.19　项目中源码文件结构

com.mr.controller 包下的 ErrorPageController 是控制器类，该类中有 3 个方法，分别处理 "/404" "/500" 和 "/hello" 这 3 个地址发来的请求。处理 "/hello" 地址请求的方法会故意抛出算数异常。ErrorPageController 类的具体代码如下：

```
359    package com.mr.controller;
360    import org.springframework.web.bind.annotation.RequestMapping;
361    import org.springframework.web.bind.annotation.RestController;
362
363    @RestController
364    public class ErrorPageController {
365
366        @RequestMapping("/404")
367        public String to404() {
368            return " 哎呀，页面找不到了！去哪了呢？ ";
369        }
370
371        @RequestMapping("/500")
372        public String to500() {
373            return " 页面出错了，程序员给您道歉了！ ";
374        }
375
376        @RequestMapping("/hello")
377        public String hello() {
378            int result = 1 / 0;// 创造运算异常，零不可以作除数，会触发 500 错误
379            return "1 除以 0 的结果是 " + result;
380        }
381    }
```

启动项目，打开浏览器访问项目中未提供映射的地址，例如 "http://127.0.0.1:8080/123456"，就可以看到如图 3.20 所示的 404 错误页面。

说明：
此错误页面是由 Chrome 浏览器展示的，其他浏览器可能会看到另一种风格的错误页。

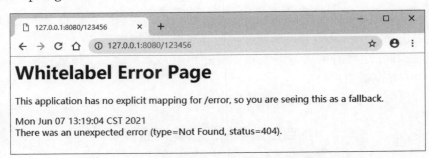

图 3.20　Spring Boot 显示默认 404 错误页

访问"http://127.0.0.1:8080/hello"地址触发服务器的运算异常，就可以看到如图 3.21 所示的 500 错误页面。

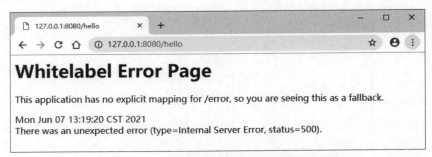

图 3.21　Spring Boot 显示默认 500 错误页

关闭项目，回到源码当中。在 com.mr.config 包下创建 ErrorPageConfig 类，用 @Configuration 注解标注。在类中创建返回 ErrorPageRegistrar 对象的方法，将其返回值注册成 Bean。ErrorPageRegistrar 是 Spring Boot 中的登记错误页的组件，重新覆盖这个 Bean，让其在触发 404 错误和 500 错误时不要显示 Spring Boot 默认的错误页面，而是跳转至 ErrorPageController 控制器所映射的"/404"和"/500"地址，由开发者来决定出现这些错误时会显示什么内容。ErrorPageConfig 配置类的代码如下：

```
382    package com.mr.config;
383    import org.springframework.boot.web.server.ErrorPage;
384    import org.springframework.boot.web.server.ErrorPageRegistrar;
385    import org.springframework.boot.web.server.ErrorPageRegistry;
386    import org.springframework.context.annotation.Bean;
387    import org.springframework.context.annotation.Configuration;
388    import org.springframework.http.HttpStatus;
389
390    @Configuration
391    public class ErrorPageConfig {
392        @Bean
393        public ErrorPageRegistrar getErrorPageRegistrar() {
394            return new ErrorPageRegistrar() { // 创建错误页登记接口的匿名实现类
395                @Override
396                public void registerErrorPages(ErrorPageRegistry registry) {
397                    // 创建错误页，当 Web 资源找不到时，跳转至 /404 地址
398                    ErrorPage error404 = new ErrorPage(HttpStatus.NOT_FOUND, "/404");
399                    // 创建错误页，当底层代码出现错误或异常时，跳转至 /500 地址
400                    ErrorPage error500 = new ErrorPage(HttpStatus.INTERNAL_SERVER_ERROR, "/500");
401                    registry.addErrorPages(error404, error500);// 登记错误页
402                }
```

```
403            };
404        }
405    }
```

重启项目,在浏览器中访问"http://127.0.0.1:8080/123456"地址,可以看到如图3.22所示的页面,原先的404错误页面被替换成ErrorPageController的to404()方法所返回的文字内容。

访问"http://127.0.0.1:8080/hello"地址触发服务器的运算异常,可以看到如图3.23所示的500错误页面,原先的500错误页面被替换成ErrorPageController的to500()方法所返回的文字内容。

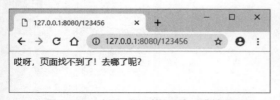
图3.22 出现404错误时,跳转至用户自定义的错误页

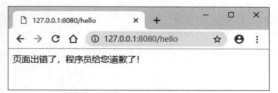
图3.23 出现500错误时,跳转至用户自定义的错误页

说明:
HttpStatus是HTTP请求状态枚举,每一个枚举都对应一个HTTP状态,例如HttpStatus.NOT_FOUND定义如下:NOT_FOUND(404, Series.CLIENT_ERROR, "Not Found"),这表示HttpStatus.NOT_FOUND对应了HTTP请求中的404状态,是一种客户端错误类型,错误原因为"找不到",也就是访问的资源不存在。在HttpStatus的源码中,每一个状态码都有明确的注释说明,读者可以自行查看。

 本章知识思维导图

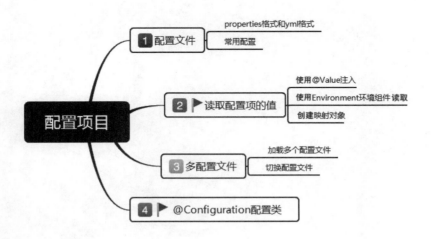

第 4 章

Controller 控制器

扫码领取
- 配套视频
- 配套素材
- 学习指导
- 交流社群

 本章学习目标

- 掌握变量的使用
- 熟练掌握各种数据类型的应用
- 熟悉引用类型与值类型的区别
- 熟悉常量的应用场景
- 掌握数据类型转换的使用

4.1 映射 HTTP 请求

控制器是英文名字是 Controller，是 MVC 架构中的 C 层，专门用来接收和响应用户发送的请求。在 Java Web 开发中最典型的应用就是用来处理 HTTP 请求，根据发送请求的 URL 地址将请求交给不同的业务代码来处理。本节将介绍 Spring Boot 中映射 URL 请求的常用注解及其使用方法。

4.1.1 @Controller

@Controller 注解来自 Spring MCV 框架，是控制器的核心注解。被 @Controller 标注的类称为控制器类。控制器类可以处理用户发送的 HTTP 请求，就是用户通过 URL 地址向服务器发送的请求。Spring Boot 会将不同的用户请求分发给不同的控制器。控制器可以将处理结果反馈给用户。@Controller 可以说是一个简化版的 "Servlet"。

@Controller 本身被 @Component 标注，因此控制器类属于组件，可以在项目启动时被扫描器自动扫描，开发者可以在控制器类中注入 Bean。例如，在控制器中注入环境组件，代码如下：

```
01  @Controller
02  public class TestController {
03      @Autowired
04      Environment env;
05  }
```

4.1.2 @RequestMapping

@Controller 注解要结合 @RequestMapping 注解一起使用。@RequestMapping 用于标注类和方法，表示该类或方法可以处理指定 URL 地址发送来的请求。下面介绍 @RequestMapping 的使用方法。

（1）@RequestMapping 的属性

@RequestMapping 有几个常用属性，下面分别介绍。

① value 属性。value 用于指定映射的 URL 地址，value 是 @RequestMapping 的默认属性，单独使用时可以隐式调用，其语法如下：

```
@RequestMapping("test")
@RequestMapping("/test")
@RequestMapping(value= "/test")
@RequestMapping(value={"/test"})
```

上面这 4 种语法所映射的地址均为 "域名/test"，域名是项目所在的域，例如在 Eclipse 中启动 Spring Boot 项目，域名就是 127.0.0.1:8080，所以完整的映射地址为 "http://127.0.0.1:8080/test"。

[实例 01]

（源码位置：资源包\Code\04\01）

访问指定地址进入主页

创建 TestController 控制器类，用户访问 "/index" 地址时显示问候字符串。TestController

类的代码如下：

```
06    package com.mr.controller;
07    import org.springframework.stereotype.Controller;
08    import org.springframework.web.bind.annotation.RequestMapping;
09    import org.springframework.web.bind.annotation.ResponseBody;
10
11    @Controller
12    public class TestController {
13        @RequestMapping("/index")              // 映射地址为 index
14        @ResponseBody                          // 直接将字符串显示在页面上
15        public String test() {
16            return " 欢迎来到我的主页 ";
17        }
18    }
```

在浏览器中访问"http://127.0.0.1:8080/index"地址，可以看到页面展示了方法返回的字符串，效果如图 4.1 所示。

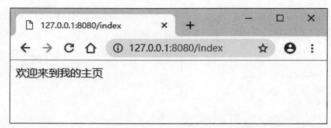

图 4.1 访问 http://127.0.0.1:8080/index 地址看到的结果

> 说明：
> @ResponseBody 注解表示该方法返回的字符串不作为跳转地址，而直接作为页面中显示内容。该注解会在 4.1.3 小节中详细介绍。

@RequestMapping 映射的地址可以是多层的，例如：

```
19    @RequestMapping("/shop/books/computer")
```

这样写的话，映射的完整地址为"http://127.0.0.1:8080/shop/books/computer"。如果访问的 URL 地址缺少任何一层都会引发 404 错误。

@RequestMapping 也可以让一个方法同时映射多个地址，其语法如下：

```
@RequestMapping(value = { "/address1", "/address2", "/address3", ....... })
```

[实例 02]　　　　　　　　　　　　　　　　　　　　（源码位置：资源包 \Code\04\02）

访问多个地址进入同一主页

创建 TestController 控制器类，无论用户访问 "/home"、"/index" 还是 "/main"，都会显示"欢迎来到我的主页"。TestController 的代码如下：

```
20    package com.mr.controller;
21    import org.springframework.stereotype.Controller;
22    import org.springframework.web.bind.annotation.RequestMapping;
23    import org.springframework.web.bind.annotation.ResponseBody;
24
```

```
25  @Controller
26  public class TestController {
27      @RequestMapping(value = { "/home", "/index", "/main" })
28      @ResponseBody  // 直接将字符串显示在页面上
29      public String test() {
30          return " 欢迎来到我的主页 ";
31      }
32  }
```

在浏览器中访问"http://127.0.0.1:8080/home""http://127.0.0.1:8080/index""http://127.0.0.1:8080/main"均可以看到相同的页面，效果如图 4.2、图 4.3 和图 4.4 所示。

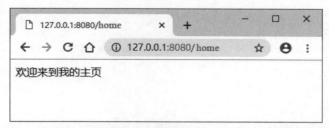

图 4.2　访问 http://127.0.0.1:8080/home 地址看到的页面

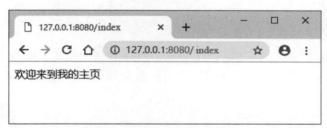

图 4.3　访问 http://127.0.0.1:8080/index 地址看到的页面

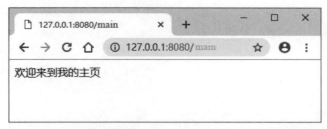

图 4.4　访问 http://127.0.0.1:8080/main 地址看到的页面

说明：
@RequestMapping 的 path 属性与 value 属性功能相同，在此不多做介绍。

② method 属性。method 属性可以指定 @RequestMapping 映射的请求类型，可以让不同的方法处理同一地址的不同类型请求。

注意：
当同时为两个属性赋值时，value 属性必须显式调用。

[实例 03] 根据请求类型显示不同的页面

（源码位置：资源包 \Code\04\03）

创建 TestController 控制器类，如果"/index"地址发来是 GET 请求，则打印"处理 GET 请求"，如果发来的是 POST 请求，则打印"处理 POST 请求"。TestController 类的代码如下：

```java
package com.mr.controller;
import org.springframework.stereotype.Controller;
import org.springframework.web.bind.annotation.RequestMapping;
import org.springframework.web.bind.annotation.RequestMethod;
import org.springframework.web.bind.annotation.ResponseBody;

@Controller
public class TestController {
    @RequestMapping(value = "/index" ,method = RequestMethod.GET)
    @ResponseBody
    public String get() {
        return " 处理 GET 请求 ";
    }

    @RequestMapping(value = "/index" ,method = RequestMethod.POST)
    @ResponseBody
    public String post() {
        return " 处理 POST 请求 ";
    }
}
```

使用 Postman 模拟 GET 请求和 POST 请求，可以看到如图 4.5 和图 4.6 所示结果。如果发送的请求既不是 GET 类型也不是 POST 类型，则会触发 405 错误，如图 4.7 所示。

图 4.5 Postman 模拟 GET 请求

上述代码中用于表示请求类型的 RequestMethod 枚举还可以表示多种请求类型，其源码如下：

```java
public enum RequestMethod {
    GET, HEAD, POST, PUT, PATCH, DELETE, OPTIONS, TRACE
}
```

图4.6 Postman 模拟 POST 请求

图4.7 Postman 模拟 PUT 请求触发 405 错误

这些请求类型并不都是常用类型，常用类型及其所代表的含义会在"4.3 RESTful 风格及传参方式"小节中做介绍。读者现在只需了解 HTML 支持的 GET 请求和 POST 请求即可。

③ params 属性。params 属性可以指定 @RequestMapping 映射的请求中必须包含某些参数。params 属性的类型为字符串数组，可以同时指定多个参数。

[实例 04]　（源码位置：资源包 \Code\04\04）

用户发送的请求必须包含 name 参数和 id 参数

创建 TestController 控制器类，如果用户发来的请求中有 name 参数和 id 参数则交给 haveParams() 方法处理，如果请求不包含任何参数则交给 noParams() 方法处理。TestController 类的代码如下：

```
56  package com.mr.controller;
57  import org.springframework.stereotype.Controller;
```

```
58    import org.springframework.web.bind.annotation.RequestMapping;
59    import org.springframework.web.bind.annotation.ResponseBody;
60
61    @Controller
62    public class TestController {
63
64        @RequestMapping(value = "/index", params = { "name", "id" })
65        @ResponseBody
66        public String haveParams() {
67            return " 欢迎回来 ";
68        }
69
70        @RequestMapping(value = "/index")
71        @ResponseBody
72        public String noParams() {
73            return " 你忘了传参数哦 ";
74        }
75    }
```

使用 Postman 模拟用户请求，如果请求中包含 name 参数和 id 参数，则可以看到如图 4.8 所示的由 haveParams() 方法返回结果。如果请求中只包含一个参数或不包含任何参数，则看到如图 4.9 和图 4.10 所示的由 noParams() 方法返回结果。

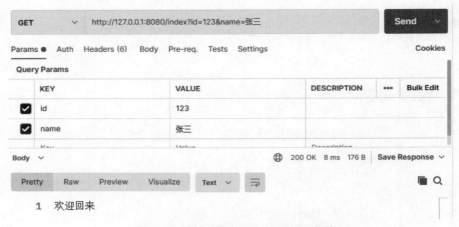

图 4.8　请求中包含 name 和 id 参数

图 4.9　请求中只包含一个参数

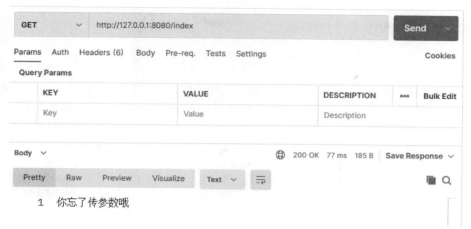

图 4.10　请求中不包含任何参数

④ headers 属性。headers 属性可以指定 @RequestMapping 映射的请求中必须包含某些指定的请求头。请求头就是 HTTP 请求报文的报文头，里面保存若干属性值，服务器可以根据此报文头得知客户端的一些信息，例如，请求是从哪个操作系统发出的，是由哪个浏览器发送的，请求的 Cookie 是什么。

请求头属性的格式如下：

```
键：值
```

在 @RequestMapping 要写成如下格式：

```
@RequestMapping(headers = {"键1=值1", "键2=值2", ......})
```

[实例 05]　　　　　　　　　　　　　　　　　　　　　　（源码位置：资源包 \Code\04\05）
获取用户客户端 Cookie 中的 Session id，判断用户是否为自动登录

如果用户在登录界面勾选了"自动登录"选项，服务器就会将用户登录的 Session ID 写在浏览器的 Cookie 中。现在控制器中类编写两个方法，如果用户发送的请求头中包含"Cookie:JSESSIONID=123456789"值，则让用户直接进入欢迎界面，如果请求头中不包含此值，就进入让用户登录的界面。控制器类的代码如下：

```
76  package com.mr.controller;
77  import org.springframework.stereotype.Controller;
78  import org.springframework.web.bind.annotation.RequestMapping;
79  import org.springframework.web.bind.annotation.ResponseBody;
80
81  @Controller
82  public class TestController {
83
84      @RequestMapping(value = "/index")
85      @ResponseBody
86      public String haveParams() {
87          return "请重新登录";
88      }
89
90      @RequestMapping(value = "/index", headers = { "Cookie=JSESSIONID=123456789" })
91      @ResponseBody
```

```
92        public String noParams() {
93            return " 欢迎回来 ";
94        }
95    }
```

使用 Postman 模拟用户请求，在请求头不包含任何内容的情况下访问 "http://127.0.0.1: 8080/index" 地址，可以看到如图 4.11 所示要求用户登录的结果。如果为请求头添加 Cookie，值为 "JSESSIONID=123456789"，再访问同一地址可以看到如图 4.12 所示的结果。

图 4.11　请求头为空则要求用户登录

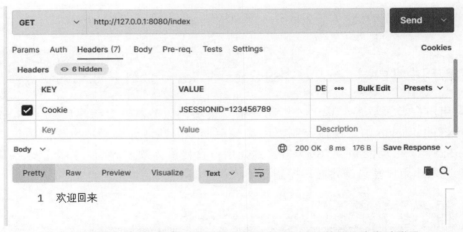

图 4.12　请求头中包含 JSESSIONID 这个 Cookie 值，用户自动登录

⑤ consumes 属性。consumes 属性可以指定 @RequestMapping 映射请求的内容类型，常见的有 "application/json" "text/html" 等类型。

[实例 06]　　要求用户发送的数据必须是 JSON 格式　　（源码位置：资源包 \Code\04\06）

将 @RequestMapping 注解的 consumes 属性设为 "application/json"，只有用户发送的数据是 JSON 串形式，则提示 "成功进入接口"，否则进入其他方法提示 "您发送的数据格

式有误！"。控制器类的代码如下：

```
96   package com.mr.controller;
97   import org.springframework.stereotype.Controller;
98   import org.springframework.web.bind.annotation.RequestMapping;
99   import org.springframework.web.bind.annotation.ResponseBody;
100
101  @Controller
102  public class TestController {
103
104      @RequestMapping(value = "/index")
105      @ResponseBody
106      public String formatError() {
107          return "您发送的数据格式有误！";
108      }
109
110      @RequestMapping(value = "/index", consumes = "application/json")
111      @ResponseBody
112      public String hello() {
113          return "成功进入接口";
114      }
115  }
```

使用 Postman 模拟用户请求，直接访问"http://127.0.0.1:8080/index"地址，则会看到如图 4.13 所示的结果。如果在请求体（Body）中填写 JSON 数据，再访问同一地址就可以看到如图 4.14 所示的访问成功结果了。

图 4.13　用户的请求没有任何请求体

⑥ produces 属性。produces 属性用于指定 @RequestMapping 返回的内容的类型，不过这个属性的使用场景比较少。例如，为防止请求返回的中文内容出现乱码，将请求返回的字符编码设定为 UTF-8，代码如下：

```
116  @RequestMapping(value = "/index", produces = "text/html;charset=UTF-8")
117  @ResponseBody
118  public String hello() {
119      return "成功进入接口";
120  }
```

图 4.14　用户的请求体是 JSON 格式

如果请求返回的不是 HTML 页面，而是 JSON 字符串，代码如下：

```
121    @RequestMapping(value = "/index", produces = "application/json;charset=UTF-8")
122    @ResponseBody
123    public String hello() {
124        return " 成功进入接口 ";
125    }
```

（2）包含层级关系的映射方式

通常一个 HTTP 请求不是只有简单一层地址，而是根据业务分类形成的多层地址。例如，在某电商平台查看某一本图书的详情页，其地址可能是"/shop/books/123456.html"。"/shop"是该公司的电商平台地址；"/books"表示进入图书分类，最后的"/123456.html"表示编号为 123456 的商品详情页。如果该电商平台还卖食品，可能就会有"/foods"地址。

要处理这样的多层级 URL 地址，在控制器类中可以写成下面这种方式：

```
126    @Controlle
127    public class TestController {
128
129        @RequestMapping("/shop/books")
130        @ResponseBody
131        public String book() {
132            return " 进入图书分类 ";
133        }
134
135        @RequestMapping("/shop/foods")
136        @ResponseBody
137        public String food() {
138            return " 进入食品分类 ";
139        }
140    }
```

该类中每一个方法都映射了一个多层的 URL 地址，但这种写法存在两个问题。

① 重复代码太多。每个方法映射的上层 URL 地址是完全一样的，只是底层有差别。

② 如果开发者写错某个方法的上层地址，就会导致某种业务的请求全部都变成了 404 错误（地址不对，找不到资源）。

这两个问题解决起来非常容易，@RequestMapping 注解不仅可以标注方法，也可以标注类。如果控制器类被 @RequestMapping 标注，就为该控制器类下的所有映射方法都添加了上层地址。

> **[实例 07]**（源码位置：资源包 \Code\04\07）
> **为电商平台设置上层地址**

还是上文中介绍的电商平台控制器类，将所有方法的"/shop"上层地址提取出来，放在类中标注，代码如下：

```
141  package com.mr.controller;
142  import org.springframework.stereotype.Controller;
143  import org.springframework.web.bind.annotation.RequestMapping;
144  import org.springframework.web.bind.annotation.ResponseBody;
145
146  @Controller
147  @RequestMapping("/shop")
148  public class TestController {
149
150      @RequestMapping("/books")
151      @ResponseBody
152      public String book() {
153          return " 进入图书分类 ";
154      }
155
156      @RequestMapping("/foods")
157      @ResponseBody
158      public String food() {
159          return " 进入食品分类 ";
160      }
161  }
```

这样每一个方法映射的实际上仍然是一个多层的 URL 地址。例如，访问"http://127.0.0.1:8080/books"地址看到的是如图 4.15 所示的 404 错误，必须访问"http://127.0.0.1:8080/shop/books"地址才能看到如图 4.16 所示的正确页面。

图 4.15　只访问"/books"触发 404 错误　　图 4.16　访问"/shop/books"才能看到正确页面

4.1.3　@ResponseBody

上文中所有的方法都被 @ResponseBody 注解标注，该注解的作用是把方法的返回值直接当做页面的数据。如果方法返回的是字符串，页面就会显示该字符串；如果方法的返回值是其他类型，则会自动封装成 JSON 格式的字符串展示在页面中。

如果方法没有被 @ResponseBody 注解标注，则表示方法的返回值是即将跳转的目标地址。例如：

```
162    @Controller
163    public class TestController {
164
165        @RequestMapping("/index")                    // 映射 "/index" 地址，未标注 @ResponseBody
166        public ModelAndView index() {
167            return new ModelAndView("/welcome");// 跳转至 "/welcome" 地址
168        }
169    }
```

该方法的返回值是 org.springframework.web.servlet.ModelAndView 类型，如果仅用于跳转页面，可以将返回值简写成 String 类型，代码等同于：

```
170    @Controller
171    public class TestController {
172
173        @RequestMapping("/index")                    // 映射 "/index" 地址，未标注 @ResponseBody
174        public String index() {
175            return "/welcome";                        // 跳转至 "/welcome" 地址
176        }
177    }
```

给该类添加映射"/welcome"地址的方法，就可以看到跳转的效果了，代码如下：

```
178    @Controller
179    public class TestController {
180        @RequestMapping("/index")                    // 映射 "/index" 地址，未标注 @ResponseBody
181        public String index() {
182            return "/welcome";                        // 跳转至 "/welcome" 地址
183        }
184
185        @RequestMapping("/welcome")
186        @ResponseBody                                 // 直接在页面中显示方法返回的字符串
187        public String welcome() {
188            return " 欢迎来到我的主页 ";
189        }
190    }
```

如果访问"http://127.0.0.1:8080/index"地址，就可以看到如图 4.17 所示的内容。

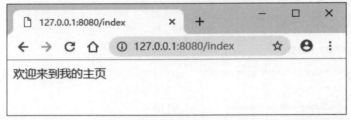

图 4.17　访问"/index"地址会跳转至"/welcome"地址的欢迎页

@ResponseBody 注解也可以标注控制器类，表示该控制器下的所有方法的返回值都会直接显示在页面中。例如，修改之前的代码，将 @ResponseBody 注解标注在控制器类上，代码如下：

```
191    @Controller
192    @ResponseBody // 将注解标注在类上
193    public class TestController {
194
195        @RequestMapping("/index")
196        public String index() {
197            return "/welcome";
```

```
198        }
199
200        @RequestMapping("/welcome")
201        public String welcome() {
202            return " 欢迎来到我的主页 ";
203        }
204    }
```

此时再访问"http://127.0.0.1:8080/index"地址,看到的结果就如图 4.18 所示了。

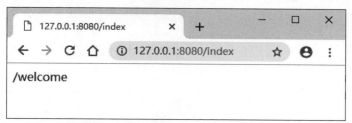

图 4.18　页面没有发生跳转,而是直接将返回值显示了出来

4.1.4　@RestController

@RestController 实际上就是 @Controller 和 @ResponseBody 的综合体。该注解可简化开发者的代码,例如下面这段代码:

```
205    @Controller
206    @ResponseBody
207    public class TestController {
208    }
```

等同于:

```
209    @RestControlle
210    public class TestController {
211    }
```

4.1.5　重定向

重定向就是让原 URL 地址发来的请求指向新的 URL 地址,原请求中的数据不会被保留。类似于服务器把用户推到其他网站上了。

Spring Boot 实现重定向的方法有两种,下面分别介绍。

(1)在跳转路径中加前缀

如果方法没有被 @ResponseBody 标注,则表示方法返回的字符串是跳转的目标地址。如果在该目标地址前加上"redirect:"字样,则表示重定向到这个地址。

创建 TestController 控制器类,当用户访问"/bd"地址时,使用"redirect:"前缀将请求重定向至百度搜索首页,代码如下:

```
212    package com.mr.controller;
213    import org.springframework.stereotype.Controller;
214    import org.springframework.web.bind.annotation.RequestMapping;
215
216    @Controller
217    public class TestController {
218
219        @RequestMapping("/bd")
220        public String bd() {
221            return "redirect:https://www.baidu.com";
222        }
223    }
```

在浏览器中访问"http://127.0.0.1:8080/bd"地址，浏览器会自动跳转至百度首页，并且地址栏中显示的也是如图 4.19 所示的百度首页地址。原先的 URL 地址已经看不到了。

图 4.19　重定向至百度首页

（2）使用 response 对象重定向

在 Spring Boot 中可以使用传统的 Servlet 内置对象。直接在方法中创建 HttpServletResponse 类型的参数，然后调用该参数对象的 sendRedirect() 指定重定向的地址即可。此操作会让方法的返回值失效，所以可以将返回类型定义成 void 或其他任何类型。

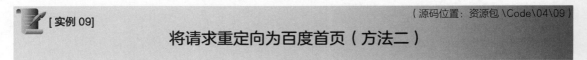

[实例 09]　将请求重定向为百度首页（方法二）　　（源码位置：资源包 \Code\04\09）

创建 TestController 控制器类，当用户访问"/bd"地址时，使用 response 对象将请求重定向至百度首页，代码如下：

```
224    package com.mr.controller;
225    import java.io.IOException;
226    import javax.servlet.http.HttpServletResponse;
227    import org.springframework.stereotype.Controller;
228    import org.springframework.web.bind.annotation.RequestMapping;
229
230    @Controller
231    public class TestController {
232
233        @RequestMapping("/bd")
234        public void bd(HttpServletResponse response) {
235            try {
236                response.sendRedirect("http://www.baidu.com");
237            } catch (IOException e) {
```

```
238                e.printStackTrace();
239            }
240        }
241    }
```

在浏览器中访问"http://127.0.0.1:8080/bd"地址，看到的结果与图 4.19 一致。

4.2 传递参数

Spring Boot 有一个非常实用功能，就是可以自动为方法参数注入值。开发者只需要在方法中创建指定类型、指定名称的参数，Spring Boot 就可以在 Spring 容器中找到符合该参数的方法并注入进去，甚至可以直接解析 URL 地址，将地址中的参数值注入到方法的参数中。本节将介绍在控制器类中各种传递参数的用法。

4.2.1 自动识别请求的参数

想要获取 HTTP 请求中的参数，只需在方法中设置同名、同类型的方法参数即可。Spring Boot 可以自动解析 HTTP 请求中的参数，并将值注入到方法参数当中。

例如，URL 地址为"http://127.0.0.1:8080/index?name=tom"的请求，想要获取请求中的 name 参数，可以在控制器类的方法中定义 name 参数，代码如下：

```
242    @RequestMapping("/index")
243    @ResponseBody
244    public String test(String name) {
245        System.out.println("name=" + name);
246        return "success";
247    }
```

当请求进入 test() 方法时，Spring Boot 会自动将请求中的参数注入到同名的方法参数中。上面这段代码将会在控制台输出：

```
name=tom
```

使用这种自动识别请求的参数的功能时，要注意以下几点。
- Spring Boot 可以识别各种类型请求中的参数，包括 GET、POST、PUT 等请求。
- 参数名区分大小写。
- 参数没有顺序要求，Spring Boot 会以参数名称作为识别条件。
- 请求参数的数量可以与方法参数的数量不一致，只有名称相同的参数才会被注入。
- 方法参数不应采用基本数据类型。例如，整数应采用 Integer 类型，而不是 int 类型。
- 如果方法参数没有被注入值，则采用默认值，引用类型默认值为 null。如果方法的某一参数值为 null，要么是前端未发送此参数，要么就是参数名称不匹配。
- 请求的参数（Request Param）不是请求体（Request Body）。

[实例 10]

（源码位置：资源包\Code\04\10）

验证用户发送的账号、密码是否正确

创建 TestController 控制器类，当用户访问"/login"地址时需要向服务发送账号密码。如果账号是"张三"，密码是"123456"，则提示用户登录成功，否则提示用户登录失败。代码如下：

```java
248  package com.mr.controller;
249  import org.springframework.web.bind.annotation.RequestMapping;
250  import org.springframework.web.bind.annotation.RestController;
251
252  @RestController
253  public class TestController {
254
255      @RequestMapping("/login")
256      public String login(String username, String password) {
257          if (username != null && password != null) {
258              if ("张三".equals(username) && "123456".equals(password)) {
259                  return username + ", 欢迎回来";
260              }
261          }
262          return "您的账号或密码错误";
263      }
264  }
```

使用 Postman 模拟用户请求，访问的地址为"http://127.0.0.1:8080/login"，为请求设置 username 和 password 这两个参数，参数值均为正确值，单击 Send 按钮可以看到如图 4.20 所示的登录成功结果。如果删除 password 参数，则可以看到如图 4.21 所示的登录失败结果。如果发送的账号密码是错误的，在则可以看到如图 4.22 所示的登录失败结果。

图 4.20　发送正确账号密码，提示登录成功

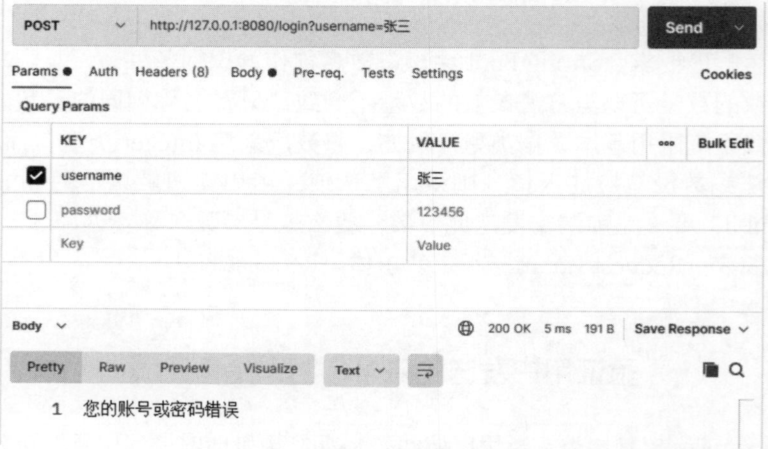

图 4.21　缺少 password 参数，提示登录失败

图 4.22　发送错误账号密码，提示登录失败

4.2.2　@RequestParam

@RequestParam 注解用于标注方法参数，可显式地指定请求参数与方法参数之间的映射关系。@RequestParam 注解在代码中的位置如下：

```
265    @RequestMapping("/test")
266    public String test(@RequestParam String value1, @RequestParam String value2) {
267        return "";
268    }
```

@RequestParam 注解有很多属性，下面分别介绍。

（1）value 属性

@RequestParam 注解允许方法参数与请求参数不同名，value 属性用于指定请求参数的名称，方法参数会自动注入与 value 属性同名的参数值。value 是 @RequestParam 注解的默认属性，可以隐式调用，使用语法如下：

```
public String test(@RequestParam("n") String name) { }
public String test(@RequestParam(value = "n") String name) { }
```

其中"n"就是请求中的参数名，这样标注之后，name 就可以得到参数 n 的值。

[实例 11]　　　　　　　　　　　　　　　　　　　　（源码位置：资源包 \Code\04\11）

获取用户发送的 token 口令

用户向服务器发送 token 口令时，为了缩短数据报的长度，经常把 token 缩写成 "tk" "tn" 或 "t"。创建 TestController 控制器类，将用户请求中的 tk 参数值注入到 token 参数中，打印此口令值，代码如下：

```
269    package com.mr.controller;
270    import org.springframework.web.bind.annotation.RequestMapping;
271    import org.springframework.web.bind.annotation.RequestParam;
272    import org.springframework.web.bind.annotation.RestController;
```

```
273
274    @RestController
275    public class TestController {
276
277        @RequestMapping("/login")
278        public String login(@RequestParam(value = "tk") String token) {
279            return "前端传递的口令为: " + token;
280        }
281    }
```

打开浏览器,访问"http://127.0.0.1:8080/login?tk=dh6wd84n"地址(tk 参数的值可随机输入),可以看到如图 4.23 所示的结果,说明方法中的 token 参数得到了 tk 参数的值。

图 4.23　向服务器发送 tk 参数

> 说明：
> @RequestParam 的 name 属性与 value 属性功能相同,在此不多做介绍。

（2）required 属性

required 属性表示被 @RequestParam 标注的方法参数是否必须传值。required 属性的默认值为 true,也就是说被 @RequestParam 标注且没写"required=false"的方法参数,一律强制注入请求发送的参数,如果前端没有发送此参数,则会抛出"MissingServletRequestParameterException"(丢失请求参数)异常。

下面这段代码：

```
public String test(@RequestParam(value = "n") String name) { }
```

等同于：

```
public String test(@RequestParam(value = "n" , required = true) String name) { }
```

而下面这段代码：

```
public String test(@RequestParam(required = false) String name) { }
```

等同于不用 @RequestParam 标注的代码：

```
public String test(String name) { }
```

（3）defaultValue 属性

defaultValue 属性可以用来指定方法参数的默认值,如果前端没有发来 @RequestParam 指定的请求参数,@RequestParam 会将默认值赋值给方法参数。

[实例12] 如果用户没有发送用户名，则用"游客"称呼用户

（源码位置：资源包 \Code\04\12）

创建 TestController 控制器类，给 name 参数设定默认值，如果前端没有发送 name 参数，则让其 username 取"游客"值，代码如下：

```
282    package com.mr.controller;
283    import org.springframework.web.bind.annotation.RequestMapping;
284    import org.springframework.web.bind.annotation.RequestParam;
285    import org.springframework.web.bind.annotation.RestController;
286
287    @RestController
288    public class TestController {
289
290        @RequestMapping("/login")
291        public String login(@RequestParam(value = "name", defaultValue = "游客") String username) {
292            return username + "您好，欢迎光临 XXX 网站";
293        }
294    }
```

打开浏览器，访问 http://127.0.0.1:8080/login?name=张三，可以看到如图 4.24 所示结果，请求发送的名字是什么，页面就会用什么名字称呼用户。如果不发送任何参数，看到的结果如图 4.25 所示，页面会称呼用户为游客。

图 4.24 传的名字是什么，就会以什么来称呼用户

图 4.25 没传任何名字，就称呼用户为游客

4.2.3 @RequestBody

@RequestBody 的作用类似 @RequestParam，但 @RequestBody 会将请求体中的数据注入方法参数中。如果请求体中的数据是 JSON 类型，@RequestBody 可以将 JSON 数据直接封装成的实体类对象。

[实例13] 将前端发送的 JSON 数据封装成 People 类对象

（源码位置：资源包 \Code\04\13）

首先要定义前端发送的 JSON 数据的结构，JSON 中只包含两个 key，分别是 id 和 name，例如：

```
{ "id": 98, "name": " 张三 " }
```

然后定义此结构对应的实体类，在 com.mr.model 包下创建 People 类，类中包含 id 和 name 这两个属性，代码如下：

```
295    package com.mr.model;
296    public class People {
297        private Integer id;
298        private String name;
299        public Integer getId() {
300            return id;
301        }
302        public void setId(Integer id) {
303            this.id = id;
304        }
305        public String getName() {
306            return name;
307        }
308        public void setName(String name) {
309            this.name = name;
310        }
311    }
```

实体类的属性与 JSON 中的字段一一对应，就可以利用 @RequestBody 将 JSON 数据封装成 People 对象。在 com.mr.controller 包下创建 TestController 控制器类，映射方法的参数为 People 类型，并用 RequestBody 标注。最后方法返回参数对象中的 id 和 name 值。代码如下：

```
312    package com.mr.controller;
313    import org.springframework.web.bind.annotation.RequestBody;
314    import org.springframework.web.bind.annotation.RequestMapping;
315    import org.springframework.web.bind.annotation.RestController;
316    import com.mr.model.People;
317    
318    @RestController
319    public class TestController {
320    
321        @RequestMapping("/index")
322        public String index(@RequestBody People someone) {
323            return " 编号: " + someone.getId() + ", 用户名: " + someone.getName();
324        }
325    }
```

使用 Postman 模拟用户请求，访问"http://127.0.0.1:8080/index"地址，在请求体中设置 JSON 数据，点击 Send 按钮，可以看到服务器成功获取到 JSON 中的数据，效果如图 4.26 所示。

图 4.26　向服务器发送 JSON 数据，服务器成功获取并解析数据

4.2.4　获取 Servlet 的内置对象

学习过 Java EE 的读者都知道 Servlet 有九大内置对象，其中 request、response 和 session 是使用频率最高的三个对象。在 Spring Boot 中获取这些对象的方法有两种。

（1）注入属性

Spring Boot 会自动创建 request 和 response 的 Bean，控制器类可以直接注入这两个 Bean，例如：

```
326    @Controller
327    public class TestController {
328        @Autowired
329        HttpServletRequest request;
330        @Autowired
331        HttpServletResponse response;
332    }
```

这样就可以直接在方法中调用请求的 request 和 response 对象，然后通过下面这行代码获得请求中的 session 对象：

```
333    HttpSession session= request.getSession();
```

（2）注入参数

这种获取方法源于 Spring MVC，也是 Spring Boot 推荐使用的方法。直接在控制器类的映射请求的方法中添加 HttpServletRequest、HttpServletResponse 和 HttpSession 类型的参数，Spring Boot 在分发请求的同时会自动将这些对象注入到对应的参数中。例如，同时在一个映射请求的方法中调用 request、response 和 session 对象，代码如下：

```
334    @Controller
335    public class TestController {
336        @RequestMapping("/index")
337        @ResponseBody
```

```
338        public String index(HttpServletRequest request, HttpServletResponse response,
HttpSession session) {
339            request.setAttribute("id", "test");
340            response.setHeader("Host", "www.mingrisoft.com");
341            session.setAttribute("userLogin", true);
342            return "";
343        }
344    }
```

这三个参数只对参数类型有要求,对参数名称、参数顺序没有要求,可以写成下面的形式:

```
public String index( HttpServletResponse rp,HttpSession s,HttpServletRequest rq) { }
```

Servlet 内置对象参数可以与其他参数混用,例如:

```
public String index(@RequestParam("tk") String token, HttpServletRequest rq,Integer id) { }
```

[实例 14] 服务器返回图片

(源码位置:资源包\Code\04\14)

开发者可以通过 response 对象的输出流向前端发送任何类型的数据,包括文字、图片、文件等。如果向前端发送的是图片数据流,前端的浏览器可以直接显示图片中的内容。

创建 TestController 控制器类,映射 "/image" 地址,读取请求发来的 massage 参数值。然后通过 BufferedImage 类创建图片对象,将 massage 参数中的文字写在图片中,最后使用 ImageIO 工具类将图片对象以流的方式写入 response 对象输出流中。TestController 类的代码如下:

```
345    package com.mr.controller;
346    import java.awt.*;
347    import java.awt.image.BufferedImage;
348    import java.io.IOException;
349    import javax.imageio.ImageIO;
350    import javax.servlet.http.HttpServletResponse;
351    import org.springframework.stereotype.Controller;
352    import org.springframework.web.bind.annotation.RequestMapping;
353    import org.springframework.web.bind.annotation.ResponseBody;
354    
355    @Controller
356    public class TestController {
357    
358        @RequestMapping("/image")
359        @ResponseBody
360        public void image(String massage, HttpServletResponse response) {
361            // 创建宽 300,高 100 的缓冲图片
362            BufferedImage image = new BufferedImage(300, 100, BufferedImage.TYPE_INT_RGB);
363            Graphics g = image.getGraphics();// 获取绘图对象
364            g.setColor(Color.BLUE);// 画笔为蓝色
365            g.fillRect(0, 0, 300, 100);// 覆盖图片的实心矩形
366            g.setColor(Color.WHITE);// 画笔为白色
367            g.setFont(new Font("宋体", Font.BOLD, 22));// 字体
368            g.drawString(massage, 10, 50);// 将参数字符串绘制在指定坐标上
369            try {
370                // 将绘制好的图片,写入 response 的输出流中
371                ImageIO.write(image, "jpg", response.getOutputStream());
372            } catch (IOException e) {
```

```
373                    e.printStackTrace();
374            }
375        }
376 }
```

打开浏览器，访问"http://127.0.0.1:8080/image?massage= 重要通知：该学习了"地址，可以看到如图 4.27 所示效果，若用户修改了 massage 参数的值并再次访问，图片中的文字会变成用户输入的值。

图 4.27　访问地址后看到的内容是一张图片

4.3　RESTful 风格及传参方式

4.3.1　什么是 RESTful 风格？

Rest 是一种软件架构规则，其全称是 Representational State Transfer，中文直译为表述性状态传递，可以简单地理解成"让请求用最简洁、最直观的方式来表达自己想要做什么"。基于 REST 构建的 API 就属于 RESTful 风格。

很多网站的 HTTP 请求参数都是通过 GET 方式发送。例如，访问电商网站的 "/details" 地址，获取编号为 5678 的图书的详细信息，需要传入商品编号和商品类型参数，URL 地址可能是这样的：

```
http://127.0.0.1:8080/shop/details?id=5678&item_type=book
```

但如果后台服务采用 RESTful 风格，获取商品详情就不需要传入任何参数了，其 URL 地址可能会这样的：

```
http://127.0.0.1:8080/shop/book/5678
```

从这个地址可以看出，商品的类型和编号从请求参数变成了 URL 地址的其中一层。这种地址也被叫作资源地址（URI），它看起来更像是在访问一处 Web 资源而不是提交一个请求。目前互联网上已经可以看到很多 RESTful 风格的网站了，例如京东商城查看具体商品的地址：

```
https://item.jd.com/12185501.html
```

在 GitHub 上访问某个开源软件的地址：

```
https://github.com/spring-projects/spring-boot
```

👑 说明：
> URI 全名为 Uniform Resource Identifier，翻译过来叫统一资源标识符。URL 的全名为 Uniform Resource Locator，翻译过来叫统一资源定位器。注意两者的区别。

这种简洁风格也存在一个问题：仅从 URL 地址上看不出这个请求是要查询商品还是删除商品。在 REST 规则中，以提交请求的类型来决定请求要进行哪种业务。例如，同一个 URL 地址，提交的请求类型为 GET 请求，则表示查询指定商品的数据；若为 POST 请求，则表示向数据库添加指定商品；若为 DELETE 请求，则表示删除指定商品。HTTP 请求包含多种类型，常用类型及其相关内容如表 4.1 所示。

表 4.1 常用请求类型及其相关内容

请求类型	约定的业务	对应枚举	对应注解
GET	查询资源	RequestMethod.GET	@GetMapping
POST	创建资源	RequestMethod.POST	@POSTMapping
PUT	更新资源	RequestMethod.PUT	@PutMapping
PATCH	只更新资源中一部分内容	RequestMethod.PATCH	@PATCHMapping
DELETE	删除资源	RequestMethod.DELETE	@DELETEMapping

各请求类型枚举用于为 @RequestMapping 注解的 method 属性赋值，可以指定映射的请求类型。例如，只映射 POST 请求的写法如下：

```
@RequestMapping(value="/index",method = RequestMethod.POST)
```

各请求类型对应的注解则是在 @RequestMapping 注解的基础上延伸出来的新注解，这些注解的功能与 @RequestMapping 注解相同，但只能映射固定类型的请求。例如下面这个注解：

```
@GetMapping(value="/index")
```

等同于：

```
@RequestMapping(value="/index",method = RequestMethod.GET)
```

👑 说明：
> 并不是所有的前端技术都支持发送多种请求类型，例如 HTML 仅支持发送 GET 请求和 POST 请求，其他类型请求需要借助 JavaScript 技术发送。

4.3.2 动态 URL 地址

如果服务器使用 RESTful 风格，就意味着控制器类所映射的地址不是唯一的，每一个数据的 URL 地址都不同，这就需要让控制器类能够映射动态 URL 地址。Spring Boot 使用 "{}" 作为动态地址中的占位符，例如 "/shop/book/{type}" 就表示这个地址中前面的 "/shop/book/" 是固定的，后面的 "/{type}" 是动态的，该动态地址可以成功匹配下面这些地址：

```
http://127.0.0.1:8080/shop/book/music
http://127.0.0.1:8080/shop/book/FOOD
http://127.0.0.1:8080/shop/book/123456789
http://127.0.0.1:8080/shop/book/+-*_!#&$
```

```
http://127.0.0.1:8080/shop/book/{}()<>
http://127.0.0.1:8080/shop/book/ 数学
http://127.0.0.1:8080/shop/book/( 空格 )
```

但是无法匹配下面这些地址：

```
http://127.0.0.1:8080/shop/book/
http://127.0.0.1:8080/shop/book/computer/123
http://127.0.0.1:8080/shop/book/?
http://127.0.0.1:8080/shop/book/%
http://127.0.0.1:8080/shop/book/^
http://127.0.0.1:8080/shop/book/[]
http://127.0.0.1:8080/shop/book/|
```

@PathVariable 注解的用法与 @RequestParam 注解很像，可以用来解析动态 URL 地址中的占位符，可以将 URL 相应位置的值注入给方法参数。例如下面这段代码：

```
377    @RequestMapping(value = "/shop/{type}/{id}")
378    public String shop(@PathVariable String type, @PathVariable String id) { }
```

@PathVariable 可以将 URL 为中 {type} 这个占位符对应位置的值传递给方法中的 type 参数，{id} 对应位置的值传递给方法中的 id 参数。@PathVariable 会根据名称进行匹配，所以参数的先后顺序不影响注入结果。

开发者也可以指定方法参数对应哪个占位符，只需将 @PathVariable 注解的 value 属性赋值为占位符名称即可。例如，方法参数叫 goodsType，要匹配的占位符叫 {type}，可以写成下面这种形式：

```
379    @RequestMapping(value = "/shop/{type}/{id}")
380    public String shop(@PathVariable("type") String goodsType, @PathVariable("id") String
       goodsID) { }
```

也可以显式调用 value 属性，代码如下：

```
381    @RequestMapping(value = "/shop/{type}/{id}")
382    public String shop(@PathVariable(value = "type") String goodsType,
383             @PathVariable(value = "id") String goodsID) { }
```

[实例 15]   （源码位置：资源包 \Code\04\15）

使用 RESTful 风格对用户信息进行查、改、删

服务器操作用户数据的地址为 "/user/{id}"，{id} 是用户编号的占位符。服务器要实现以下几个功能：

● 如果前端向 "/user" 地址发送 GET 请求，就返回所有用户的信息。
● 如果前端向 "/user/{id}" 地址发送 GET 请求，服务器返回此 id 对应的用户信息，如果没有此 id 的数据就提示 "该用户不存在"。
● 如果前端向 "/user/{id}/{name}" 地址发送 POST 请求，就根据 {id} 和 {name} 的值创建一个新用户，然后展示当前所有的用户信息。
● 如果前端向 "/user/{id}" 地址发送 DELETE 请求，就删除此 id 的用户的数据，然后再展示当前所有的用户信息。

要实现以上几个功能需要先准备初始数据。在 com.mr.component 包下创建 UserComponent

组件类，在该类中创建一个保存初始数据的 Map 对象，并将此对象注册成 Bean。UserComponent 的代码如下：

```java
384     package com.mr.component;
385     import java.util.HashMap;
386     import java.util.Map;
387     import org.springframework.context.annotation.Bean;
388     import org.springframework.stereotype.Component;
389
390     @Component
391     public class UserComponent {
392         @Bean
393         public Map<String, String> users() {        // 创建保存用户列表数据的 Bean
394             Map<String, String> map = new HashMap<>();
395             map.put("10", "张三");
396             map.put("20", "李四");
397             map.put("30", "王五");
398             return map;
399         }
400     }
```

有了数据之后就可以编写控制器类了。在 com.mr.controller 包下创建 TestController 控制器类。先在该类中注入保存初始数据的 Map 对象，然后再创建各功能的实现方法。处理两个 GET 请求的方法需要用 @ResponseBody 注解。处理 POST 请求和 DELETE 请求的方法在修改完数据之后，通过重定向的方式跳转至"/user"地址。TestController 类的代码如下：

```java
401     package com.mr.controller;
402     import java.util.Map;
403     import org.springframework.beans.factory.annotation.Autowired;
404     import org.springframework.stereotype.Controller;
405     import org.springframework.web.bind.annotation.DeleteMapping;
406     import org.springframework.web.bind.annotation.GetMapping;
407     import org.springframework.web.bind.annotation.PathVariable;
408     import org.springframework.web.bind.annotation.PostMapping;
409     import org.springframework.web.bind.annotation.ResponseBody;
410
411     @Controller
412     public class TestController {
413         @Autowired
414         Map<String, String> users;                              // 注入 UserComponent 提供的 Bean
415
416         @GetMapping("/user/{id}")                               // 映射 GET 请求，表示查询
417         @ResponseBody
418         public String select(@PathVariable() String id) {       // 根据 id 查询员工姓名
419             if (users.containsKey(id)) {                        // 如果用户列表中有此 id 值
420                 return "您好，" + users.get(id);
421             }
422             return "该用户不存在";
423         }
424
425         @GetMapping("/user")                                    // 映射上层地址
426         @ResponseBody
427         public String all() {                                   // 查询所有员工姓名
428             StringBuilder report = new StringBuilder();
429             for (String id : users.keySet()) {                  // 遍历 Map 中所有编号
430                 String name = users.get(id);                    // 根据编号取出姓名
431                 report.append("[" + id + ":" + name + "]");     // 拼接每一个员工的数据
432             }
433             return report.toString();
434         }
```

```
435
436        @PostMapping("/user/{id}/{name}")                           // 映射 POST 请求，表示添加
437        public String add(@PathVariable String id, @PathVariable String name) {// 添加新员工
438            users.put(id, name);                                     // 在 Map 中添加新员工数据
439            return "redirect:/user";                                 // 重定向，查看所有员工
440        }
441
442        @DeleteMapping("/user/{id}")                                 // 映射 DELETE 请求，表示删除
443        public String delete(@PathVariable() String id) {            // 删除员工
444            users.remove(id);                                        // 删除 Map 中指定编号的员工
445            return "redirect:/user";                                 // 重定向，查看所有员工
446        }
447    }
```

使用 Postman 模拟用户请求，向"http://127.0.0.1:8080/user"地址发送 GET 请求，可以看到所有初始化的用户信息，效果如图 4.28 所示。

图 4.28　查询所有用户信息

如果向"http://127.0.0.1:8080/user/20"地址发送 GET 请求，则可以看到编号为 20 的用户信息，效果如图 4.29 所示。

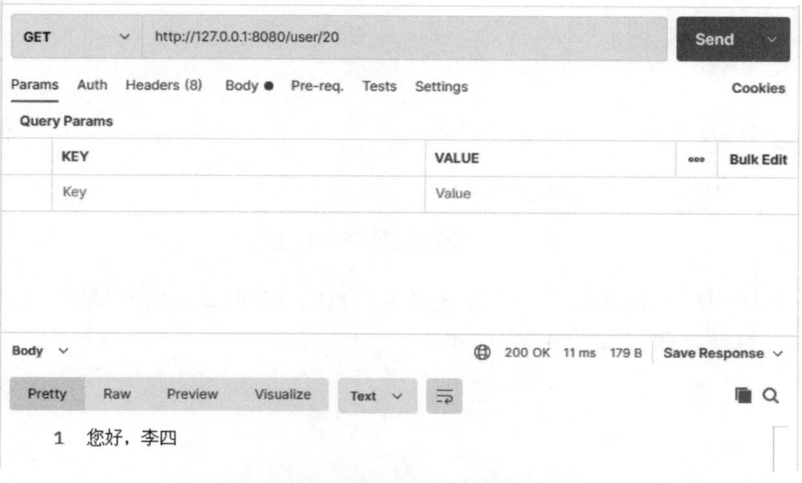

图 4.29　查看编号为 20 的用户信息

如果向"http://127.0.0.1:8080/user/50/小胖"地址发送 POST 请求，则会创建一个编号为 50、名称为小胖的用户，然后在所有用户信息中就可以看到这个新用户，效果如图 4.30 所示。

图 4.30　添加编号为 50、名称为小胖的用户

如果向"http://127.0.0.1:8080/user/20"地址发送 DELETE 请求，就会删除编号为 20 的员工，在所有用户信息中就找不到这个用户了，效果如图 4.31 所示。

图 4.31　删除编号为 20 的用户

同样，如果该用户已被删除，向"http://127.0.0.1:8080/user/20"地址发送 GET 请求也看不到任何用户数据，效果如图 4.32 所示。

第 4 章 Controller 控制器

1 该用户不存在

图 4.32 无法再查询到被删除的用户

本章知识思维导图

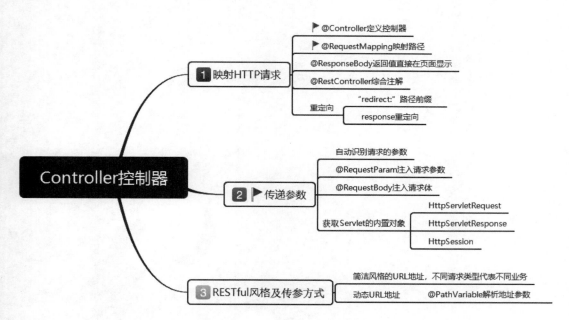

107

第 5 章
请求的过滤、拦截与监听

 本章学习目标

扫码领取
- 配套视频
- 配套素材
- 学习指导
- 交流社群

- 掌握如何使用过滤器
- 掌握如何使用拦截器
- 掌握如何使用监听器

5.1 过滤器

Spring Boot 支持 Servlet 的过滤器功能。过滤器是请求进入 Servlet 之前的预处理环节，可以实现一些认证识别、编码转换等业务。开发者自定义的滤器类要实现 Filter 接口，该接口包含以下 3 个方法：

（1）init()

init() 方法是过滤器初始化时会调用的方法，此方法是默认方法，实现类可以不重写。方法定义如下：

```
public default void init(FilterConfig filterConfig) throws ServletException {}
```

（2）doFilter()

doFilter() 是过滤器的核心方法，开发者可以在这个方法中实现过滤业务。方法中的 chain 参数是过滤链对象，前一个过滤器完成任务之后需要调用 "chain.doFilter(request, response);" 代码将请求交给链中的后一个过滤器。doFilter() 方法定义如下：

```
public void doFilter(ServletRequest request, ServletResponse response, FilterChain chain)
    throws IOException, ServletException;
```

此方法为抽象方法，实现类必须重写。

（3）destroy()

destroy() 是过滤器销毁时会调用的方法，此方法是默认方法，实现类可以不重写。方法定义如下：

```
public default void destroy() {}
```

Spring Boot 支持两种创建过滤器的方法，一种是通过配置类注册过滤器，另一种是通过注解注册过滤器，下面分别介绍。

5.1.1 通过配置类注册

Spring 容器中的众多 Bean 中有一个 FilterRegistrationBean 专门用于注册过滤器。FilterRegistrationBean 在 org.springframework.boot.web.servlet 包下，是 Spring Boot 提供的类。FilterRegistrationBean<T> 类有一个泛型，T 表示被注册的过滤器类型。因为一个项目可能同时注册多个过滤器，所以会注册多个 FilterRegistrationBean，使用不同泛型可以有效防止这些 Bean 发生冲突。

FilterRegistrationBean 类的常用方法如表 5.1 所示。

表 5.1　FilterRegistrationBean 类的常用方法

返回值	方法	说明
void	addUrlPatterns(String... urlPatterns)	设置过滤的路径
void	setName(String name)	设置过滤器名称

返回值	方法	说明
void	setEnabled(boolean enabled)	是否启用此过滤器,默认为true
boolean	isEnabled()	此过滤器是否已启用
void	setFilter(T filter)	设置要注册的过滤器对象
T	getFilter()	获得已注册的过滤器对象
void	setOrder(int order)	设置过滤器的优先级,值越小优先级越高,1表示最顶级过滤器
int	getOrder()	获取过滤器优先级

下面举两个实例演示如何注册过滤器。

[实例 01]

用过滤器检查用户是否登录

(源码位置:资源包 \Code\05\01)

大多数网站都会要求用户登录之后再浏览网站内容,如果用户在未登录状态下直接访问网站资源会提示用户先登录,这个功能使用过滤器就可以实现。

创建 LoginFilter 登录过滤类实现 Filter 接口,在 doFilter() 方法中获取 session 的 "user" 属性,如果属性值为 null 则表示没有任何登录记录,就强制请求转发至登录页面。LoginFilter 的代码如下:

```
01  package com.mr.filter;
02  import java.io.IOException;
03  import javax.servlet.Filter;
04  import javax.servlet.FilterChain;
05  import javax.servlet.ServletException;
06  import javax.servlet.ServletRequest;
07  import javax.servlet.ServletResponse;
08  import javax.servlet.http.HttpServletRequest;
09
10  public class LoginFilter implements Filter {
11      @Override
12      public void doFilter(ServletRequest request, ServletResponse response, FilterChain chain)
13              throws IOException, ServletException {
14          HttpServletRequest req = (HttpServletRequest) request;
15          Object user = req.getSession().getAttribute("user");
16          if (user == null) {
17              req.getRequestDispatcher("/login").forward(request, response);
18          }else {
19              chain.doFilter(request, response);
20          }
21      }
22  }
```

编写完过滤器之后,再编写注册过滤器的 FilterConfig 类,该类用 @Configuration 标注。在类中创建返回 FilterRegistrationBean 的方法,创建 FilterRegistrationBean 对象,并注册写好的 LoginFilter 过滤器,让过滤器过滤 "/main" 下的所有子路径。FilterConfig 类的代码如下:

```
23  package com.mr.config;
24  import javax.servlet.Filter;
25  import org.springframework.boot.web.servlet.FilterRegistrationBean;
```

```
26    import org.springframework.context.annotation.Bean;
27    import org.springframework.context.annotation.Configuration;
28    import com.mr.filter.LoginFilter;
29
30    @Configuration
31    public class FilterConfig {
32        @Bean
33        public FilterRegistrationBean getFilter() {
34            FilterRegistrationBean bean = new FilterRegistrationBean<>();
35            bean.setFilter(new LoginFilter());
36            bean.addUrlPatterns("/main/*");// 过滤 "/main" 下的所有子路径
37            bean.setName("loginfilter");
38            return bean;
39        }
40    }
```

注册完过滤器之后，编写 LoginController 控制器类，"/main/index" 为需要用户登录之后才能访问的资源，"/login" 为用户登录的地址。LoginController 类的代码如下：

```
41    package com.mr.controller;
42    import org.springframework.web.bind.annotation.RequestMapping;
43    import org.springframework.web.bind.annotation.RestController;
44
45    @RestController
46    public class LoginController {
47
48        @RequestMapping("/main/index")
49        public String index() {
50            return " 欢迎来到 XXX 网站 ";
51        }
52
53        @RequestMapping("/login")
54        public String login() {
55            return " 请先登录您的账号！ ";
56        }
57    }
```

打开浏览器，访问 "http://127.0.0.1:8080/main/index" 地址可以看到如图 5.1 所示页面，因为 session 中没有用户登录记录，所以直接跳转到了登录页。

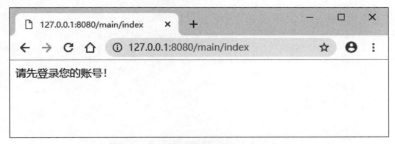

图 5.1　访问主页时要求用户先登录

[实例 02]　　（源码位置：资源包 \Code\05\02）

让同一个请求经过三个过滤器

为 Spring Boot 项目注册多个过滤器时，可以通过为 @Bean 起别名的方式来防止 Bean 冲突，也可以使用 FilterRegistrationBean 的泛型来防止 Bean 的冲突。

创建 FirstFilter、SecondFilter 和 ThirdFilter 这 3 个过滤器，每个过滤器只会在控制台打印一行文字。

FirstFilter 类的代码如下：

```
58    public class FirstFilter implements Filter {
59        public void doFilter(ServletRequest request, ServletResponse response, FilterChain chain)
60                throws IOException, ServletException {
61            System.out.println("进入过滤器1");
62            chain.doFilter(request, response);
63        }
64    }
```

SecondFilter 的代码如下：

```
65    public class SecondFilter implements Filter {
66        public void doFilter(ServletRequest request, ServletResponse response, FilterChain chain)
67                throws IOException, ServletException {
68            System.out.println("进入过滤器2");
69            chain.doFilter(request, response);
70        }
71    }
```

ThirdFilter 的代码如下：

```
72    public class ThirdFilter implements Filter {
73        public void doFilter(ServletRequest request, ServletResponse response, FilterChain chain)
74                throws IOException, ServletException {
75            System.out.println("进入过滤器3");
76            chain.doFilter(request, response);
77        }
78    }
```

创建 FilterConfig 类注册这 3 个过滤器，每一个注册方法中都会指定 FilterRegistrationBean 的泛型，泛型为各过滤器类型。FilterConfig 类的代码如下：

```
79     @Configuration
80     public class FilterConfig {
81         @Bean
82         public FilterRegistrationBean<FirstFilter> getFilter1() {
83             FilterRegistrationBean<FirstFilter> bean = new FilterRegistrationBean<>();
84             bean.setFilter(new FirstFilter());
85             bean.addUrlPatterns("/*");
86             bean.setOrder(1);
87             return bean;
88         }
89
90         @Bean
91         public FilterRegistrationBean<SecondFilter> getFilter2() {
92             FilterRegistrationBean<SecondFilter> bean = new FilterRegistrationBean<>();
93             bean.setFilter(new SecondFilter());
94             bean.addUrlPatterns("/*");
95             bean.setOrder(2);
96             return bean;
97         }
98
99         @Bean
100         public FilterRegistrationBean<ThirdFilter> getFilter3() {
```

```
101                FilterRegistrationBean<ThirdFilter> bean = new FilterRegistrationBean<>();
102                bean.setFilter(new ThirdFilter());
103                bean.addUrlPatterns("/*");
104                bean.setOrder(3);
105                return bean;
106        }
107 }
```

编写 CountController 控制器类，映射 "/index" 地址，代码如下：

```
108 @RestController
109 public class CountController {
110      @RequestMapping("/index")
111      public String index() {
112          return " 欢迎来到 XXX";
113      }
114 }
```

打开浏览器访问 "http://127.0.0.1:8080/main/index" 地址，然后可以在控制台中看到如图 5.2 所示的内容，在日志的最下方能够看到用户提交一个请求后，三个过滤都给出了回应。说明请求依次进入了这三个过滤器。

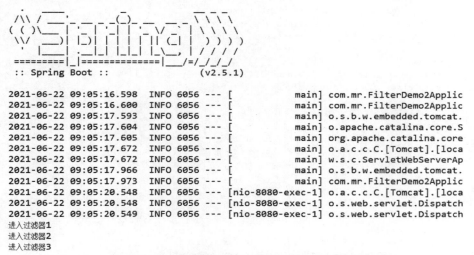

图 5.2　前端提交请求，三个过滤器都给出了回应

5.1.2　通过 @WebFilter 注解注册

@WebFilter 是由 Servlet 3.0 提供的注解，可以快速注册过滤器，但功能没有 FilterRegistrationBean 多。使用 @WebFilter 标注的类必须同时使用 @Component 标注，否则 Spring Boot 项目启动时无法扫描到此过滤器类。

@WebFilter 的 urlPattern 属性为过滤器所过滤的地址，语法如下：

```
@WebFilter(urlPatterns= "/index")
@WebFilter(urlPatterns = { "/index", "/main", "/main/*" })
```

> 说明：
> @WebFilter 的 value 属性功能等同于 urlPattern 属性。

用过滤器统计资源访问数量

（源码位置：资源包 \Code\05\03）

访问量就是某个网络资源被访问的次数，也可以理解为点击率，使用过滤器可以统计某个 URL 地址的访问次数。

创建 CountFilter 类，实现 Filter 接口。使用 @Component 和 @WebFilter 标注该类，@WebFilter 指定映射地址为"/video/123456.mp4"（模拟一个在线的视频文件）。在过滤器初始化时向上下文对象中一个名为"count"、值为 0 的属性，此属性用于统计访问次数。此过滤器每过滤一次请求，count 属性的值就会 +1。CountFilter 类的代码如下：

```
115    package com.mr.filter;
116    import java.io.IOException;
117    import javax.servlet.Filter;
118    import javax.servlet.FilterChain;
119    import javax.servlet.FilterConfig;
120    import javax.servlet.ServletContext;
121    import javax.servlet.ServletException;
122    import javax.servlet.ServletRequest;
123    import javax.servlet.ServletResponse;
124    import javax.servlet.annotation.WebFilter;
125    import javax.servlet.http.HttpServletRequest;
126    import org.springframework.stereotype.Component;
127
128    @Component
129    @WebFilter(urlPatterns = "/video/123456.mp4")
130    public class CountFilter implements Filter {
131
132        // 重写过滤器初始化方法
133        @Override
134        public void init(FilterConfig filterConfig) throws ServletException {
135            ServletContext context = filterConfig.getServletContext();// 获取上下文对象
136            context.setAttribute("count", 0);// 计数器初始值为 0
137        }
138
139        @Override
140        public void doFilter(ServletRequest request, ServletResponse response, FilterChain chain)
141                throws IOException, ServletException {
142            HttpServletRequest req = (HttpServletRequest) request;
143            ServletContext context = req.getServletContext();// 获取上下文对象
144            Integer count = (Integer) context.getAttribute("count"); // 获取计数器的值
145            context.setAttribute("count", ++count); // 让计数器自增
146            chain.doFilter(request, response);
147        }
148    }
```

创建 CountController 控制器类，映射"/video/123456.mp4"地址，显示此地址的已被访问次数。CountController 类的代码如下：

```
149    package com.mr.controller;
150    import javax.servlet.ServletContext;
151    import javax.servlet.http.HttpServletRequest;
152    import org.springframework.web.bind.annotation.RequestMapping;
153    import org.springframework.web.bind.annotation.RestController;
154
155    @RestController
156    public class CountController {
```

```
157      @RequestMapping("/video/123456.mp4")
158      public String index(HttpServletRequest request) {
159          ServletContext context = request.getServletContext();
160          Integer count = (Integer) context.getAttribute("count");
161          return " 当前访问量: " + count;
162      }
163  }
```

打开浏览器，访问"http://127.0.0.1:8080/video/123456.mp4"地址，可以看到如图 5.3 所示的页面，每次刷新该页面，访问量都会递增。即使重启浏览器后再次访问该地址，仍然可以看到累计的访问量。

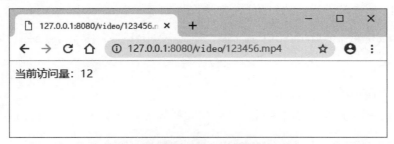

图 5.3　不断刷新地址，访问量随之递增

5.2　拦截器

拦截器是基于 Java 反射机制实现的技术。与过滤器不同，拦截器是面向切面的，如图 5.4 所示，拦截器可以在请求进入 Controller 方法前将请求拦截，也可以在完成方法后和请求结束时这两处位置插入代码。拦截器可以按照开发者设定的条件阻断请求。多个拦截器可以组成一个拦截链，链中任何一个拦截器都能中断请求，同时整个拦截链也会中断。

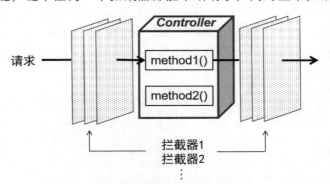

图 5.4　拦截器基于面向切面编程

HandlerInterceptor 接口是由 Spring MVC 提供的拦截器接口，包含以下 3 个方法。

（1）preHandle() 方法

该方法会在进入控制器类之前执行，方法的定义如下：

```
boolean preHandle(HttpServletRequest request, HttpServletResponse response, Object handler)
throws Exception
```

request 和 response 的是 Servlet 传递过来的请求对象，handler 是请求的处理程序对象，通常是封装方法的 HandlerMethod 对象，可以用此对象得知请求将进入了 Controller 的哪个方法，但有些情况下 handler 也有可能是处理静态资源的 ResourceHttpRequestHandler 对象，所以在转换 handler 类型之前应加上类型判断。

如果方法返回 true，则表示请求通过，正常执行，如果返回 false 则表示阻止请求继续执行。

（2）postHandle() 方法

该方法会在控制器类执行完之后执行，但此时视图还没有解析，仍然可以修改 ModelAndView 对象（Spring Boot 通常不返回此对象），方法定义如下：

```
void postHandle(HttpServletRequest request, HttpServletResponse response, Object handler, @Nullable ModelAndView modelAndView) throws Exception
```

（3）afterCompletion() 方法

该方法在整个请求结束之后执行，可以在此释放一些资源，方法定义如下：

```
afterCompletion(HttpServletRequest request, HttpServletResponse response, Object handler, @Nullable Exception ex)
```

👑 说明：

"/*" 表示匹配一层地址，例如 "/login" "/add" 等；"/**" 表示匹配多层地址，例如 "/add/user" "/add/goods" 等。

下面通过一个例子演示拦截器拦截请求的效果。

[实例 04] 捕捉一个请求的执行前、执行后和结束事件 （源码位置：资源包 \Code\05\04）

创建自定义的 MyInterceptor 拦截器类，实现 HandlerInterceptor 接口，在 preHandle() 方法中输出请求将要进入控制器类的哪一个方法，并读取请求中 value 参数的值是什么；当控制器类处理完请求后，利用拦截器查看一下请求中 value 参数值是否发生了变化。MyInterceptor 类的代码如下：

```
164    package com.mr.interceptor;
165    import javax.servlet.http.HttpServletRequest;
166    import javax.servlet.http.HttpServletResponse;
167    import org.springframework.lang.Nullable;
168    import org.springframework.web.method.HandlerMethod;
169    import org.springframework.web.servlet.HandlerInterceptor;
170    import org.springframework.web.servlet.ModelAndView;
171    
172    public class MyInterceptor implements HandlerInterceptor {
173        public boolean preHandle(HttpServletRequest request, HttpServletResponse response, Object handler)
174                throws Exception {
175            if (handler instanceof HandlerMethod) {// 如果是操作方法的对象
176                HandlerMethod method = (HandlerMethod) handler;
177                System.out.println(" (1) 请求访问的方法是: " + method.getMethod().getName() + "()");
178                Object value = request.getAttribute("value");// 读取请求某个属性，默认为 null
179                System.out.println(" 执行方法前: value=" + value);
180                return true;
```

```
181             }
182             return false;
183         }
184
185         public void postHandle(HttpServletRequest request, HttpServletResponse response,
    Object handler,
186                 @Nullable ModelAndView modelAndView) throws Exception {
187             Object value = request.getAttribute("value");// 执行完请求，再读取此属性
188             System.out.println("（2）执行方法后: value=" + value);
189         }
190
191         public void afterCompletion(HttpServletRequest request, HttpServletResponse
    response, Object handler,
192                 @Nullable Exception ex) throws Exception {
193             request.removeAttribute("value");
194             System.out.println("（3）整个请求都执行完毕，在此做一些资源释放工作");
195         }
196     }
```

创建 InterceptorConfig 类注册 MyInterceptor 拦截器，让其拦截所有地址。InterceptorConfig 类的代码如下：

```
197     package com.mr.config;
198     import org.springframework.context.annotation.Configuration;
199     import org.springframework.web.servlet.config.annotation.InterceptorRegistration;
200     import org.springframework.web.servlet.config.annotation.InterceptorRegistry;
201     import org.springframework.web.servlet.config.annotation.WebMvcConfigurer;
202     import com.mr.interceptor.MyInterceptor;
203
204     @Configuration
205     public class InterceptorConfig implements WebMvcConfigurer {
206         @Override
207         public void addInterceptors(InterceptorRegistry registry) {
208             InterceptorRegistration regist = registry.addInterceptor(new MyInterceptor());
209             regist.addPathPatterns("/**");// 拦截所有地址
210         }
211     }
```

创建 TestController 控制器类，映射"/index"地址和"/login"地址，并在处理"/login"地址的方法中为请求的 value 参数赋值。TestController 类的代码如下：

```
212     package com.mr.controller;
213     import javax.servlet.http.HttpServletRequest;
214     import org.springframework.web.bind.annotation.RequestMapping;
215     import org.springframework.web.bind.annotation.RestController;
216
217     @RestController
218     public class TestController {
219
220         @RequestMapping("/index")
221         public String index() {
222             return "这里是主页";
223         }
224
225         @RequestMapping("/login")
226         public String login(HttpServletRequest request) {
227             request.setAttribute("value", "登录前在这里保存了一些值");// 向请求中插入一个属性值
228             return "这里是登录页";
229         }
230     }
```

打开浏览器，访问"http://127.0.0.1:8080/index"地址，可以看到如图 5.5 所示的页面。

此时拦截器会拦截请求，并在控制台中会打印如图 5.6 所示的结果，可以看出拦截器的三个方法都执行了，但请求中没有 value 属性值，所以读出的是 null。

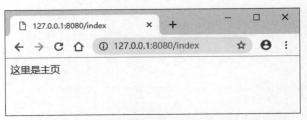

图 5.5　http://127.0.0.1:8080/index 地址的页面　　　　图 5.6　控制台打印的日志

访问"http://127.0.0.1:8080/login"地址，可以看到如图 5.7 所示的页面。

此时拦截器会依然会再次拦截请求，控制台会继续打印如图 5.8 所示的内容，可以看出控制器在请求进入 login() 前，请求的 value 参数依然是 null，但请求从 login() 出来之后，value 参数就有值了。这个值就是 login() 中获得的。

图 5.7　http://127.0.0.1:8080/login 地址的页面　　　　图 5.8　控制台打印的日志

[实例 05] 拦截高频访问

（源码位置：资源包 \Code\05\05）

高频访问是指某一个用户访问某一个接口的频率超出真实用户的操作极限。例如某用户在双十一抢购特价商品时，仅在 1 秒内就提交了 100 次下单请求。高频访问通常都是由网络爬虫机器人技术实现的，如果服务器不能及时发现并拦截这种"入侵行为"，则会极大地消耗系统资源甚至导致服务器崩溃。每一个会话都有一个独立的 session id，开发者可以统计每一个 session id 的访问频率或者会话时间间隔来决定是否拒绝对方的请求。

创建 MyInterceptor 作为高频访问的拦截器类，实现 HandlerInterceptor 接口。在 preHandle() 方法中首先获得上下文对象，然后将拦截到的会话的 session id 作为键、会话的访问时间作为值保存在上下文中。如果相同的 session id 再次提交请求，则比对两次请求的间隔时间是否大于 1 秒，如果小于或等于 1 秒则认为请求过于频繁，拦截并拒绝对方的请求。MyInterceptor 的代码如下：

```
231    package com.mr.interceptor;
232    import javax.servlet.ServletContext;
233    import javax.servlet.http.HttpServletRequest;
234    import javax.servlet.http.HttpServletResponse;
235    import org.springframework.web.servlet.HandlerInterceptor;
236
```

```java
237  public class MyInterceptor implements HandlerInterceptor {
238      public boolean preHandle(HttpServletRequest request, HttpServletResponse response,
Object handler)
239              throws Exception {
240          ServletContext context = request.getServletContext();        // 获取上下文对象
241          String sessionId = request.getSession().getId();              // 获取 session id
242          long now = System.currentTimeMillis();                        // 当前毫秒数
243          Long lastTime = (Long) context.getAttribute(sessionId);       // 上下文记录中的毫秒数
244          if (lastTime == null) {
245              context.setAttribute(sessionId, now);                     // 上下文记录当前时间
246              return true;                                              // 允许请求
247          } else if (now - lastTime > 1000) {                           // 如果距离上次访问时间超过1秒
248              context.setAttribute(sessionId, now);                     // 记录最新访问时间
249              return true;                                              // 允许访问
250          } else {
251              System.out.println("请求频率过高，拒绝访问");
252              return false;                                             // 不允许访问
253          }
254      }
255  }
```

InterceptorConfig 类用于注册拦截器，让其拦截所有地址，但为了方便验证拦截器功能，排除了"/index"地址。InterceptorConfig 类的代码如下：

```java
256  package com.mr.config;
257  import org.springframework.context.annotation.Configuration;
258  import org.springframework.web.servlet.config.annotation.InterceptorRegistration;
259  import org.springframework.web.servlet.config.annotation.InterceptorRegistry;
260  import org.springframework.web.servlet.config.annotation.WebMvcConfigurer;
261
262  import com.mr.interceptor.MyInterceptor;
263
264  @Configuration
265  public class InterceptorConfig implements WebMvcConfigurer {
266      @Override
267      public void addInterceptors(InterceptorRegistry registry) {
268          InterceptorRegistration regist = registry.addInterceptor(new MyInterceptor());
269          regist.addPathPatterns("/**");// 拦截所有地址
270          regist.excludePathPatterns("/index");// 排除主页地址
271
272      }
273  }
```

TestController 为控制器类，提供两个可访问地址，"/time"用于显示当前时间，但访问过于频繁会被拦截。"/index"模拟显示主页，不会被拦截。TestController 的代码如下：

```java
274  package com.mr.controller;
275  import java.text.SimpleDateFormat;
276  import java.util.Date;
277  import org.springframework.web.bind.annotation.RequestMapping;
278  import org.springframework.web.bind.annotation.RestController;
279
280  @RestController
281  public class TestController {
282
283      @RequestMapping("/time")
284      public String time() {
285          SimpleDateFormat sdf = new SimpleDateFormat("HH:mm:ss SSS");
286          return "当前时间: " + sdf.format(new Date());
287      }
288
```

```
    @RequestMapping("/index")
    public String index() {
        return " 欢迎来到 XXXX";
    }
}
```

打开浏览器，输入“http://127.0.0.1:8080/time”地址，可以看到当前时间，此时连续点击浏览器的刷新按钮，制造高频访问场景，可以看到 Eclipse 控制台打印如图 5.9 所示的结果，并且浏览器不显示任何内容，这表示拦截器阻止了用户的高频访问。用户 1 秒内只能访问一次。

```
2021-06-25 11:08:49.982  INFO 7852 --- [           main] o.
2021-06-25 11:08:49.988  INFO 7852 --- [           main] co
2021-06-25 11:08:57.303  INFO 7852 --- [nio-8080-exec-1] o.
2021-06-25 11:08:57.304  INFO 7852 --- [nio-8080-exec-1] o.
2021-06-25 11:08:57.304  INFO 7852 --- [nio-8080-exec-1] o.
2021-06-25 11:08:57.467  WARN 7852 --- [nio-8080-exec-1] o.
请求频率过高，拒绝访问
请求频率过高，拒绝访问
请求频率过高，拒绝访问
请求频率过高，拒绝访问
请求频率过高，拒绝访问
请求频率过高，拒绝访问
请求频率过高，拒绝访问
```

图 5.9　拦截器阻止用户高频访问

输入“http://127.0.0.1:8080/index”地址，可以看到欢迎语，此时连续点击浏览器的刷新按钮，服务器和页面没有任何反应，说明拦截器没有拦截此地址。

说明：

本实例仅演示了最简单一种的实现方式，通常 session id 不应该保存在上下文对象中，而应该保存在缓存容器中，例如 Redis。

5.3 监听器

监听器就像一个的监控摄像头在时时刻刻盯着正在运行的程序，监听器能够捕捉到一些特定的事件，例如创建或销毁会话、请求等。

监听器不像过滤器和拦截器那样需要注册，开发者自定义的拦截器类只需实现特定的监听接口并用 @Component 标注即可生效。Servlet 中主要包含以下 8 个监听接口。

① ServletRequestListener 接口可以监听请求的初始化与销毁，接口包含以下 2 个方法。

- requestInitalized（ServletRequestEvent sre）：请求初始化时触发。
- requestDestroyed（ServletRequestEvent sre）：请求被销毁时触发。

② HttpSessionListener 接口可以监听会话的创建与销毁，接口包含以下 2 个方法。

- sessionCreated（HttpSessionEvent se）：会话已经被加载及初始化时触发。
- sessionDestroyed（HttpSessionEvent se）：会话被销毁后触发。

③ ServletContextListener 接口可以监听上下文的初始化与销毁，接口包含以下 2 个方法。

- contextInitialized(ServletContextEvent sce)：上下文初始化时触发
- contextDestroyed(ServletContextEvent sce)：上下文被销毁时触发

④ ServletRequestAttributeListener 接口可以监听请求属性发生的增、删、改事件，接口包含以下 3 个方法。

- attributeAdded（ServletRequestAttributeEvent srae）：请求添加新属性时触发。
- attributeRemoved（ServletRequestAttributeEvent srae）：请求删除旧属性时触发。
- attributeReplaced（ServletRequestAttributeEvent srae）：请求修改旧属性时触发。

⑤ HttpSessionAttributeListener 接口可以监听会话属性发生的增、删、改事件，接口包含以下 3 个方法。

- attributeAdded(HttpSessionBindingEvent se)：会话添加新属性时触发。
- attributeRemoved(HttpSessionBindingEvent se)：会话删除旧属性是触发。
- attributeReplaced(HttpSessionBindingEvent se)：会话修改旧属性时触发。

⑥ ServletContextAttributeListener 接口可以监听上下文属性发生的增、删、改事件，接口包含以下 3 个方法。
- attributeAdded(ServletContextAttributeEvent scae)：上下文添加新属性时触发。
- attributeRemoved(ServletContextAttributeEvent scae)：上下文删除旧属性是触发。
- attributeReplaced(ServletContextAttributeEvent scae)：上下文修改旧属性时触发。

⑦ HttpSessionBindingListener 接口可以为开发者自定义的类添加会话绑定监听，当 session 保存或移除此类的对象时触发此监听。接口包含以下 2 个方法。
- valueBound(HttpSessionBindingEvent event)：当 session 通过 setAttribute() 方法保存对象时，触发该对象的此方法。
- valueUnbound(HttpSessionBindingEvent event)：当 session 通过 removeAttribute() 方法移除对象时，触发该对象的此方法。

⑧ HttpSessionActivationListener 接口可以为开发者自定义的类添加序列化监听，当保存在 session 中的自定义类对象被序列化或反序列化时触发此监听。此监听通常会配合 HttpSessionBindingListener 监听一起使用。接口包含以下 2 个方法。
- sessionWillPassivate(HttpSessionEvent se)：自定义对象被序列化之前触发。
- sessionDidActivate(HttpSessionEvent se)：自定义对象被反序列化之后触发。

说明：

对象变成字节序列的过程被称为序列化，例如将内存中的对象保存到硬盘文件中，这个过程也被称之为 passivate、钝化、持久化；字节序列变成对象的过程被称为反序列化，例如从文件中读取数据并封装成一个对象并保存在内存中，这个过程也被称为 activate、活化。

[实例 06]　（源码位置：资源包 \Code\05\06）

监听每一个前端请求的 URL、IP 和 session id

开发一个面向公网的网站，必须能够记录是每一个请求的来源和行为。服务器可以通过监听器在请求刚一创建的时候记录请求的特征。例如请求的 IP、session id 以及请求访问的 URL 地址等。

创建自定义的 MyRequestListener 监听类，实现 ServletRequestListener 接口来监听请求的初始化事件。使用 @Component 标注 MyRequestListener 以保证 Spring Boot 可以注册此监听器。

在 MyRequestListener 类实现的监控方法中，一旦请求被初始化就将请求的 IP 地址、session id 和 URL 打印在控制台上，如果请求销毁则在控制台中提示给请求已被销毁。MyRequestListener 类的代码如下：

```
294    package com.mr.listener;
295    
296    import javax.servlet.ServletRequestEvent;
297    import javax.servlet.ServletRequestListener;
298    import javax.servlet.http.HttpServletRequest;
299    import org.springframework.stereotype.Component;
300    
301    @Component
302    public class MyRequestListener implements ServletRequestListener {// 请求监听
```

```java
303     public void requestInitialized(ServletRequestEvent sre) {
304         HttpServletRequest request = (HttpServletRequest) sre.getServletRequest();
305         String ip = request.getRemoteAddr();// 获取请求的 IP
306         String url = request.getRequestURL().toString();// 获取请求访问的地址
307         String sessionID = request.getSession().getId();// 获取 session id
308
309         System.out.println("前端请求的 IP 地址为: " + ip);
310         System.out.println("前端请求的 URL 地址为: " + url);
311         System.out.println("前端请求的 session id 为: " + sessionID);
312     }
313
314     public void requestDestroyed(ServletRequestEvent sre) {
315         HttpServletRequest request = (HttpServletRequest) sre.getServletRequest();
316         String sessionID = request.getSession().getId();
317         System.out.println("session id 为 " + sessionID + " 的请求已销毁 ");
318     }
319 }
```

创建 WelcomeController 控制器类，映射 "/index" 地址，代码如下：

```java
320 package com.mr.controller;
321 import org.springframework.web.bind.annotation.RequestMapping;
322 import org.springframework.web.bind.annotation.RestController;
323
324 @RestController
325 public class WelcomeController {
326     @RequestMapping("/index")
327     public String index() {
328         return " 欢迎来到 XXXX";
329     }
330 }
```

打开浏览器，访问 "http://127.0.0.1:8080/index" 地址，可以看到如图 5.10 所示的页面。

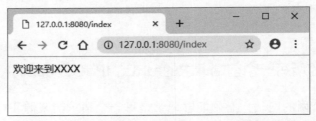

图 5.10　http://127.0.0.1:8080/index 地址的页面

此时可以在控制台看到如图 5.11 所示的内容，服务器获取了请求的一些信息。

图 5.11　控制台打印的日志内容

> **说明：**
> session id 是由服务器随机生成的，每个会话的 session id 都不一样。但只要用户不关闭浏览器，用户的 session id 就不会改变。

[实例07]

监听网站的当前访问人数

（源码位置：资源包 \Code\05\07）

通过监听 session 的创建次数就可以实现统计当前页面在线人数的功能。创建自定义的 CountListener 监听类，实现 HttpSessionListener 会话监听接口来监听 session 的创建时间。使用 @Component 标注 CountListener 以保证 Spring Boot 可以注册此监听器。

在 CountListener 类中创建一个整型的 count 属性，用来统计 session 的创建次数。每当一个 session 被创建，count 的值就 +1，并将最新的 count 值保存在上下文属性中。CountListener 类的代码如下：

```java
331  package com.mr.listener;
332  import javax.servlet.http.HttpSessionEvent;
333  import javax.servlet.http.HttpSessionListener;
334  import org.springframework.stereotype.Component;
335
336  @Component
337  public class CountListener implements HttpSessionListener {
338      private Integer count = 0;
339
340      public void sessionCreated(HttpSessionEvent se) {
341          count++;
342          se.getSession().getServletContext().setAttribute("count", count);
343      }
344
345      public void sessionDestroyed(HttpSessionEvent se) {
346          count--;
347          se.getSession().getServletContext().setAttribute("count", count);
348      }
349  }
```

创建 WelcomeController 控制器类，映射"/index"地址，从上下文中读取在线人数并展示在页面中。WelcomeController 类的代码如下：

```java
350  package com.mr.controller;
351  import javax.servlet.ServletContext;
352  import javax.servlet.http.HttpServletRequest;
353  import org.springframework.web.bind.annotation.RequestMapping;
354  import org.springframework.web.bind.annotation.RestController;
355
356  @RestController
357  public class WelcomeController {
358      @RequestMapping("/index")
359      public String index(HttpServletRequest request) {
360          request.getSession();// 主动调用 session 对象，触发创建 session 的事件
361          ServletContext context = request.getServletContext();
362          Integer count = (Integer) context.getAttribute("count");
363          return " 当前在线人数 :" + count;
364      }
365  }
```

打开浏览器，访问"http://127.0.0.1:8080/index"地址，例如笔者使用 Chrome 浏览器看到如图 5.12 所示的页面。不管用户如何刷新页面，当前在线人数始终不变。

与此同时打开另一款浏览器软件，同样访问 http://127.0.0.1:8080/index 地址，例如笔者使用 Edge 浏览器可以看到如图 5.13 所示的内容。因为浏览器不同，所以请求的 session id 不同，统计出的在线人数就增加了。

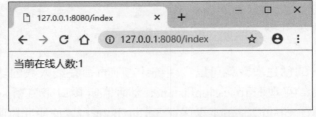

图 5.12　使用 Chrome 浏览器访问

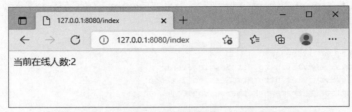

图 5.13　换成 Edge 浏览器访问，在线人数变成了 2

> **注意：**
> 此实例仅演示最简单的实现方法，如果用户重启浏览器，服务器会分配新的 session id，在线人数也会递增。商业项目对在线人数的统计方式会更为复杂，通常会让用户登录，然后统计在线状态人数，也可以利用 Cookie 记录 session id 的方式让浏览器始终发送同一个 session id。

本章知识思维导图

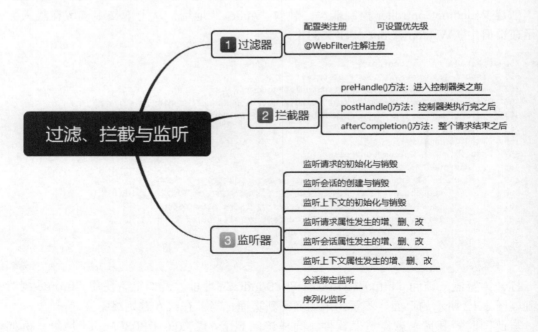

第 6 章
Service 服务

扫码领取
- 配套视频
- 配套素材
- 学习指导
- 交流社群

本章学习目标

- 了解服务层的概念
- 掌握 @Service 注解的用法
- 掌握如何设计服务层的接口和实现类
- 掌握如何在其他组件调用服务对象

6.1 服务层的概念

服务层是分层系统中的一个概念，服务层提供了各种各样的抽象接口，开发人员只需调用这些接口中的方法就可以完成某些业务处理。在 Spring 框架当中，服务层被称为 Service，它处于控制层与持久层之间，负责完成一些数据的校验、加工等操作，工具类也可以放在服务层。服务层的位置如图 6.1 所示。

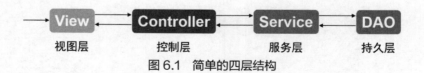

图 6.1　简单的四层结构

用户在视图层的页面或窗口执行操作后，控制层接收前端发来请求，分发给服务层的指定业务，服务层从持久层中读取数据后，将业务处理的结果返回给控制层，再由控制层发送给前端。

一些简单的系统可能会将持久层与服务层的功能合并，但想要开发一个"高内聚，低耦合"的大型系统，各个逻辑层要划分明确，甚至要细化出业务层、实体层等结构。

本章将围绕 @Service 注解来介绍如何设计 Spring Boot 中的服务层。

6.2 @Service 注解

@Service 是 Spring 框架提供的注解，用于标注服务类，属于 Component 组件，可以被 Spring Boot 的组件扫描器扫描到。Spring Boot 启动时会自动创建服务类对象并将其注册成 Bean。

大多数项目通过采用接口模式创建服务模块，也就是先创建服务接口（名称以 Service 结尾），在接口中定义服务的内容，然后再创建接口的实现类（名称以 Impl 结尾），并在实现类上标注 @Service。这样其他组件就可以直接注入 Service Bean，且无需知道这个接口是由谁实现的。这种模式完美地诠释了"高内聚、低耦合"特点，对于接口的使用者来说，实现过程是完全隐藏的。创建服务的过程如图 6.2 所示。

图 6.2　创建一个服务的过程

创建用户服务，校验用户账号密码是否正确

（源码位置：资源包 \Code\06\01）

首先，在 com.mr.service 包下创建 UserService 用户服务接口，接口中只定义一个校验方法，代码如下：

```
01  package com.mr.service;
02  public interface UserService {
03      boolean check(String username, String password);
04  }
```

然后，在 com.mr.service.impl 包下创建 UserServiceImpl 类，并实现 UserService 接口，同时用 @Service 标注此类。在实现的方法中，如果用户名参数的值为"mr"并且密码参数的值为"123456"，方法则返回 true，否则返回 false。UserServiceImpl 类的代码如下：

```
05  package com.mr.service;
06  import org.springframework.stereotype.Service;
07
08  @Service
09  public class UserServiceImpl implements UserService {
10
11      @Override
12      public boolean check(String username, String password) {
13          return "mr".equals(username) && "123456".equals(password);
14      }
15  }
```

最后，创建 LoginController 控制器类，注入 UserService 类型的 Bean，映射"/login"地址，将前端传来的用户名和密码交给 UserService 校验，校验成功返回"登录成功"，校验失败返回"用户名或密码错误。" LoginController 类的代码如下：

```
16  package com.mr.controller;
17  import org.springframework.beans.factory.annotation.Autowired;
18  import org.springframework.web.bind.annotation.RequestMapping;
19  import org.springframework.web.bind.annotation.RestController;
20  import com.mr.service.UserService;
21
22  @RestController
23  public class LoginController {
24      @Autowired
25      UserService service;// 注入用户服务对象
26
27      @RequestMapping("/login")
28      public String login(String username, String password) {
29          if (service.check(username, password)) {
30              return " 登录成功 ";
31          } else {
32              return " 用户名或密码错误 ";
33          }
34      }
35  }
```

使用 Postman 模拟用户请求，访问"http://127.0.0.1:8080/login"地址，并添加 username 和 password 两个参数值，发送正确账号密码后可以看到如图 6.3 所示的结果。

图 6.3　向服务器发送正确的账号密码

6.3 同时存在多个实现类的情况

上一节介绍的服务仅包含一个实现类，但大型的商业项目中同一个服务接口可能会针对多种业务场景而提供多种实现类，例如同样是加密服务，根据用户的需求可能会提供 md5 和 sha1 等多种加密算法的实现类。

本节将介绍如何在 Spring Boot 中实现"一个服务接口同时拥有多个实现类"的场景。

6.3.1 按照实现类名称映射

@Service 可以自动注册 Service Bean，Bean 的别名就是实现类的名称。但要注意的是：类名的首字母要大写，但别名的首字母是小写的。例如下面定义实现类的代码：

```
36    @Service
37    public class ServiceImpl implements Service { }
```

等同于下面注册 Bean 的代码：

```
38    @Bean("serviceImpl")
39    public Service createBean() {
40        return new ServiceImpl();
41    }
```

其他组件可以通过指定别名的方式注入 Service Bean，例如：

```
42    @Autowired
43    Service serviceImpl;
```

或

```
44    @Autowired
45    @Qualifier("serviceImpl")
46    Service impl;
```

[实例02]

为翻译服务创建英译汉、法译汉实现类

(源码位置:资源包 \Code\06\02)

首先,在com.mr.service 包下创建 TranslateService 翻译服务接口,接口中只定义一个翻译方法,代码如下:

```
47  package com.mr.service;
48  public interface TranslateService {
49      String translate(String word);
50  }
```

然后,在com.mr.service.impl 包下创建 English2ChineseImpl 英译汉类,并实现 TranslateService 接口,同时用 @Service 标注此类。在实现的方法中,如果用户传入单词的是"hello"(不区分大小写)则返回中文"你好",传入其他内容则返回无法翻译的提示信息。

> **说明:**
> 此实例仅演示最简单的翻译过程,详细的对照词库需要开发者自行补充。

English2ChineseImpl 类的代码如下:

```
51  package com.mr.service.impl;
52  import org.springframework.stereotype.Service;
53
54  @Service
55  public class English2ChineseImpl implements TranslateService {
56
57      @Override
58      public String translate(String word) {
59          if ("hello".equalsIgnoreCase(word)) {
60              return "hello -> 你好 ";
61          }
62          return " 我还没有学会这个单词,你可以教我吗? ";
63      }
64  }
```

同样在com.mr.service.impl 包下创建 French2ChineseImpl 法译汉类,并实现 TranslateService 接口,同时用 @Service 标注此类。在实现的方法中,如果用户传入单词的是"bonjour"(不区分大小写)也返回中文"你好",传入其他内容则返回无法翻译的提示信息。French2ChineseImpl 类的代码如下:

```
65  package com.mr.service.impl;
66  import org.springframework.stereotype.Service;
67
68  @Service
69  public class French2ChineseImpl implements TranslateService {
70
71      @Override
72      public String translate(String word) {
73          if ("bonjour".equalsIgnoreCase(word)) {
74              return "bonjour -> 你好 ";
75          }
76          return " 我还没有学会这个单词,你可以教我吗? ";
77      }
78  }
```

最后,创建 TranslateController 控制器类,分别创建两个翻译服务对象,分别命名为两

个实现类的名称（但首字母小写），使用 @Autowired 注解自动注入这两个值。如果前端访问的是"/english"地址就将发来的参数交给英译汉服务翻译，如果访问的是"/french"地址就将发来的参数交给法译汉服务翻译。TranslateController 类的代码如下：

```
79   package com.mr.controller;
80   import org.springframework.beans.factory.annotation.Autowired;
81   import org.springframework.web.bind.annotation.RequestMapping;
82   import org.springframework.web.bind.annotation.RestController;
83   import com.mr.service.TranslateService;
84
85   @RestController
86   public class TranslateController {
87       @Autowired
88       TranslateService english2ChineseImpl;      // 英译汉服务
89
90       @Autowired
91       TranslateService french2ChineseImpl;       // 法译汉服务
92
93       @RequestMapping("/english")
94       public String english(String word) {
95           return english2ChineseImpl.translate(word);
96       }
97
98       @RequestMapping("/french")
99       public String french(String word) {
100          return french2ChineseImpl.translate(word);
101      }
102  }
```

使用 Postman 模拟用户请求，访问"http://127.0.0.1:8080/english"地址，并添加 word 参数，参数值为 hello，发送请求后可以看到如图 6.4 所示的结果，服务器将 hello 翻译成了你好。

图 6.4　访问英译汉服务得到的结果

将访问地址改为"http://127.0.0.1:8080/french"，word 参数值改为 bonjour，发送请求后可以看到如图 6.5 所示的结果，服务器将 bonjour 翻译成了你好。

图 6.5 访问法译汉服务得到的结果

6.3.2 按照 @Service 的 value 属性映射

@Service 只有一个 value 属性，也是其默认属性，使用语法如下：

```
@Service("id")
@Service(value = "id")
```

为 value 属性赋值后，等于在创建 Service Bean 时创建了别名，所以上面的语法等同于下面注册 Bean 的代码：

```
103    @Bean("id")
104    public Service createBean() {
105        return new ServiceImpl();
106    }
```

其他组件可以通过指定别名的方式注入 Service Bean，例如：

```
107    @Autowired
108    Service id;
```

或

```
109    @Autowired
110    @Qualifier("id")
111    Service impl;
```

 [实例 03]　　　　　　　　　　　　　　　　　　　　（源码位置：资源包 \Code\06\03）

为成绩服务创建升序排列和降序排列实现类

首先，在 com.mr.service 包下创建 TranscriptsService 考试成绩服务接口，接口中只定义一个排序方法，参数为 List 类型，代码如下：

```
112    package com.mr.service;
113    import java.util.List;
114
```

```
115    public interface TranscriptsService {
116        void sort(List<Double> score);
117    }
```

然后，在 com.mr.service.impl 包下创建 ASCTranscriptsServiceImpl 升序排列成绩类，并实现 TranslateService 接口。在实现的方法中调用 Collections 类的 sort() 方法将列表中成绩的重新按照升序排列。使用 @Service("asc") 标注 ASCTranscriptsServiceImpl 类，其代码如下：

```
118    package com.mr.service.impl;
119    import java.util.Collections;
120    import java.util.List;
121    import org.springframework.stereotype.Service;
122
123    @Service("asc")
124    public class ASCTranscriptsServiceImpl implements TranscriptsService {
125
126        @Override
127        public void sort(List<Double> score) {
128            Collections.sort(score);// 对 List 升序排序，默认排序规则
129        }
130    }
```

在 com.mr.service.impl 包下再创建 DESCTranscriptsServiceImpl 降序排列成绩类，并实现 TranslateService 接口。因为 sort() 方法默认采用升序，想要实现降序排列需要开发者自定义排序器。创建 Comparator 排序器接口的匿名对象，当两个元素比较时，前面的元素大于后面的元素，就让排序方法返回-1，表示让后面的元素往前排，保证小的数字在前面；如果前面的元素小于后面的元素就返回 1，表示小的已经在前面了；如果两者相等就返回 0，表示两者顺序不变。使用 @Service("desc") 标注 DESCTranscriptsServiceImpl 类，其代码如下：

```
131    package com.mr.service.impl;
132    import java.util.Collections;
133    import java.util.Comparator;
134    import java.util.List;
135    import org.springframework.stereotype.Service;
136
137    @Service("desc")
138    public class DESCTranscriptsServiceImpl implements TranscriptsService {
139
140        @Override
141        public void sort(List<Double> score) {
142            Collections.sort(score, new Comparator<Double>() {// 自定义降序排序器
143                @Override
144                public int compare(Double o1, Double o2) {
145                    if (o1 > o2) return -1;      // 前面的元素大于后面的元素，后面的元素往前排
146                    if (o1 < o2) return 1;       // 前面的元素小于后面的元素，前面元素的往前排
147                    return 0;                    // 前后相等不排序
148                }
149            });
150        }
151    }
```

最后，创建 TranscriptsController 控制器类，分别创建两个排序服务对象，升序服务对象使用 @Qualifier("asc") 标注，表示该注入别名为"asc"的 Bean；降序服务直接命名为 desc，@Autowired 会自动寻找别名为"desc"并且类型相同的 Bean 注入。如果前端向"/asc"地址发送成绩数据，则按照升序排列这些成绩；如果前端向"/desc"地址发送成绩数据，则按照降序排列这些成绩。TranscriptsController 类的代码如下：

```
152  package com.mr.controller;
153  import java.util.ArrayList;
154  import java.util.List;
155  import org.springframework.beans.factory.annotation.Autowired;
156  import org.springframework.beans.factory.annotation.Qualifier;
157  import org.springframework.web.bind.annotation.RequestMapping;
158  import org.springframework.web.bind.annotation.RestController;
159  import com.mr.service.TranscriptsService;
160
161  @RestController
162  public class TranscriptsController {
163      @Autowired
164      @Qualifier("asc")
165      TranscriptsService asc;                        // 注入升序实现类
166
167      @Autowired
168      TranscriptsService desc;                       // 注入降序实现类
169
170      @RequestMapping("/asc")
171      public String asc(Double class1, Double class2, Double class3) {
172          List<Double> list = new ArrayList<>(List.of(class1, class2, class3));// 根据三个
参数值创建 List
173          asc.sort(list);                            // 服务对象对成绩排序
174          StringBuilder sb = new StringBuilder();
175          list.stream().forEach(e -> sb.append(e + " "));// List 每一个对象都拼接到字符串中
176          return sb.toString();
177      }
178
179      @RequestMapping("/desc")
180      public String desc(Double class1, Double class2, Double class3) {
181          List<Double> list = new ArrayList<>(List.of(class1, class2, class3));
182          desc.sort(list);
183          StringBuilder sb = new StringBuilder();
184          list.stream().forEach(e -> sb.append(e + " "));
185          return sb.toString();
186      }
187  }
```

使用 Postman 模拟用户请求，访问"http://127.0.0.1:8080/asc"地址，并添加 class1、class2、class3 三个参数值，发送请求后返回的结果以升序的方式排列，效果如图 6.6 所示。

图 6.6　访问 http://127.0.0.1:8080/asc 地址得到升序结果

保持同样的参数不变，访问"http://127.0.0.1:8080/desc"地址，发送请求之后返回的结果以降序的方式排列，效果如图 6.7 所示。

从零开始学 Spring Boot

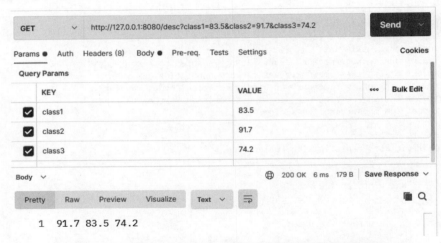

图 6.7　访问 http://127.0.0.1:8080/desc 地址得到降序结果

6.4　不实现接口的 @Service 类

对于一些功能非常简单的服务可以不采用接口模式，直接创建服务类并用 @Service 标注即可。例如一些简单的格式校验服务，进制转换服务等。

[实例 04]　　校验前端发送的名称是否为中文姓名　　（源码位置：资源包 \Code\06\04）

在 com.mr.service 包下创建 VerifyService 校验服务类，并用 @Service 标注。在该服务中提供一个校验字符串是不是由 2～4 个中文字符组成的方法（不适用于少数民族名称）。VerifyService 类的代码如下：

```
188    package com.mr.service;
189    import org.springframework.stereotype.Service;
190
191    @Service
192    public class VerifyService {
193        public boolean chineseName(String name) {
194            String match = "^[\\u4e00-\\u9fa5]{2,4}$";// 中文字符区间正则表达式
195            if (name != null) {
196                return name.matches(match);
197            }
198            return false;
199        }
200    }
```

创建 VerifyController 控制器类，创建 VerifyService 服务对象，并用 @Autowired 自动注入。当前端发来一个名称时，通过 VerifyService 服务对象校验该名称是否为有效中文姓名，并返回校验结果。VerifyController 类的代码如下：

```
201    package com.mr.controller;
202    import org.springframework.beans.factory.annotation.Autowired;
203    import org.springframework.web.bind.annotation.RequestMapping;
204    import org.springframework.web.bind.annotation.RestController;
```

```
205  import com.mr.service.VerifyService;
206
207  @RestController
208  public class VerifyController {
209      @Autowired
210      VerifyService verify;// 校验服务
211
212      @RequestMapping("/verify/name")
213      public String name(String name) {
214          if (verify.chineseName(name)) {
215              return " 中文名校验通过 ";
216          }
217          return " 这不是一个有效的中文姓名 ";
218      }
219  }
```

使用 Postman 模拟用户请求，访问"http://127.0.0.1:8080/verify/name"地址，并添加 name 参数，参数值为 tom，因为这个名字都是英文字母，所以发送请求后会看到如图 6.8 所示的结果。

图 6.8　发送英文名校验失败

将参数值改为中文名字张三，再次发送请求，可以看到如图 6.9 所示的结果。

图 6.9　发送中文名校验通过

6.5 @Service 和 @Repository 的区别

@Service 和 @Repository 这两个注解除了名字不同以外，底层实现逻辑是完全一样。Repository 的英文直译是"仓库"，在 Spring 中代表数据存放服务。Spring 希望开发者可以使用这个注解来标注所有 DAO 层（数据库访问层），这样技术人员仅从字面上就判断出某个服务是属于业务服务还是属于数据库服务。

开发者可以遵循 Spring 推荐的 @Repository 用法，也可以不使用此注解，仅使用 @Service。如果项目中使用了持久层框架，理论上就用不到 @Repository 注解了。作为学习者应对此有了解，知道 @Repository 注解的应用场景。

 本章知识思维导图

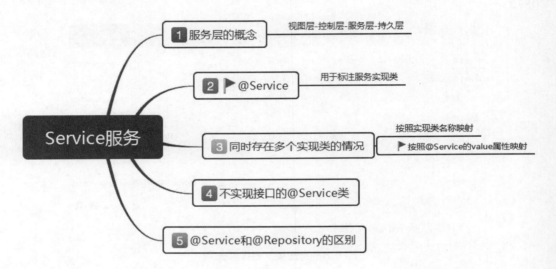

第 7 章
日志组件

扫码领取
- 配套视频
- 配套素材
- 学习指导
- 交流社群

  本章学习目标

- 了解 Spring Boot 日志组件的组成
- 掌握如何打印日志
- 掌握如何控制生成日志文件
- 掌握如何调整日志内容
- 了解如何调用日志框架原有的配置文件

7.1 Spring Boot 默认的日志组件

很多开发者刚学习 Java 语言时，习惯使用 System.out.println() 语句来打印程序的运行状态。虽然 System.out 还提供了更灵活的 print() 和 printf() 方法，但不推荐大家使用 System.out 来打印日志，因为每一条 System.out 语句都是独立运行的，一旦项目开发完成，需要取消所有调试日志时，开发者就只能将 System.out 语句一条一条地注释掉，这种工作非常耗费精力，还容易出现疏漏。为了能让开发者快速、简单的控制程序日志，日志组件应运而生。

Spring Boot 是框架的集大成者，支持绝大多数日志框架，本节将介绍 Spring Boot 默认使用的日志组件。

7.1.1 log4j 框架与 logback 框架

log4j 框架是 Java 技术发展史上广泛使用的日志框架之一，它彻底取代了 System.out 和 java.io，集"控制台输出"和"文件生成"于一体，开发者仅需编写配置文档就可以控制日志的打印效果。简单易用的特性让 log4j 迅速成为了当时各大开源框架的底层日志组件。

随着技术的不断进步，Java 项目越来越庞大，log4j 的缺点也渐渐浮现出来——性能差。对于已走向后端开发的 Java 语言来说，执行效率低将成为一个框架的致命缺点。很快，log4j 的创始人优化了框架的代码，推出了 log4j 2.0 版本。但他又发现 log4j 2.0 依然存在着很多缺陷，想要修复这些缺陷必须对源码做大量更改，既然改动量如此之大，为什么不直接做一个全新的、架构更合理的日志框架呢？于是创始人重写 log4j 的内核，推出了全新的日志框架——logback。logback 不仅继承了 log4j 的优点，并且比 log4j 更快、更小，很快就得到了广大开发人员的认可。如今 logback 已成为 Spring Boot 默认的核心日志组件之一。

7.1.2 slf4j 框架

学过 Java 基础的同学都知道 JDBC 接口规范，Java 不管连接什么数据库使用的都是同一套 JDBC 接口，开发人员只需要更改接口的底层驱动和相关配置就可以实现切换数据库功能。日志组件也有类似的接口框架，开发者只调用日志接口中的方法就可以完成所有日志操作。

Spring Boot 默认使用的是 slf4j 框架，其全称叫 Simple Logging Facade for Java，直译过来就是 Java 的简单日志门面。slf4j 框架和 JDBC 一样，是一种接口规范，并没有实现具体的功能，但 slf4j 可以自动检查项目是否导入了 logback、log4j 等实现了底层功能的日志框架。在开发者调用 slf4j 接口时，slf4j 能够自动将日志任务转译并交给底层日志框架去执行。这样开发者可以在不改动源码的前提下随意切换底层日志框架。

本章会主要围绕如何在 Spring Boot 项目中使用 slf4j 框架来讲解。

7.2 打印日志

本节所讲的打印日志是指在控制台打印日志文本，属于日志组件最基本的功能。slf4j + logback 可以打印非常详细的日志内容，便于技术人员分析、定位问题原因。

7.2.1 slf4j 的用法

想要通过日志组件打印日志，首先需要创建日志对象，创建语法如下：

```
Logger log = LoggerFactory.getLogger(所在类.class);
```

Logger 是 slf4j 提供的日志接口，必须通过 LoggerFactory 工厂类创建，工厂类方法的参数为当前类的 class 对象。例如，在 People 类里创建日志对象，参数就要写成 People.class，示例代码如下：

```
01  import org.slf4j.Logger;
02  import org.slf4j.LoggerFactory;
03  public class People {
04      Logger log = LoggerFactory.getLogger(People.class);
05  }
```

如果 Logger 对象不是用 static 修饰的，则可以把参数写成 getClass() 方法，让本类自己去填写 class 对象，代码如下：

```
06  Logger log = LoggerFactory.getLogger(getClass());
```

标准的写法应该把 Logger 对象修饰为 private static final，以防止日志对象被其他外部类修改，但这样的声明方式则必须使用 People.class 作参数，代码如下：

```
07  private static final Logger log = LoggerFactory.getLogger(People.class);
```

> **注意：**
> Spring Boot 依赖的很多包中都有名为 Logger 和 LoggerFactory 的类或接口，此处导入的是必须是 org.slf4j 包下的接口，注意不要写错。如果怕导错包就写完整接口名，例如：
>
> ```
> org.slf4j.Logger log = org.slf4j.LoggerFactory.getLogger(所在类.class);
> ```

slf4j 框架打印日志的核心方法为 info()，该方法的定义如下：

```
void info(String msg)
```

msg 参数是要打印的字符串，用法与 System.out.println(msg) 类似。每调用一个 info 方法，都会打印一行独立的日志内容。

info() 也支持向日志内容中添加动态参数，其方法重载形式如下：

```
void info(String format, Object param)
void info(String format, Object param1, Object param2)
void info(String format, Object... arguments)
```

format 是要打印的日志内容，param、param1、param2 都是向日志中传入的参数，arguments 是不定长参数。其中 {} 作为参数的占位符，打印日志时会自动将参数内容填写到此处。如果日志中有多个 {}，则会按排列顺序依次与后面的参数对应。例如，username 的值为"张三"，orderId 的值为"123456789"，现在想把这两个变量值打印到日志中，以下两种写法打印的效果完全一致：

```
08  log.info("您的用户名为" + username + ", 您的订单号为:" + orderId);
09  log.info("您的用户名为 {}, 您的订单号为: {}", username, orderId);
```

最后输出的日志内容均为：

```
您的用户名为张三，您的订单号为：123456
```

如果想要在日志中打印空的"{}"字符，需要使用"\\"作为转义字符，例如：

```
10  log.info("您的用户名为 {}, 您的订单号为: \\{}", username, orderId);
```

最后输出的日志内容为：

您的用户名为张三，您的订单号为：{}

如果想要打印空的"\"，需要用另一个"\"做转义字符，例如：

```
11    log.info(" 您的用户名为 {}, 您的订单号为: \\\\{}\\",username, orderId);
```

最后输出的日志内容为：

您的用户名为张三，您的订单号为：\123456\

👑 说明：

不定长参数的方法执行效率低于定长参数的方法。

[实例 01] （源码位置：资源包 \Code\07\01）

在日志中输出前端发来的数据

创建 TestController 控制器类，当前端访问"/index"地址，获取前端发送的 value1 和 value2 参数，将这两个参数打印在日志中。TestController 类的代码如下：

```
12    package com.mr.controller;
13    import org.slf4j.Logger;
14    import org.slf4j.LoggerFactory;
15    import org.springframework.web.bind.annotation.RequestMapping;
16    import org.springframework.web.bind.annotation.RestController;
17    
18    @RestController
19    public class TestController {
20        private static final Logger log = LoggerFactory.getLogger(TestController.class);
21    
22        @RequestMapping("/index")
23        public String index(String value1, String value2) {
24            log.info(" 进入 index() 方法 ");
25            log.info("value1={},value2={}", value1, value2);
26            return " 欢迎来到 XXXX 网站 ";
27        }
28    }
```

使用 Postman 模拟前端请求，访问"http://127.0.0.1:8080/index"地址并发送参数，如图 7.1 所示。

图 7.1　向服务器发送参数

随后 Eclipse 控制台的日志会发生变化，底部最新的日志中显示了前端发来的参数值，效果如图 7.2 所示。

图 7.2　前端发来的参数显示在日志中

图 7.2 最底部的两行日志内容即 TestController 打印出来的，文本如下：

```
2021-07-01 13:10:09.764  INFO 1224 --- [nio-8080-exec-3]
com.mr.controller.TestController         : 进入 index() 方法
2021-07-01 13:10:09.764  INFO 1224 --- [nio-8080-exec-3]
com.mr.controller.TestController         : value1= 张三 ,value2=25
```

7.2.2　解读日志

作为一名开发者不仅要会打印日志，还必须要学会读懂日志。Spring Boot 默认的日志格式会包含很多内容，详尽的同时也会导致日志文本很长，下面通过一行示例将日志文本拆解解读。

例如，下面是名为 LogDemoApplication 的 Spring Boot 项目在启动时打印的其中一行日志：

```
2021-07-01 15:04:56.183  INFO 8364 --- [main] com.mr.LogDemoApplication : Started
LogDemo1Application in 1.627 seconds
```

这行日志可以按顺序拆解为以下几个部分。

● 2021-07-01 15:04:56.183：打印日志的具体时间，本示例时间为 2021 年 7 月 1 日 15 时 4 分 56 秒 183 毫秒。

● INFO：打印日志的级别，本示例的级别为 INFO。

● 8364：当前项目的进程编号（PID），可以在 Windows 任务管理器中查看此进程，例如图 7.3 所示。

● ---：Spring Boot 默认日志格式里的分隔符号，无实际意义。

● [main]：打印日志的线程名称，本示例为主线程。线程不是进程。一个进程可以同时拥有多个线程，但一个线程只归属于一个进程。

● com.mr.LogDemoApplication：日志是在哪个类中打印出来的。如果类名过长会被简写，例如下面这个类：

```
org.springframework.boot.web.embedded.tomcat.TomcatWebServer
```

会在日志中简写为：

```
o.s.b.w.embedded.tomcat.TomcatWebServer
```

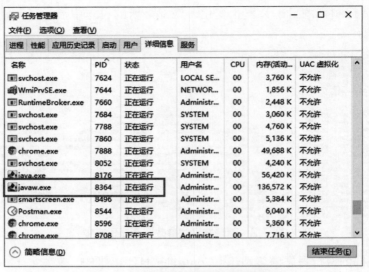

图 7.3　在任务管理器中查看进程编号

● Started LogDemoApplication in 1.627 seconds：日志中的具体内容，也就是 info() 方法的参数值，由开发者填写。本示例的内容翻译过来表示启动 LogDemoApplication 项目共耗时 1.627 秒。

7.3　保存日志文件

正式发布的项目通常都不会将日志输出在控制台中，而是将日志保存在文件中，让技术人员可以随时查看任何时间段的日志内容。本节介绍如何将日志内容保存成日志文件。

7.3.1　指定日志文件保存地址

在项目的 application.properties 配置文件中添加 logging.file.path 配置项可以指定在什么位置生成日志文件。填写的值为抽象路径，生成的默认日志文件名为 spring.log。

例如，在当前项目根目录中的 dir 文件夹中生成日志文件，配置项的写法如下：

```
29    logging.file.path=dir
```

如果想在本地硬盘的其他文件夹中生成日志文件，则需要填写详细路径。例如，将日志文件保存本地 D 盘的 dir 文件夹中，配置项写法如下：

```
30    logging.file.path=D:\\dir
```

👑 说明：

（1）在生成日志的过程中会自动创建路径中不存在的文件夹。（2）配置文件支持"\\"和"/"作为路径分隔符。

（源码位置：资源包 \Code\07\02）

[实例 02] 在项目的 logs 文件夹下保存日志文件

创建一个 Spring Boot 项目，在 application.properties 配置文件添加下面这行配置：

```
31  logging.file.path=logs
```

添加完此项配置之后启动项目，启动完成后在项目上单击鼠标右键，选择 Refresh 菜单（或者按 F5 快捷键）刷新项目，可以看到项目根目录出现 logs 文件夹，该文件夹中包含 spring.log 日志文件，如图 7.4 所示。打开此日志文件，文件中的内容与控制台打印的日志内容一致，如图 7.5 所示。

图 7.4　项目根目录下里的 logs 文件夹中生成 spring.log 日志文件

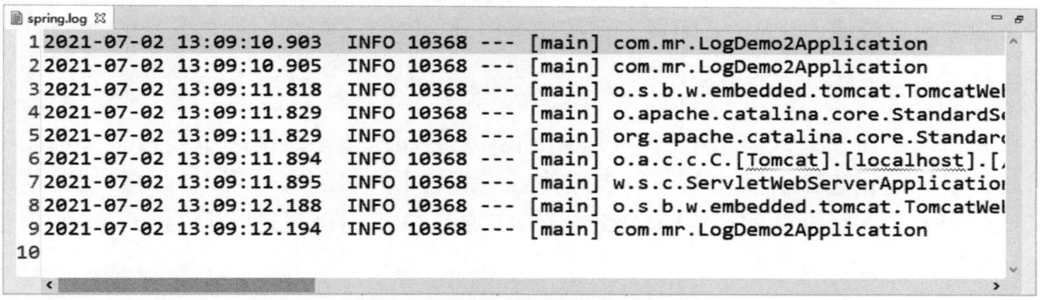

图 7.5　日志文件中的内容

7.3.2　指定日志文件名称

logging.file.name 配置项可以指定日志文件的名称，同时也可以指定该日志文件所处的位置。如果使用了 logging.file.name 配置项，logging.file.path 配置项则会失效。

例如，在项目根目录生成名为 test.log 的配置文件，配置项写法如下：

```
32  logging.file.name=test.log
```

如果想让 test.log 文件在 D 盘根目录生成，配置项写法如下：

```
33  logging.file.name=D:\\test.log
```

虽然 logging.file.name 的优先级大于 logging.file.path，但是可以引用 logging.file.path 中的值。例如在 logging.file.path 所指定的地址生成名为 test.log 的日志文件，配置项写法如下：

```
34  logging.file.name=${logging.file.path}\\test.log
```

7.3.3 为日志文件添加约束

随着程序的长时间运行,日志记录会越来越多,日志文件也会越来越庞大。日志文件过大不仅挤占硬盘资源,也不利于技术人员阅读,logback 提供了很多约束日志文件的配置,能够保证日志文件可控、可归档,下面介绍几个常用的约束。

(1) 指定日志文件的保存天数

视频监控记录通常会保存 7 天至半年左右,超过保存时间的数据就会被抹除。日志组件也有同样的功能,技术人员可以设定日志文件的最大保存天数,从日志文件生成之日开始计算,如果超过了最大保存天数,就会删除日志文件。

日志文件最大保存天数的配置项是 logging.logback.rollingpolicy.max-history,值为最大保存天数,注意英文"."与"-"的位置。例如,自动删除超过 7 天的日志文件,配置项写法如下:

```
35    logging.logback.rollingpolicy.max-history=7
```

(2) 指定日志文件容量上限

如果系统日志输出频繁,可能不到一天就会生成庞大的日志内容,所以不仅要在时间上做出限制,还要在容量上做出限制。logging.logback.rollingpolicy.max-file-size 配置项可以设定日志文件的最大容量,值以 1KB、1MB、1GB 为单位,可由技术人员自己设定。例如,将日志的最大容量设为 12KB,配置项写法如下:

```
36    logging.logback.rollingpolicy.max-file-size=12KB
```

如果日志超出了最大容量限制,日志组件则会将超出上限之前的早期日志打包成压缩包,超出上限的日志会生成全新的日志文件。压缩包中的日志文件可以称为归档文件或历史文件,Spring Boot 默认的压缩包命名格式为"原文件名.打包日期.序号.gz",压缩包与日志文件保存在同一目录下。

> 注意:
> logback 还提供了一个 logging.logback.rollingpolicy.total-size-cap 配置项,其功能为设定最大容量上限,超过上限则直接删除日志文件,而不是将历史记录打包。但此配置项存在 bug,需等待官方发布修复版本。

(3) 指定归档文件压缩包的名称格式

logback 支持开发者自定义打包文件的名称格式,Spring Boot 为 logback 设定的默认格式如下:

```
${LOG_FILE}.%d{yyyy-MM-dd}.%i.gz
```

这个格式的含义为:原日志文件名.当前日期.打包序号.gz。打包序号从 0 开始递增。logback 支持打包 ZIP 格式的压缩包。

[实例 03]　若 logs 文件夹下日志文件超出 2kB 则打包成 ZIP 压缩包　（源码位置:资源包\Code\07\03）

设定 Spring Boot 项目日志文件的最大容量为 2kB,如果日志超过容量上限,则将归档文件打包成 ZIP 压缩包，放在与日志文件同目录下。压缩包的命名格式为：当前日期 [打包序号].zip。

实现此设置的 application.properties 配置文件内容如下：

```
37  logging.file.path=logs
38  logging.file.name=${logging.file.path}\\demo.log
39  logging.logback.rollingpolicy.max-file-size=2KB
40  logging.logback.rollingpolicy.file-name-pattern=${logging.file.path}/%d{yyyy-MM-dd}[%i].zip
```

创建 LogTestController 控制器类，如果用户访问"/index"地址，则向日志中写入 100 行测试日志，然后查看日志文件的记录情况。LogTestController 类的代码如下：

```
41  package com.mr.controller;
42  import org.slf4j.Logger;
43  import org.slf4j.LoggerFactory;
44  import org.springframework.web.bind.annotation.RequestMapping;
45  import org.springframework.web.bind.annotation.RestController;
46
47  @RestController
48  public class LogTestController {
49      private static final Logger log = LoggerFactory.getLogger(LogTestController.class);
50
51      @RequestMapping("/index")
52      public String index() {
53          for (int i = 0; i < 100; i++) {// 打印100行测试日志
54              log.info("打印测试日志: {}", i);
55          }
56          return " 完成日志打印 ";
57      }
58  }
```

启动项目，在浏览器中访问"http://127.0.0.1:8080/index"地址，然后刷新项目，可以看到项目创建了 logs 文件夹，并将日志文件打成 3 个压缩包，效果如图 7.6 所示。

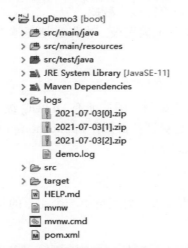

图 7.6　旧的日志文件被打成 3 个压缩包

（4）启动项目自动压缩日志文件

如果项目运行一段时间后需要降低日志文件的容量上限，但已经生成的日志文件大大超出了容量上限，这时可以使用 logging.logback.rollingpolicy.clean-history-on-start 配置项让项目在启动时对原有日志文件做压缩归档操作。该配置项的值为布尔值，默认为 false，表示不启用此功能。启用此功能的写法如下：

```
59  logging.logback.rollingpolicy.clean-history-on-start=true
```

7.4 调整日志内容

Spring Boot 记录的日志内容非常详细，但有些项目并不需要这么详细的数据，过多的日志内容不仅会降低系统性能，还会对造成不小的硬盘存储压力。本节介绍如何调整日志内容，如何只记录开发者感兴趣的信息。

7.4.1 设置日志级别

slf4j 中有五种日志级别，分别是：
- ERROR：错误日志。
- WARN：警告日志，warning 的缩写。
- INFO：信息日志，通常指体现程序运行过程中值得强调的粗粒度信息，Spring Boot 的默认级别。
- DEBUG：调试日志，程序运行过程的细粒度信息。
- TRACE：追踪日志，指一些用来给代码做提示、定位的信息，可精细展现代码当前的运行状态。

不同级别的日志代表的信息不同，重要性也不同。例如，ERROR 级别的日志是最重要的，技术人员必须第一时间看到错误日志，以保证及时维护程序稳定运行；而 DEBUG 级别的日志就是开发人员开发过程中调试程序的，对于维护人员来讲这种日志完全不重要，甚至需要在程序发布前将这些日志删除或屏蔽掉。

因此，为不同日志级别设置了优先级，优先级越高越重要。日志级别的优先级从大到小排列如下：

```
ERROR > WARN > INFO > DEBUG > TRACE
```

Spring Boot 默认采用 INFO 级别，因此所有 DEBUG 级别和 TRACE 级别的日志都不会打印。如果想要修改项目的日志级别，需要在 application.properties 配置文件中设置 logging.level 配置项，该配置项的语法如下：

```
logging.level.[包或类名]=级别
```

[包或类名] 是一个动态的参数，为项目中一个完整的包名或类名，设置的日志级别仅对此类或此包下的所有类生效。

[实例 04]

（源码位置：资源包 \Code\07\04）

让所有控制器都打印 DEBUG 日志

创建控制器 TestController 类，如果用户访问"/index"地址，则依次打印 TRACE、DEBUG、INFO、WARN、ERROR 级别的测试日志，TestController 类的代码如下：

```
60  package com.mr.controller;
61  import org.slf4j.Logger;
62  import org.slf4j.LoggerFactory;
63  import org.springframework.web.bind.annotation.RequestMapping;
64  import org.springframework.web.bind.annotation.RestController;
65
66  @RestController
67  public class TestController {
68      private static final Logger log = LoggerFactory.getLogger(TestController.class);
69
70      @RequestMapping("/index")
71      public String index() {
72          log.trace(" 测试日志 ");
73          log.debug(" 测试日志 ");
74          log.info(" 测试日志 ");
75          log.warn(" 测试日志 ");
76          log.error(" 测试日志 ");
77          return " 打印日志测试 ";
78      }
79  }
```

在 application.properties 配置文件中，将控制器包下的所有类的日志级别都设为 DEBUG，配置如下：

```
80  logging.level.com.mr.controller=debug
```

启动项目，在浏览器中访问 "http://127.0.0.1:8080/index" 地址，Eclipse 控制台会打印如图 7.7 所示的日志。

图 7.7　控制台日志

日志的最后四行内容如下：

```
2021-07-05 09:59:40.614 DEBUG 4860 --- [nio-8080-exec-1]
com.mr.controller.TestController         : 测试日志
2021-07-05 09:59:40.614  INFO 4860 --- [nio-8080-exec-1]
com.mr.controller.TestController         : 测试日志
2021-07-05 09:59:40.614  WARN 4860 --- [nio-8080-exec-1]
com.mr.controller.TestController         : 测试日志
2021-07-05 09:59:40.614 ERROR 4860 --- [nio-8080-exec-1]
com.mr.controller.TestController         : 测试日志
```

可以看到这四行日志是由 TestController 控制器类打印的，日志级别依次为 DEBUG、INFO、WARN、ERROR，因为配置文件设置的级别为 DEBUG，所以优先级更低的 TRACE 级别日志被屏蔽掉了。

7.4.2 修改日志格式

Spring Boot 在控制台打印的每一行日志都非常长，这是因为 Spring Boot 默认的 logback 日志格式包含的信息非常多，其格式如下：

```
%date{yyyy-MM-dd HH:mm:ss.SSS} %5level ${PID} --- [%15.15t] %-40.40logger{39} : %m%n
```

格式解读如下：

- %date{yyyy-MM-dd HH:mm:ss.SSS}：打印日志的详细时间，格式为"年-月-日 时:分:秒.毫秒"。
- %5level：日志的级别，长度为 5 字符。
- ${PID}：打印日志的进程号。
- %15.15t：%t 表示打印日志的线程名，15.15 表示最短和最长均为 15 字符。
- %-40.40logger{39}：% logger 表示打印日志的类名，-40.40 表示左对齐最短和最长均为 40 字符，{39} 表示将完整类名自动调整到 39 字符以内。
- %m：具体的日志的内容。
- %n：换行符。

> 说明：
> 更多 logback 格式详见官方的样式说明，官方地址：https://logback.qos.ch/manual/layouts.html。

Spring Boot 可以分别为控制台和日志文件设置独立的日志格式，设置控制台日志格式的配置项为 "logging.pattern.console"，设置文件格式的配置项为 "logging.pattern.file"。

[实例 05]（源码位置：资源包 \Code\07\05）
在控制台显示简化的中文日志，在日志文件中记录详细英文日志

把 Spring Boot 在控制台打印到日志格式改为 "X年X月X日时X分X秒X毫秒[级别:X][类名: X]-- 具体日志内容"，同时将日志写入 logs/demo.log 日志文件中，格式为详细的英文日志。application.properties 配置文件中的中文需要使用转移字符表示，内容如下：

```
81  logging.pattern.console=%date{yyyy\u5E74MM\u6708dd\u65E5H\u65F6mm\u5206ss\u79D2SSS\u6BEB\u79D2}[\u7EA7\u522B:%level][\u7C7B\u540D\uFF1A:%logger{15s}] --- %m%n
82  logging.pattern.file=%date{yyyy-MM-dd HH:mm:ss.SSS}[%level][${PID}][%t]%logger : %m%n
83  logging.file.path=logs
84  logging.file.name=${logging.file.path}\\demo.log
```

启动项目，可以看到控制台打印如图 7.8 所示日志内容，格式符合 logging.pattern.console 配置项中的设置。

图 7.8 控制台打印的日志

刷新项目后打开根目录下的 logs 文件夹中的 demo.log 文件，可以看到如图 7.9 所示内容，格式符合 logging.pattern.file 配置项中的设置。

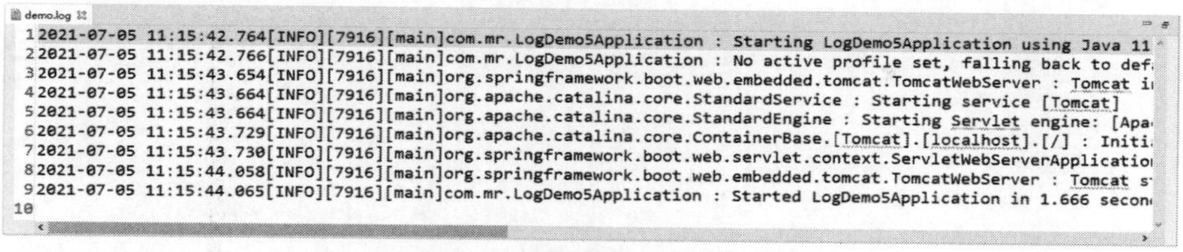

```
1 2021-07-05 11:15:42.764[INFO][7916][main]com.mr.LogDemo5Application : Starting LogDemo5Application using Java 11
2 2021-07-05 11:15:42.766[INFO][7916][main]com.mr.LogDemo5Application : No active profile set, falling back to def
3 2021-07-05 11:15:43.654[INFO][7916][main]org.springframework.boot.web.embedded.tomcat.TomcatWebServer  : Tomcat i
4 2021-07-05 11:15:43.664[INFO][7916][main]org.apache.catalina.core.StandardService   : Starting service [Tomcat]
5 2021-07-05 11:15:43.664[INFO][7916][main]org.apache.catalina.core.StandardEngine    : Starting Servlet engine: [Apa
6 2021-07-05 11:15:43.729[INFO][7916][main]org.apache.catalina.core.ContainerBase.[Tomcat].[localhost]./]   : Initi
7 2021-07-05 11:15:43.730[INFO][7916][main]org.springframework.boot.web.servlet.context.ServletWebServerApplicatio
8 2021-07-05 11:15:44.058[INFO][7916][main]org.springframework.boot.web.embedded.tomcat.TomcatWebServer   : Tomcat s
9 2021-07-05 11:15:44.065[INFO][7916][main]com.mr.LogDemo5Application : Started LogDemo5Application in 1.666 secon
10
```

图 7.9　配置文件中记录的日志

7.5　支持 logback 配置文件

如果项目采用 logback 作为日志组件的底层实现，Spring Boot 支持使用 logback.xml 配置文件来细化 logback 的功能。

logback.xml 文件与 application.properties 文件一样都放在 resources 目录下。logback.xml 文件的优先级大于 application.properties 文件，也就是有两个文件同时存在时，会采用 logback.xml 中的配置。

logback.xml 配置文件中有三个最重要的节点，下面分别介绍。
- configuration 节点：整个配置文件的根节点。
- appender 节点：直译是附加器，专门用于配置输出组件，是根节点的子节点。
- root 节点：可用于指定日志级别，是根节点的子节点。

👑 说明：
XML 中的节点也可以叫做标签。最顶层的节点叫根节点。

[实例 06]　　　　　　　　　　　　　　　　　　　（源码位置：资源包\Code\07\06）
使用 logback.xml 配置日志组件，在控制台打印日志的同时生成日志文件

在项目的 src/main/resources 目录下创建 logback.xml 配置文件，在配置文件中声明两个 appender 节点，一个用于配置生成日志文件的规则，一个用于配置控制台打印。

生成日志文件的 appender 节点需要使用 RollingFileAppender 类，使用 TimeBasedRollingPolicy 类实现滚动策略，让 logback 将当前时间作为日志文件名称，保存时长为 1 天。

控制台打印的 appender 节点需要使用 ConsoleAppender 类，在 encoder 子节点中设置内容格式。

最后在 root 节点中采用配置好的两个 appender，将日志级别设定为 INFO。
logback.xml 配置文件的具体内容如下：

```
85  <?xml version="1.0" encoding="UTF-8"?>
86  <configuration>
87      <!-- 日志文件配置 -->
88      <appender name="MyFileConfig" class="ch.qos.logback.core.rolling.RollingFileAppender">
89          <!-- 设置滚动策略 -->
90          <rollingPolicy class="ch.qos.logback.core.rolling.TimeBasedRollingPolicy">
91              <!-- 日志文件名称的格式 -->
92              <fileNamePattern>logs/log.%d{yyyy-MM-dd}.log</fileNamePattern>
```

```xml
93                <maxHistory>1</maxHistory> <!-- 日志文件保存1天 -->
94            </rollingPolicy>
95            <encoder>
96                <!-- 文件中的日志内容格式 -->
97                <pattern>%date{yyyy-MM-dd HH:mm:ss.SSS}[%level][${PID}][%t]%logger : %m%n
98                </pattern>
99            </encoder>
100       </appender>
101
102       <!-- 在控制台打印配置 -->
103       <appender name="MyConsoleCobfig" class="ch.qos.logback.core.ConsoleAppender">
104           <!-- 输出的格式 -->
105           <encoder>
106               <pattern>%d{yyyy-MM-dd HH:mm:ss.SSS}[%level]%logger{36} --- %msg%n</pattern>
107           </encoder>
108       </appender>
109
110       <root level="INFO"><!-- 输出的INFO级别日志 -->
111           <appender-ref ref="MyFileConfig" /> <!-- 采用上面配置好的组件 -->
112           <appender-ref ref="MyConsoleCobfig" />
113       </root>
114   </configuration>
```

启动项目，可以看到控制台打印如图7.10所示日志，内容符合logback.xml配置的控制台格式。

图7.10 控制台打印的日志

刷新项目后可以在根目录下的logs文件夹中看到一个以当前日期命名的日志文件，打开该文件可以看到如图7.11所示的日志，数据与控制台日志一致，内容符合logback.xml配置的日志文件格式。

图7.11 日志文件中记录的日志

👑 说明：

① logback的配置方法还有非常多，可以满足各种各样的需求，但本书不多做介绍，感兴趣的同学可以查看官方文档深入学习。

② 与logback一样，Spring Boot同样支持其他日志框架的配置文件。

第 7 章 日志组件

本章知识思维导图

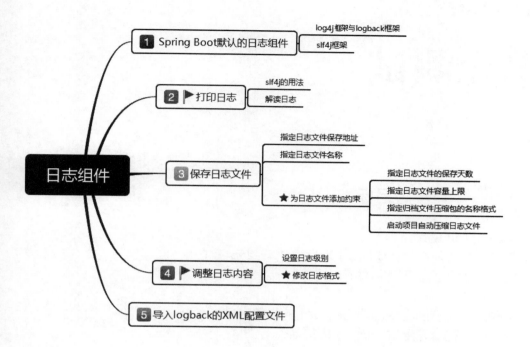

第 8 章
单元测试

扫码领取
- 配套视频
- 配套素材
- 学习指导
- 交流社群

 **本章学习目标**

- 了解 JUnit 的用法
- 熟练掌握如何 Spring Boot 项目中执行单元测试
- 掌握 JUnit 的主要注解的用法
- 熟悉断言
- 掌握如何在测试类中创建 Servlet 的内置对象
- 熟悉如何在单元测试中模拟网络请求

8.1 JUnit 简介

8.1.1 什么是 JUnit？

JUnit 是 Java 技术开发者使用率最高的开源的单元测试框架，连 Eclipse 的安装包中都自带 JUnit。单元测试是指对软件中的最小可测试单元进行检查和验证，Java 代码通常以方法作为最小测试单元。JUnit 可以在不改变被测试类的基础上，对类中方法进行单元测试。

如果说在一个普通类中创建测试类对象就可以调用其方法了，为什么还要用 Junit 测试框架呢？对于简单的项目来说，直接调用对象的方法看一看结果当然是最简单的操作，但对于稍微大一点的项目，在项目启动时需要加载各种初始化资源，这个过程繁琐而且漫长（例如服务器启动过程），仅靠一个测试类想要模拟项目启动过程则需要编写大量代码，测试效率反而不如直接运行项目了。JUnit 框架就位为了简化测试过程而推出的。

JUnit 支持注解驱动编程，这使得其语法非常简洁。Junit 可以在测试类中编写单元测试前的初始化代码，也可以制定单元测试完成后的收尾工作，保证资源安全释放。同时 JUnit 可以显示测试进度，监控代码执行时长。JUnit 支持断言，可以让开发者验证各种假设场景，让开发者更好地定位问题原因。

JUnit 5.0 版本已经开始向自动化测试方向探索，相信不久之后，市面上流行的自动化、智能化测试工具或框架中都能看到 JUnit 的身影。

JUnit 的简洁性与实用性受到了许多开源框架的青睐，本书更是将 JUnit 作为项目架构中的重要组成部分。

8.1.2 Spring Boot 中的 JUnit

Spring Boot 项目的 spring-boot-starter-test 依赖中就包含了 JUnit 框架，Spring Boot 2.5 支持 JUnit 5，开发者可以直接使用 JUnit 5 的新 API。

Spring Boot 项目自带 src/test/java 目录，该目录专门用于存放单元测试类。例如，图 8.1 中的 UnitTestApplicationTests 就是该项目的单元测试类。

Spring Boot 在部署项目的时候不会部署 src/test/java 目录下的文件，开发者可以在这个包下随意创建测试类。打开图 8.1 中的 UnitTestApplicationTests 类，可以看到该类被 @SpringBootTest 注解标注，并且有一个方法被 @Test 注解标注，表示该类为 Spring Boot 的测试类，方法为 JUnit 单元测试方法。在此类代码上单击鼠标右键，依次选择 Run As → JUnit Test，即可运行测试方法，即启动单元测试，操作如图 8.2 所示。

图 8.1 Spring Boot 项目单元测试类所在的目录

因为测试方法中没有写任何代码，所以会默认为测试通过，左侧会弹出 JUnit 测试窗口，如图 8.3 所示，绿色进度条表示测试通过，UnitTestApplicationTests 类下的 contextLoads() 方法运行耗时 0.722 秒，没有发生错误，也没有触发失败。

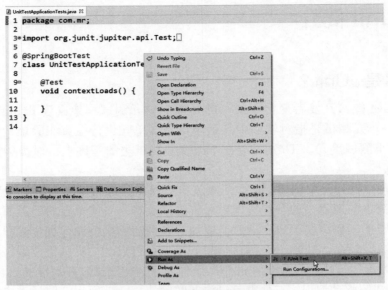

图 8.2 运行测试测试类的方式

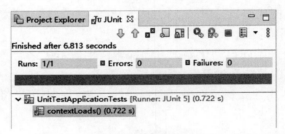

图 8.3 单元测试通过

如果在测试方法中触发一些异常，例如下面这两行代码将触发算数异常：

```
01    int a=0;
02    int b=1/a;
```

将这两行代码填写在 contextLoads() 测试方法中，再次启动单元测试，可以看到如图 8.4 所示效果，红色进度条表示测试未通过，下方的追踪报告中指出 contextLoads() 方法的第 12 行出现了除数为 0 的算数异常。

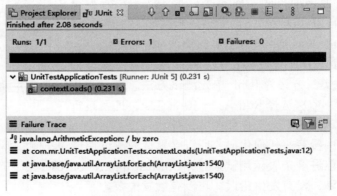

图 8.4 单元测试未通过

8.2 注解

8.2.1 核心注解

（1）@SpringBootTest

@SpringBootTest 注解由 Srping Boot 提供，用于标注测试类。该注解可以让测试类在启动时自动装配 Spring Boot，这就意味着开发者可以在测试类中使用 Spring 容器中的 Bean。测试类不仅可以注入项目中的 Controller、Service、配置文件等组件，还可以注入 Spring Boot 提供的一些场景模拟对象，例如模拟 HttpServletRequest、HttpSession 等对象。

（2）@Test

@Test 注解由 JUnit 提供，用于标注测试方法。被标注的测试方法类似于 main() 方法，是测试类的入口方法。一个测试类中可以有多个测试方法，这些测试方法会按照从上到下的顺序依次执行。

例如，在测试类中定义两个测试方法，分别打印日志，代码如下：

```
03    @SpringBootTest
04    class UnitTestApplicationTests {
05        private static final Logger log = LoggerFactory.getLogger(UnitTestApplicationTests.class);
06
07        @Test
08        void test1() {
09            log.info(" 第 1 个测试方法 ");
10        }
11
12        @Test
13        void test2() {
14            log.info(" 第 2 个测试方法 ");
15        }
16    }
```

运行此测试类，可以看到控制台打印如图 8.5 所示的日志，在日志的最下方可以看到两个测试方法依次打印日志。同时在 JUnit 窗口可以看到两个测试方法都正常完成了执行，并且测试通过，如图 8.6 所示。

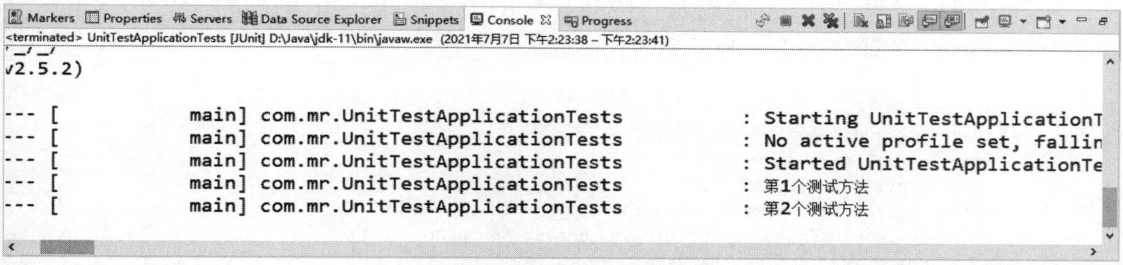

图 8.5　两个测试方法依次打印日志

下面通过一个实例演示如何测试类中注入 Bean。

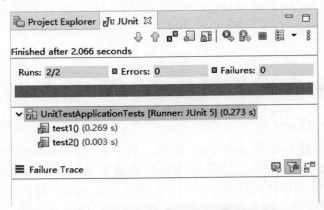

图 8.6　JUnit 显示两个测试方法都正常运行

[实例 01]　　　　测试用户登录验证服务　　　（源码位置：资源包\Code\08\01）

在 com.mr.service 包下创建 UserService 用户服务接口，接口中只定义一个验证用户名和密码的 check() 方法，代码如下：

```
17  package com.mr.service;
18  public interface UserService {
19      boolean check(String username, String password);
20  }
```

在 com.mr.service.impl 包下创建用户服务接口的实现类，如果用户名为"mr"、密码为"123456"则认为验证通过。实现类的代码如下：

```
21  package com.mr.service.impl;
22  import org.springframework.stereotype.Service;
23  import com.mr.service.UserService;
24  @Service
25  public class UserServiceImpl implements UserService {
26      @Override
27      public boolean check(String username, String password) {
28          return "mr".equals(username) && "123456".equals(password);
29      }
30  }
```

在测试类中注入 UserService 对象，然后直接在测试方法中调用此服务对象的 check() 方法，先测试用户名为"mr"、密码为"123546"的验证结果，再测试用户名为"admin"、密码为"admin"的验证结果。测试类的代码如下：

```
31  package com.mr;
32  import org.junit.jupiter.api.Test;
33  import org.slf4j.Logger;
34  import org.slf4j.LoggerFactory;
35  import org.springframework.beans.factory.annotation.Autowired;
36  import org.springframework.boot.test.context.SpringBootTest;
37  import com.mr.service.UserService;
38
39  @SpringBootTest
40  class UnitTest1ApplicationTests {
41
```

```
42         private static final Logger log = LoggerFactory.getLogger(UnitTest1ApplicationTests.class);
43
44         @Autowired
45         private UserService user;                                  // 注入用户服务
46
47         @Test
48         void contextLoads() {
49             String username1 = "mr", password1 = "123456";         // 第一组测试用例
50             log.info(" 测试用例 1: {{},{}}", username1, password1);
51             log.info(" 验证结果: {}", user.check(username1, password1));
52
53             String username2 = "admin", password2 = "admin";       // 第二组测试用例
54             log.info(" 测试用例 2: {{},{}}", username2, password2);
55             log.info(" 验证结果: {}", user.check(username2, password2));
56         }
57     }
```

运行测试类，可以看到控制台打印的日志如图 8.7 所示，在日志的末尾打印出了两组用户名、密码的验证结果，说明测试类可以注入接口的实现类对象，并且验证实现类的代码是否可以正常执行。

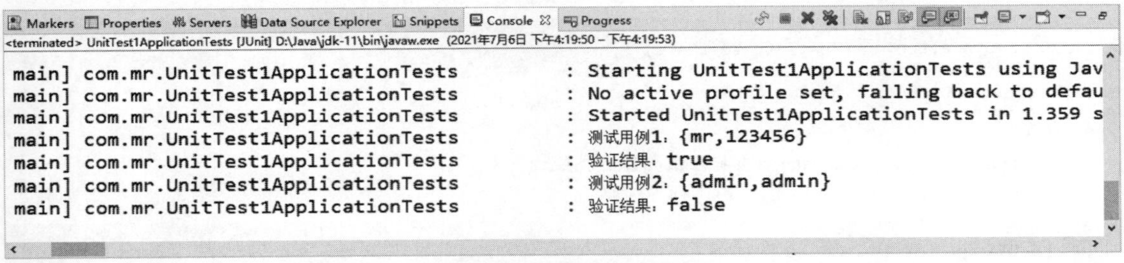

图 8.7　控制台打印的日志

测试过程中没有出现异常和错误，JUnit 给出如图 8.8 所示的测试通过的结果。

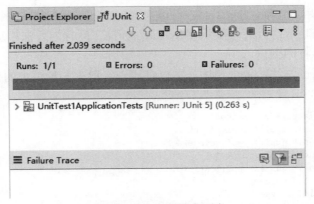

图 8.8　JUnit 测试通过

8.2.2　测前准备与测后收尾

JUnit 允许开发者在测试开始之前执行一些准备性质的代码，也可以在测试之后执行一些收尾性质的代码。JUnit 5 提供了四种注解来实现这种功能，本节将详细介绍这四个注解。

(1) @BeforeEach 和 @AfterEach

这两个注解用于标注方法，只能在测试类中使用。被 @BeforeEach 标注的方法会在测试方法执行前执行，被 @AfterEach 标注的方法会在测试方法结束后执行，被这两个注解标注的方法就相当于测试方法的前期准备方法和后期收尾方法。使用方法如下：

```
58    @BeforeEach
59    void beforeTest () {}
60
61    @AfterEach
62    void afterTest() {}
63
64    @Test
65    void test() {}
```

如果为 @BeforeEach 或 @AfterEach 标注的方法添加类型为 TestInfo 的参数，JUnit 将为该参数注入一个当前测试的信息对象，开发者可以通过调用此参数获得测试方法、测试类等信息。

```
66    @BeforeEach
67    void beforeTest (TestInfo testInfo) {}
68
69    @AfterEach
70    void afterTest(TestInfo testInfo) {}
```

> 注意：
> 不要将 @BeforeEach 或 @AfterEach 标注在 @Test 方法上。

[实例 02] 在测试方法运行前后打印方法名称

（源码位置：资源包 \Code\08\02）

在测试类中，首先创建 beforeTest() 方法，并用 @BeforeEach 标注，为方法添加 TestInfo 类型参数，在该方法中调用 TestInfo 的 getTestMethod() 方法，获取测试方法的名称并打印到日志中。

然后再创建 afterTest() 方法，并用 @AfterEach 标注，同样为方法添加 TestInfo 类型参数，也将测试方法的名称打印到日志中。

最后创建两个测试方法，每个测试方法仅打印一行日志。测试类的代码如下：

```
71    package com.mr;
72    import java.lang.reflect.Method;
73    import org.junit.jupiter.api.AfterEach;
74    import org.junit.jupiter.api.BeforeEach;
75    import org.junit.jupiter.api.Test;
76    import org.junit.jupiter.api.TestInfo;
77    import org.slf4j.Logger;
78    import org.slf4j.LoggerFactory;
79    import org.springframework.boot.test.context.SpringBootTest;
80
81    @SpringBootTest
82    class UnitTest2ApplicationTests {
83        private static final Logger log = LoggerFactory.getLogger(UnitTest2ApplicationTests.class);
84
85        @BeforeEach
86        void beforeTest  (TestInfo testInfo) {          // 注入测试信息对象
87            Method m = testInfo.getTestMethod().get();  // 获取测试方法对象
88            log.info(" 即将进入 {} 方法 ", m.getName());  // 打印测试方法名称
```

```
 89        }
 90
 91     @AfterEach
 92     void afterTest(TestInfo testInfo) {
 93         Method m = testInfo.getTestMethod().get();
 94         Log.info(" 已离开{}方法 ", m.getName());
 95     }
 96
 97     @Test
 98     void test1() {
 99         Log.info(" 开始执行第 1 个测试方法 ");
100     }
101
102     @Test
103     void test2() {
104         Log.info(" 开始执行第 2 个测试方法 ");
105     }
106 }
```

运行测试类，可以看到控制台打印的日志如图 8.9 所示，日志末尾的 6 行记录是由刚才编写的代码打印出来的。前三个行日志分别由 beforeTest() 方法、test1() 方法和 afterTest() 方法打印，beforeTest() 方法日志早于 test1() 方法日志，并且可以通过 TestInfo 参数获知即将要运行的方法是 test1，afterTest() 方法日志在 test1 方法日志之后，也是通过 TestInfo 参数获知将自己排在 test1 方法之后。后三条日志中，测试方法变为 test2()，打印日志的逻辑与之前相同。

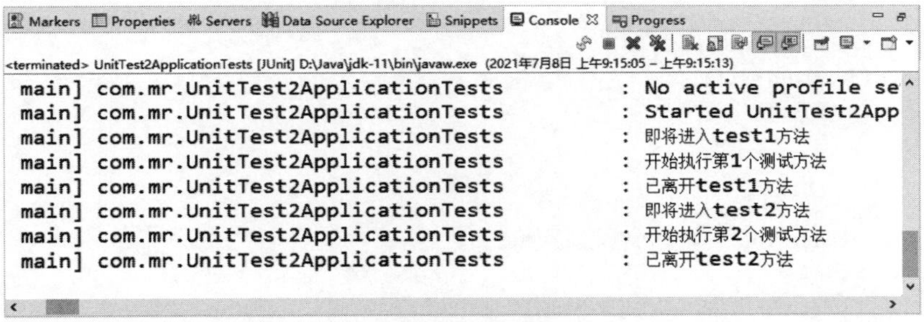

图 8.9 控制台打印的日志

（2）@BeforeAll 和 @AfterAll

这两个注解也是用于标注方法，但与 @BeforeEach 和 @AfterEach 注解有 3 点不同之处。

① @BeforeAll 会在所有测试方法前执行，且仅执行一次，而 @BeforeEach 会在每个测试方法前都执行。@AfterAll 与 @AfterEach 同理。

② @BeforeAll 和 @AfterAll 标注的方法必须用 static 修饰，否则测试类无法正常工作

③ @BeforeAll 和 @AfterAll 标注的方法不能使用 TestInfo 参数。

[实例 03] （源码位置：资源包 \Code\08\03）
在测试开始前执行初始化方法，测试结束后执行资源释放方法

在测试类中创建 init() 静态方法，并用 @BeforeAll 标注；创建 release() 静态方法，并用 @AfterAll 标注。在这两个方法中使用 System.out 打印日启动和结束提示信息。

然后创建 @Test、@BeforeEach 和 @AfterEach 所标注的方法，模拟测试场景。

测试类的代码如下：

```
107  package com.mr;
108  import org.junit.jupiter.api.AfterAll;
109  import org.junit.jupiter.api.AfterEach;
110  import org.junit.jupiter.api.BeforeAll;
111  import org.junit.jupiter.api.BeforeEach;
112  import org.junit.jupiter.api.Test;
113  import org.slf4j.Logger;
114  import org.slf4j.LoggerFactory;
115  import org.springframework.boot.test.context.SpringBootTest;
116
117  @SpringBootTest
118  class UnitTest3ApplicationTests {
119      private static final Logger log = LoggerFactory.getLogger(UnitTest3ApplicationTests.class);
120
121      @BeforeAll
122      static void init() {
123          System.out.println("***** 测试启动，开始加载初始化数据 *****");
124      }
125
126      @AfterAll
127      static void release() {
128          System.out.println("***** 测试结束，释放所有资源 *****");
129      }
130
131      @BeforeEach
132      void beforeTest() {
133          log.info("-- 准备执行测试方法 --");
134      }
135
136      @AfterEach
137      void afterTest() {
138          log.info("-- 测试方法结束 --");
139      }
140
141      @Test
142      void loginTest() {
143          log.info(" 开始执行登录功能测试 ");
144      }
145
146      @Test
147      void registerTest() {
148          log.info(" 开始执行登录功能测试 ");
149      }
150  }
```

运行测试类，可以看到控制台打印的日志如图 8.10 所示，@BeforeAll 标注的方法会在 Spring Boot 启动之前就运行，@AfterAll 标注的方法会在所有测试都结束后才执行。

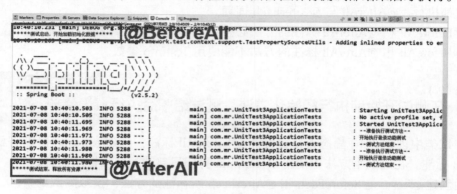

图 8.10　@BeforeAll 和 @AfterAll 标注的方法所打印的日志位置

8.2.3 参数化测试

参数化测试允许测试人员提前设定多组测试用例（可以理解用于测试的数据），然后让测试方法自动调取这些测试用例，达到自动完成多次测试的效果。如果使用参数化测试就不能用 @Test 注解了，而是改用 @ParameterizedTest 注解，同时必须为测试方法指定参数源，也就是测试人员设定好的测试数据。

设定参数源可以用三种注解，分别是 @ValueSource 值参数源、@MethodSource 方法参数源和 @EnumSource 枚举参数源。

下面将对这些注解的用法做详细介绍。

（1）@ParameterizedTest

该注解由 JUnit 5 提供，用于标注测试方法，表示该方法做参数化测试。@ParameterizedTest 有一个 name 属性，可以为参数化方法指定别名。例如，为测试方法起名为"算法性能测试"，定义方法如下：

```
@ParameterizedTest(name = " 算法性能测试 ")
```

注意：
@ParameterizedTest 注解必须配合其他参数源注解一同使用。

（2）@ValueSource

该注解是参数源之一，表示值参数源。测试人员可以在 @ValueSource 中设定测试方法将要用到的一组参数，每个参数都会让测试方法单独执行一次。@ValueSource 中的属性如表 8.1 所示。

表 8.1 @ValueSource 的属性

值类型	属性的定义	示例
byte	byte[] bytes() default {};	@ValueSource(bytes = { 1, 2, 3 })
int	int[] ints() default {};	@ValueSource(ints = { 1, 2, 3 })
long	long[] longs() default {};	@ValueSource(longs = { 1L, 2L, 3L })
float	float[] floats() default {};	@ValueSource(floats = { 1.2F, 4.9F})
double	double[] doubles() default {};	@ValueSource(doubles = { 3.1415926, 541.362 })
char	char[] chars() default {};	@ValueSource(chars = { 'a', 'b', 'c'})
boolean	boolean[] booleans() default {};	@ValueSource(booleans = {true, false})
String	String[] strings() default {};	@ValueSource(strings = {"张三", "李四"})
Class	Class<?>[] classes() default {};	@ValueSource(classes = {Object.class, People.class})

注意：
@ValueSource 注解仅适用于方法只有一个参数的场景。

[实例 04]　　　　　　　　　　　　　　　　　　　（源码位置：资源包 \Code\08\04）

测试判断素数算法的执行效率

创建 test(int num) 测试方法，并用 @ParameterizedTest() 标注。测试方法中编写判断

num 是否为素数的代码，分别以 3、4、149、1269、1254797 这 5 个数字作为参数验证代码的执行效率。测试类的代码如下：

```java
package com.mr;
import org.junit.jupiter.params.ParameterizedTest;
import org.junit.jupiter.params.provider.ValueSource;
import org.slf4j.Logger;
import org.slf4j.LoggerFactory;
import org.springframework.boot.test.context.SpringBootTest;

@SpringBootTest
class UnitTest4ApplicationTests {
    private static final Logger log = LoggerFactory.getLogger(UnitTest4ApplicationTests.class);

    @ParameterizedTest()
    @ValueSource(ints = { 3, 4, 149, 1269, 1254797 })
    void test(int num) {
        int sqrt = (int) Math.sqrt(num);// 获取平方根
        for (int i = 2; i <= sqrt; i++) {
            if (num % i == 0) {
                log.info("{}不是素数", num);
                return;
            }
        }
        log.info("{}是素数", num);
    }
}
```

运行测试类，可以看到控制台打印的日志如图 8.11 所示，可以看到 5 个数字都被校验过，说明 test() 方法被执行了 5 次。

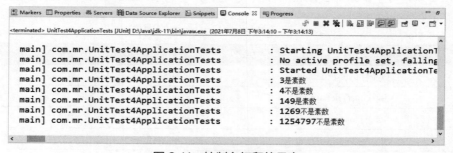

图 8.11 控制台打印的日志

在如图 8.12 所示的追踪报告中，可以看到 test() 方法在计算这 5 个数字所消耗的时间。

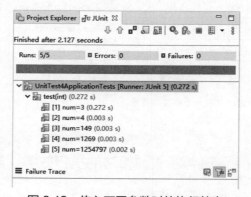

图 8.12 传入不同参数时的执行效率

(3) @MethodSource

该注解可以将其他静态方法的返回值作为测试方法的参数源。@MethodSource 注解只有一个 value 属性,用于指定作为参数源的方法名称。作为参数源的方法的返回值为 java.util.stream.Stream 流类型。例如,下面使用 @ValueSource 定义参数源的代码:

```
175    @ParameterizedTest()
176    @ValueSource(ints = { 10, 20, 30 })
177    void test(int a) { }
```

等同于:

```
178    @ParameterizedTest()
179    @MethodSource("getInt")                    // 使用 getInt() 的返回值作为参数
180    void test(int a) {}
181
182    static Stream<Integer> getInt() {          // 提供参数集合的方法
183        return Stream.<Integer>of(10, 20, 30); // 向 Stream 添加元素
184    }
```

如果 Stream 流对象中的元素都是 org.junit.jupiter.params.provider.Arguments 类型,就可以同时向测试方法传入多个参数。例如,同时为测试方法的姓名参数和年龄参数赋值,代码如下:

```
185    static Stream<Arguments> getNameAge() {
186        return Stream.<Arguments>of(            // 向 Stream 添加元素,元素类型为 Arguments
187            Arguments.of("张三", 18),            // 向 Arguments 添加元素
188            Arguments.of("李四", 21),
189            Arguments.of("王五", 22)
190        );
191    }
192
193    @ParameterizedTest()
194    @MethodSource("getNameAge")                 // 将 getNameAge() 方法的返回值作为参数源
195    void test(String name, int age) {
196        log.info("姓名: {}, 年龄: {}", name, age);
197    }
```

[实例 05] (源码位置:资源包 \Code\08\05)

设计多组用例来测试证用户登录验证功能

创建 check(String username, String password) 测试方法,并用 @ParameterizedTest() 标注,测试方法中验证 username 和 password 是否为正确的用户名和密码(假定正确用户名为 "zhangsan",正确密码为 "123456")。

创建 getUsers() 方法,返回值作为测试方法的参数源。创建三组测试用例,一组正确的账号密码,两组错误的账号密码。

测试类的代码如下:

```
198    package com.mr;
199    import java.util.stream.Stream;
200    import org.junit.jupiter.params.ParameterizedTest;
201    import org.junit.jupiter.params.provider.Arguments;
202    import org.junit.jupiter.params.provider.MethodSource;
203    import org.slf4j.Logger;
```

```
204     import org.slf4j.LoggerFactory;
205     import org.springframework.boot.test.context.SpringBootTest;
206
207     @SpringBootTest
208     class UnitTest5ApplicationTests {
209         private static final Logger log = LoggerFactory.getLogger(UnitTest5ApplicationTests.class);
210
211         @ParameterizedTest()
212         @MethodSource("getUsers")
213         void check(String username, String password) {
214             if ("zhangsan".equals(username) && "123456".equals(password)) {
215                 log.info("验证通过！用户名:{}, 密码:{}", username, password);
216             } else {
217                 log.error("验证失败！用户名:{}, 密码:{}", username, password);
218             }
219         }
220
221         static Stream<Arguments> getUsers() {
222             return Stream.<Arguments>of(
223                     Arguments.of("mr", "mr"),
224                     Arguments.of("zhangsan", "123456"),
225                     Arguments.of("admin", "admin")
226             );
227         }
228     }
```

运行测试类，可以看到控制台打印的日志如图8.13所示，可以看到账号为"zhangsan"、密码为"123456"这组参数的测试结果为验证通过，其他两组均为验证失败。

图 8.13　控制台打印的日志

（4）@EnumSource

该注解与@ValueSource注解的用法相似，可以将枚举作为测试方法的参数源，测试方法会自动遍历枚举中的所有枚举项。

[实例 06]　　　　　　　　　　　　　　　　　　　（源码位置：资源包\Code\08\06）
将季节枚举作为测试方法的参数

首先在com.mr.common包下创建SeasonEnum季节枚举，设定四个季节的枚举项，代码如下：

```
229     package com.mr.common;
230     public enum SeasonEnum {
231         SPRING, SUMMER, AUTUMN, WINTER;
232     }
```

然后在测试类中创建测试方法，方法参数为SeasonEnum季节枚举。使用@EnumSource

标注测试方法，并为默认的 value 属性赋值成 SeasonEnum 枚举的 class 对象。测试类代码如下：

```
233  package com.mr;
234  import org.junit.jupiter.params.ParameterizedTest;
235  import org.junit.jupiter.params.provider.EnumSource;
236  import org.slf4j.Logger;
237  import org.slf4j.LoggerFactory;
238  import org.springframework.boot.test.context.SpringBootTest;
239  import com.mr.common.SeasonEnum;
240
241  @SpringBootTest
242  class UnitTest6ApplicationTests {
243      private static final Logger log = LoggerFactory.getLogger(UnitTest6ApplicationTests.class);
244
245      @ParameterizedTest
246      @EnumSource(SeasonEnum.class)
247      void test(SeasonEnum season) {
248          log.info("现在处于的季节是：{}", season);
249      }
250  }
```

运行测试类，可以看到控制台打印的日志如图 8.14 所示，SeasonEnum 枚举中有 4 个枚举项，测试方法就执行了 4 次，每次取出枚举项都不同。

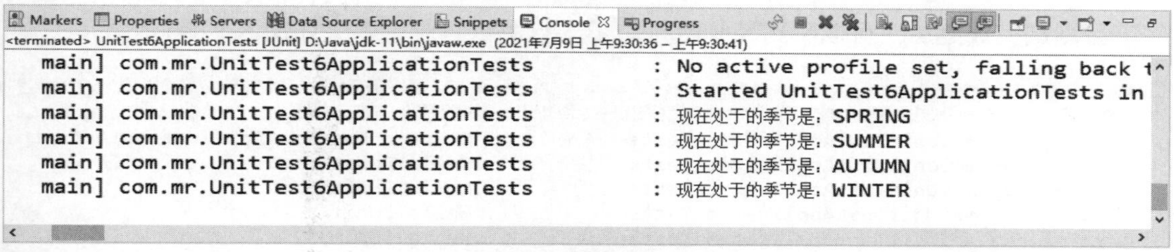

图 8.14 控制台打印的日志

8.2.4 其他常用注解

（1）@DisplayName

该注解可以为测试类或测试方法设置展示名称。例如，为测试类和测试方法都起一个展示名称，关键代码如下：

```
251  @SpringBootTest
252  @DisplayName("用户服务接口测试")
253  class UnitTestApplicationTests {
254
255      @Test
256      @DisplayName("测试登录验证")
257      void login() {}
258
259      @Test
260      @DisplayName("测试注册功能")
261      void register() {}
262  }
```

当测试完成之后，在 JUnit 的追踪报告中就会以各自的展示名称来显示类和方法，与未设置展示名称的对比效果如图 8.15 和图 8.16 所示。

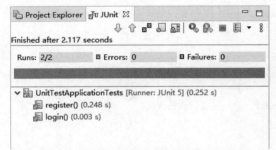
图 8.15 测试类与方法未设置展示名称

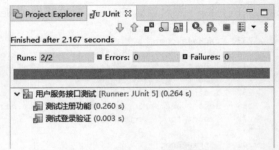
图 8.16 测试类与方法设置了展示名称

（2）@RepeatedTest

如果不用参数化测试，还想让测试方法反复执行，可以使用 @RepeatedTest 注解标注测试方法并指定重复次数。例如，让测试方法重复执行 5 次，写法如下：

```
263    @RepeatedTest(5)
264    void test() {
265        log.info("Hello JUnit");
266    }
```

当测试完成之后，可以看到控制台打印了 5 行测试日志，效果如图 8.17 所示。

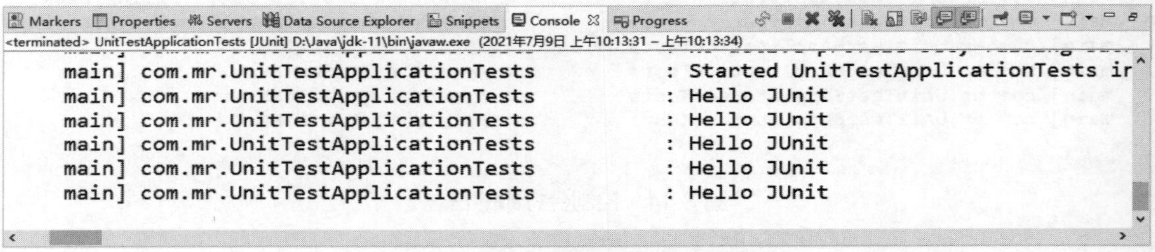

图 8.17 控制台打印的测试日志

在 JUnit 的追踪报告中也可以看到 test() 方法被执行了 5 次，如图 8.18 所示。

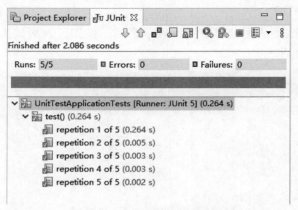
图 8.18 test() 方法被执行 5 次

（3）@Disabled

表示测试类或测试方法不执行。例如，创建两个测试方法，其中一个测试方法用 @Disabled

标注，关键代码如下：

```
267  @Test
268  void login() {
269      Log.info(" 执行 login() 测试方法 ");
270  }
271
272  @Test
273  @Disabled  // 不执行此测试方法
274  void register() {
275      Log.info(" 执行 register() 测试方法 ");
276  }
```

当测试完成之后，只看在控制台看到 login() 方法打印的日志，效果如图 8.19 所示。

图 8.19　控制台仅打印一个测试方法的日志

在 JUnit 的追踪报告中也可以看到只有 login() 方法有正常执行的绿色图标，register() 方法则没有，如图 8.20 所示。

（4）@Timeout

该注解可以为测试方法指定最大运行时间，也就是超时时间，如果测试方法的运行时长超过了此时间，则会因为超时错误导致测试不通过。

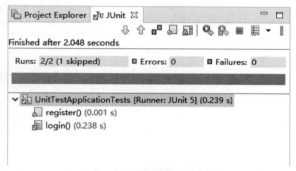

图 8.20　只有 login() 方法被执行

@Timeout 注解有两个属性，long 类型的 value 属性用于指定具体时间数字，TimeUnit 类型的 unit 属性用于指定时间的单位，默认为 TimeUnit.SECONDS。TimeUnit 是 JDK 中的一个枚举，其枚举项和相关说明如表 8.2 所示。

表 8.2　TimeUnit 枚举中的枚举项

枚举项	说明
NANOSECONDS	纳秒
MICROSECONDS	微秒
MILLISECONDS	毫秒
SECONDS	秒
MINUTES	分
HOURS	小时
DAYS	天

例如，让测试执行 5 万次字符串拼接，规定测试方法运行时间不能超过 500 毫秒，关

键代码如下：

```
277    @Test
278    @Timeout(value = 500, unit = TimeUnit.MILLISECONDS)
279    void test() {
280        String str = "";
281        for (int i = 0; i < 50000; i++) {
282            str += i;
283        }
284    }
```

当测试完成之后，在 JUnit 的追踪报告中显示测试未通过，因为 test() 方法的执行时长为 1.918 秒，远大于规定的 500 毫秒，结果如图 8.21 所示。

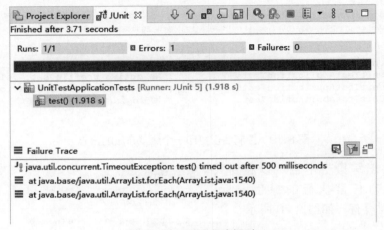

图 8.21　测试方法超时

8.3　断言

断言一词来自逻辑学，英文叫 assert，表示做出断定某件事一定成立的陈述。断言在计算机领域的含义与之类似，表示在测试过程中，测试人员对场景提出一些假设，利用断言来捕捉这些假设。例如，在测试用户登录时，测试人员断言前端发来的用户名一定是"张三"，如果前端发来的真是"张三"，则假设成立，单元测试就可以顺利通过；如果前端发来的是"李四"，假设就不成立，单元测试就未通过。

断言与异常处理的机制不同，如果断言发现某个假设不成立，不会在控制台打印异常日志，而是把单元测试的结果标记成失败状态，开发人员可以在追踪报告中清晰地看到哪些假设不成立，以及不成立的原因是什么。

JUnit 提供了很多断言相关的 API，其中最核心的是 org.junit.jupiter.api.Assertions 类，本节将围绕此类介绍如何在单元测试中设置断言。

8.3.1　Assertions 类的常用方法

JUnit 提供了非常多断言工具类，为了方便开发者调用，将所有工具类的方法都集中在 Assertions 类中，开发者只需调用 Assertions 这一个类就可以完成绝大多数断言。

Assertions 类的常用方法如表 8.3 所示，这些方法都是静态方法。

表 8.3 Assertions 类的常用方法

方法	说明
assertDoesNotThrow(Executable executable)	断言可执行的代码不会触发任何异常
assertThrows(Class<T> expectedType, Executable executable)	断言可执行代码会触发 expectedType 类型异常
assertArrayEquals(Object[] expected, Object[] actual)	断言两个数组（包括数组中的元素）完全相同
assertEquals(Object expected, Object actual)	断言两个参数相同
assertNotEquals(Object unexpected, Object actual)	断言两个参数不同
assertNull(Object actual)	断言条件对象为 null
assertNotNull(Object actual)	断言条件对象不为 null
assertSame(Object expected, Object actual)	断言两个参数引用同一个对象
assertNotSame(Object unexpected, Object actual)	断言两个参数引用不同对象
assertTrue(boolean condition)	断言条件为 true
assertFalse(boolean condition)	断言条件为 false
assertTimeout(Duration timeout, Executable executable)	断言可执行的代码运行时间不会超过 timeout 规定的时间
fail(String failureMessage)	让断言失败，参数为提示的失败信息

8.3.2 两种导入方式

在 Java 代码中，导入一个类通常都使用标准 import 语句，例如导入 Assertions 类的语句如下：

```
285    import org.junit.jupiter.api.Assertions;
```

导入完成后就可以直接在类中调用 Assertions 类的各种方法，例如：

```
286    @Test
287    void contextLoads() {
288        Assertions.assertTrue(1 < 2);
289    }
```

因为 Assertions 提供的方法都是静态方法，所以有些项目会使用 import static 语句直接使用导入方法。例如，导入 Assertions.assertTrue() 方法的语句如下：

```
290    import static org.junit.jupiter.api.Assertions.assertTrue;
```

使用这种方式导入具体方法后，就可以在类直接调用此方法，例如：

```
291    @Test
292    void contextLoads() {
293        assertTrue(1 < 2);
294    }
```

如果学习者看到个别实例直接这样设置断言，一定要看好本类是否使用了 import static 语句。通常断言方法都是以 "assert" 作为方法名前缀，很容易辨认。

8.3.3 Executable 接口

在 Assertions 类的常用方法一节中，很多方法使用了 Executable 类型的参数，例如

assertDoesNotThrow(Executable executable)。这一节介绍一下如何编写 Executable 类型参数。

Executable 位于 org.JUnit.jupiter.api.function 包，是接口类型，形容代码是可执行的，其接口定义如下：

```
295    @FunctionalInterface
296    public interface Executable {
297        void execute() throws Throwable;
298    }
```

从源码可以看出 Executable 接口是一个函数式接口，开发者可以直接使用 lambda 表达式来创建 Executable 对象，JUnit 也推荐使用 lambda 表达式。例如，断言除数为 0 时不会触发任何异常，就可以写成如下形式：

```
299    Assertions.assertDoesNotThrow(){
300        int a = 0;
301        int b = 1 / a;
302    };
```

因为接口方法没有参数，所以要用 lambda 表达式的无参形式。在表达式的代码块中编写要执行的代码，这些代码就是交给断言捕捉的代码。上述代码中 a 作为分母必然会导致运算异常，所以断言此段代码"不会触发任何异常"的结果是 false。断言的结果为 false，单元测试的结果就是未通过。

8.3.4 在测试中的应用

了解了 Assertions 类的使用方法后，下面来举两个断言在测试中的应用。

[实例 07]　验证开发者编写的升序排序算法是否正确　　（源码位置：资源包 \Code\08\07）

首先在 com.mr.common 包下创建 ArrayUtil 数组工具类，在该类中创建 sort() 方法，编写冒泡排序实现对 int 数组进行升序排序。ArrayUtil 类需要用 @Component 注解标注。ArrayUtil 类的代码如下：

```
303    package com.mr.common;
304    import org.springframework.stereotype.Component;
305    
306    @Component
307    public class ArrayUtil {
308        public void sort(int arr[]) {
309            for (int i = 0, length = arr.length; i < length; i++) {
310                for (int j = 0; j < length - i - 1; j++) {
311                    if (arr[j] < arr[j + 1]) {
312                        int tmp = arr[j];
313                        arr[j] = arr[j + 1];
314                        arr[j + 1] = tmp;
315                    }
316                }
317            }
318        }
319    }
```

然后编写测试类,在测试方法中创建一个数组乱序的 int 数组,将数组备份出一份,分别利用 JDK 自带的 Arrays 类和开发者自己写的 ArrayUtil 类对两份数组进行排序,输出两个数组的排序结果,并断言两个排序的结果是一致的。测试类的代码如下:

```java
package com.mr;
import java.util.Arrays;
import org.junit.jupiter.api.Assertions;
import org.junit.jupiter.api.Test;
import org.slf4j.Logger;
import org.slf4j.LoggerFactory;
import org.springframework.beans.factory.annotation.Autowired;
import org.springframework.boot.test.context.SpringBootTest;
import com.mr.common.ArrayUtil;

@SpringBootTest
class UnitTest7ApplicationTests {
    private static final Logger log = LoggerFactory.getLogger(UnitTest7ApplicationTests.class);
    @Autowired
    ArrayUtil arrayUtil;

    @Test
    void sortTest() {
        int a[] = { 15, 23, 68, 41, 85, 34, 57, 90 };
        int b[] = Arrays.copyOf(a, a.length);           // 复制原数组
        arrayUtil.sort(a);                              // 利用开发者写的工具排序
        Arrays.sort(b);                                 // 使用 JDK 自带的工具类排序
        log.info(" 来自开发者排序结果: {}", a);           // 打印两个数组中的值
        log.info(" 来自 JDK 的排序结果: {}", b);
        Assertions.assertArrayEquals(a, b);             // 断言两个数组排序结果一样
    }
}
```

运行测试类,可以看到如图 8.22 所示测试未通过,未通过原因是断言失败,问题出现在两个数组的第一个元素就不一样,一个是 90,另一个是 15。再结合图 8.23 所示的日志分析,原来开发者编写的排序算法误将升序排序写成了降序排序。

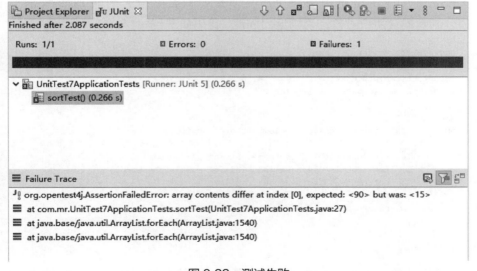

图 8.22 测试失败

图 8.23 控制台打印的日志

[实例 08] 验证用户登录方法是否完善

（源码位置：资源包 \Code\08\08）

假设需求文档中要求用户登录方法在验证完账号密码是否正确之后，需要将用户密码数据封装成用户实体对象返回。验证过程中不应出现异常，返回的对象不应是 null。

根据需求编写源码，首先在 com.mr.dto 包下编写 User 用户实体类，实体类仅包含账号和密码两个属性，关键代码如下：

```
347    package com.mr.dto;
348    public class User {
349        private String username;
350        private String password;
351        // 省略构造方法和属性的 Getter/Setter 方法
352    }
```

然后编写用户校验服务，在 com.mr.service 包下创建用户服务接口，规定用 login() 方法来验证账号和密码，代码如下：

```
353    package com.mr.service;
354    import com.mr.dto.User;
355    public interface UserService {
356        User login(String username, String password);
357    }
```

在 com.mr.service.impl 包用创建户服务实现类，如果传入的账号是"mr"，密码是"123456"，则返回该用户对象，否则返回 null。代码如下：

```
358    package com.mr.service.impl;
359    import org.springframework.stereotype.Service;
360    import com.mr.dto.User;
361    import com.mr.service.UserService;
362
363    @Service
364    public class UserServiceImpl implements UserService {
365        @Override
366        public User login(String username, String password) {
367            if ("mr".equals(username) && "123456".equals(password)) {
368                return new User(username, password);
369            } else {
370                return null;
371            }
372        }
373    }
```

最后编写测试类。在测试类中先注入用户服务，然后编写测试测试用例，其中包含正确数据和错误数据,以及类型不符的数据。最后编写参数化测试方法,使用刚才定义好的参数源,断言用户服务的 login() 方法不会发生异常,返回值也不会出现 null。测试类的代码如下:

```java
374    package com.mr;
375    import java.util.stream.Stream;
376    import org.junit.jupiter.api.Assertions;
377    import org.junit.jupiter.params.ParameterizedTest;
378    import org.junit.jupiter.params.provider.Arguments;
379    import org.junit.jupiter.params.provider.MethodSource;
380    import org.springframework.beans.factory.annotation.Autowired;
381    import org.springframework.boot.test.context.SpringBootTest;
382    import com.mr.dto.User;
383    import com.mr.service.UserService;
384
385    @SpringBootTest
386    class UnitTest7ApplicationTests {
387        @Autowired
388        UserService service;                          // 用户服务
389
390        // 测试方法的参数源
391        static private Stream<Arguments> mockUserAndPassword() {
392            return Stream.of(
393                    Arguments.of("mr", "123456"),
394                    Arguments.of("张三", "大帅哥"),
395                    Arguments.of(null, null),
396                    Arguments.of(123456, 456798)
397            );
398        }
399
400        @ParameterizedTest
401        @MethodSource("mockUserAndPassword")
402        void login(String username, String password) {
403            Assertions.assertDoesNotThrow(() -> {     // 断言登录方法不会出现任何异常
404                User user = service.login(username, password);
405                Assertions.assertNotNull(user);       // 断言登录方法不会返回 null 结果
406            });
407        }
408    }
```

运行测试类,可以看到如图 8.24 所示测试未通过,测试方法执行了 4 次,1 次测试通过,1 次出现错误,2 次断言失败。

图 8.24 测试未通过

选中出现错误的第四次测试,可以看到追踪报告中显示的第一行日志如下:

```
org.junit.jupiter.api.extension.ParameterResolutionException: Error converting parameter at index 0: No implicit conversion to convert object of type java.lang.Integer to type java.lang.String
```

该异常日志表示在测试过程中出现了错误参数，错误原因是强制将整数类型的参数传递给字符串类型参数。造成此错误的原因是第四组数据用的 int 值，用户服务没有提供校验整数参数的方法。

选中出现断言失败的第二次或第三次测试，看到相同的追踪报告，其错误日志第一行如下：

```
org.opentest4j.AssertionFailedError: Unexpected exception thrown: org.opentest4j.
AssertionFailedError: expected: not <null>
```

该错误日志表示，断言此处不会出现 null，但是程序中出现了。造成此问题的原因是开发人员没有严格按照设计文档编写代码。

8.4 模拟 Servlet 内置对象

编写 Controller 控制器类的时候经常会把 request、session 等对象设置成方法参数，Spring Boot 可以自动注入这些对象。但这对测试人员来说会很麻烦，因为 Servlet 的内置对象都是由 Servlet 容器创建的（例如 Tomcat），测试人员无法直接创建这些对象。

为了解决这个问题 Spring 提供了一系列实现了 Servlet 接口的模拟对象，技术人员在测试类中使用 new 创建对象或用 @Autowired 注入对象即可直接调用。Spring 提供的模拟对象如表 8.4 所示。

表 8.4　Spring 提供的模拟 Servlet 内置对象

类名	说明	对应 Servlet 接口
MockHttpServletRequest	模拟请求对象	HttpServletRequest
MockHttpServletResponse	模拟应答对象	HttpServletResponse
MockHttpSession	模拟会话对象	HttpSession
MockServletContext	模拟上下文对象	ServletContext

[实例 09]
在单元测试中伪造用户登录的 session 记录

（源码位置：资源包 \Code\08\09）

在 com.mr.controller 包下创建 UserController 控制器类，在该类中创建查看购物车方法，如果用户访问 "/shoppingcar" 地址，会先检查用户是否已经登录。登录的用户会将用户名记录在 session 的 user 属性中。如果用户未登录，则提醒先登录再查看。UserController 类的代码如下：

```
409    package com.mr.controller;
410    import javax.servlet.http.HttpSession;
411    import org.springframework.web.bind.annotation.RequestMapping;
412    import org.springframework.web.bind.annotation.RestController;
413
414    @RestController
415    public class UserController {
416
417        @RequestMapping("/shoppingcar")
```

```
418    public String viewShoppingcart(HttpSession session) {
419        String username = (String) session.getAttribute("user");   // 获取当前会话的用户名
420        if (username == null) {   // 如果用户不存在
421            return " 请您先登录！ ";
422        }
423        return username + " 您好，正在转入您的购物车页面 ";
424    }
425 }
```

编写完控制器后，在测试类中注入模拟 session 对象和控制器类对象，然后在测试方法中调用控制器查看购物车方法，将模拟 session 对象当做参数传入。传入之前先伪造一份登录数据。测试类代码如下：

```
426 package com.mr;
427 import org.junit.jupiter.api.Test;
428 import org.slf4j.Logger;
429 import org.slf4j.LoggerFactory;
430 import org.springframework.beans.factory.annotation.Autowired;
431 import org.springframework.boot.test.context.SpringBootTest;
432 import org.springframework.mock.web.MockHttpSession;
433 import com.mr.controller.UserController;
434
435 @SpringBootTest
436 class UnitTest9ApplicationTests {
437     private static final Logger log = LoggerFactory.getLogger(UnitTest9ApplicationTests.class);
438
439     @Autowired
440     MockHttpSession session;                              // 模拟会话对象
441     @Autowired
442     UserController controller;
443
444     @Test
445     void contextLoads() {
446         session.setAttribute("user", " 张三 ");   // 向会话中设置已登录的用户名
447         String result = controller.viewShoppingcart(session);
448         log.info("controller 返回的结果: {}", result);
449     }
450 }
```

运行测试类，可以看到控制台打印如图 8.25 所示日志，日志中显示用户处于已登录的状态，并将伪造的用户名打印在日志中。

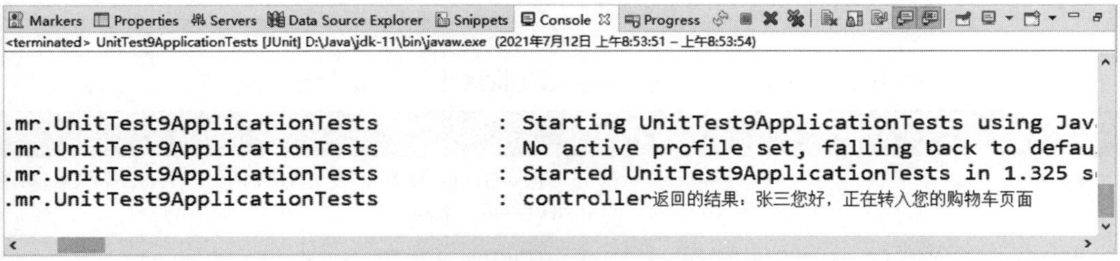

图 8.25 控制台打印的日志

如果正常启动项目，并访问 "http://127.0.0.1:8080/shoppingcar" 地址，通过这种方式是无法在 session 中伪造登录记录的，所以只能看到如图 8.26 所示页面。

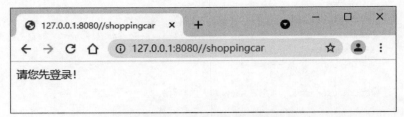

图 8.26　浏览器始终显示未登录页面

8.5　模拟网络请求

虽然 Spring Boot 可以模拟 Servlet 内置对象，但对于一些特殊的功能则必须通过访问指定 URL 地址才看到结果，这种场景无法通过伪造 Servlet 内置对象来实现。但是 Spring 也提供了模拟真实网络请求的方式，只不过使用起来比较复杂。

8.5.1　创建网络请求

想要模拟网络请求需完成 3 步操作。

① 注入 WebApplicationContext 接口对象，该接口是网络程序上下文对象。示例代码如下：

```
451    @Autowired
452    WebApplicationContext webApplicationContext;
```

② 通过 MockMvcBuilders 工具类在上下文中伪造出一个入口点，这个入口点被封装成了 MockMvc 对象。MockMvc 是 Spring 提供的类，用于模拟 MVC 场景。示例代码如下：

```
453    MockMvc mvc = MockMvcBuilders.webAppContextSetup(webApplicationContext).build();
```

③ 通过 MockMvc 对象制造一个网络请求，开发者可以定义请求中的头信息、请求体、请求参数等特征，还能分析服务器返回的信息，并设置断言。例如，访问 "/index" 地址的示例代码如下：

```
454    mvc.perform(MockMvcRequestBuilders.get("/index"));
```

该示例演示了如何向服务器发送 GET 请求，除此之外 MockMvcRequestBuilders 类还提供了模拟其他类型请求方法，如表 8.5 所示。

表 8.5　MockMvcRequestBuilders 类发送请求的方法

方法	说明
get(String urlTemplate, Object... uriVars)	向 urlTemplate 地址发送 GET 请求（uriVars 是 URI 参数，可以不写，下同）
post(String urlTemplate, Object... uriVariables)	向 urlTemplate 地址发送 POST 请求
put(String urlTemplate, Object... uriVariables)	向 urlTemplate 地址发送 PUT 请求
patch(String urlTemplate, Object... uriVars)	向 urlTemplate 地址发送 PATCH 请求
delete(String urlTemplate, Object... uriVariables)	向 urlTemplate 地址发送 DELETE 请求

8.5.2 添加请求参数

发送请求的方法会返回一个 MockHttpServletRequestBuilder 对象,技术人员可以通过该对象为请求添加头信息、请求参数等操作。例如,为请求添加头信息,指定请求使用的内容类型为 UTF-8 字符编码的 JSON 格式,示例代码如下:

```
455   mvc.perform(MockMvcRequestBuilders.post("/index")
456           .accept(MediaType.parseMediaType("application/json;charset=UTF-8"))
457   );
```

为请求添加参数,可以参考下面这段代码,多个参数则多次调用 param() 方法,例如为请求添加 name 参数和 age 参数:

```
458   mvc.perform(MockMvcRequestBuilders.post("/index"))
459           .param("name", " 张三 ")
460           .param("age", "25")
461   );
```

如果要在请求体中添加数据,可以参考下面这段代码,例如发送 JSON 格式的数据:

```
462   mvc.perform(MockMvcRequestBuilders.post("/index"))
463           .contentType(MediaType.APPLICATION_JSON)
464           .content("{\"name\":\" 张三 \",\"age\":\"25\"}")
465   );
```

所有添加操作都可以同时完成,写成如下形式,注意圆括号的位置:

```
466   mvc.perform(MockMvcRequestBuilders.get("/index")
467           .accept(MediaType.parseMediaType("application/json;charset=UTF-8"))
468           .param("name", " 张三 ")
469           .param("age", "25")
470           .contentType(MediaType.APPLICATION_JSON)
471           .content("{\"name\":\" 张三 \",\"age\":\"25\"}")
472   );
```

> 注意:
> MockHttpServletRequestBuilder 与 MockMvcRequestBuilders 名字结尾相差一个字母 s。

> 说明:
> 更多常见内容类型可参考表 8.6。

表 8.6 常见的 Content-type(内容类型)

格式	说明
text/html	HTML 格式
text/plain	纯文本格式
text/xml	XML 格式
image/gif	gif 图片格式
image/jpeg	jpg 图片格式
image/png	png 图片格式
application/xml	XML 数据格式
application/json	JSON 数据格式

续表

格式	说明
application/pdf	pdf格式
application/msword	Word文档格式
application/octet-stream	二进制流数据

8.5.3 分析结果

执行完请求之后 perform() 方法会返回一个 ResultActions 结果操作对象，通过该对象可以对服务器返回的结果进行进一步的分析。ResultActions 是一个接口，提供了如表 8.7 所示的 3 个方法。

表 8.7　ResultActions 接口提供的方法

方法	说明
andDo(ResultHandler handler)	为结果添加处理器
andExpect(ResultMatcher matcher)	为结果设置断言，如果断言失败，会导致整个测试失败
andReturn()	将结果封装成 MvcResult 对象

例如，访问 "/index" 地址后，打印整个响应过程包含的全部信息，可以使用以下代码：

```
473    mvc.perform(MockMvcRequestBuilders.get("/index"))
474         .andDo(MockMvcResultHandlers.print())    // 添加结果处理器，打印响应全过程的信息
475    );
```

如果访问成功，打印的全过程信息包含如下信息，技术人员可以根据这些信息分析程序的运行过程：

```
MockHttpServletRequest:
      HTTP Method = GET
      Request URI = /index
       Parameters = {}
          Headers = []
             Body = <no character encoding set>
    Session Attrs = {}

Handler:
             Type = com.mr.controller.TestController
           Method = com.mr.controller.TestController#index()

Async:
    Async started = false
     Async result = null

Resolved Exception:
             Type = null

ModelAndView:
        View name = null
             View = null
            Model = null

FlashMap:
```

```
                 Attributes = null
MockHttpServletResponse:
                     Status = 200
             Error message = null
                    Headers = [Content-Type:"text/plain;charset=UTF-8", Content-Length:"7"]
               Content type = text/plain;charset=UTF-8
                       Body = success
              Forwarded URL = null
             Redirected URL = null
                    Cookies = []
```

使用 andExpect() 方法可以为测试结果添加断言，例如：

```
476    mvc.perform(MockMvcRequestBuilders.get("/index"))
477      .andExpect(MockMvcResultMatchers.status().isOk()) // 断言请求可以正常完成，即状态码为 200
478      .andExpect(MockMvcResultMatchers.content().string("success"))// 断言服务器返回的值是
success
479      .andExpect(MockMvcResultMatchers.content().contentType(MediaType.APPLICATION_
JSON));// 断言服务器返回的内容类型是 JSON
```

如果将结果封装成 MvcResult 对象，就可以获得返回结果的详细信息，获取方式如下：

```
480    MvcResult result = mvc.perform(MockMvcRequestBuilders.get("/index")).andReturn();
```

MvcResult 是一个接口，提供了如表 8.8 所示的方法。

表 8.8　MvcResult 接口提供的方法

方法	返回值	说明
getAsyncResult()	Object	获取异步执行的结果
getAsyncResult(long timeToWait)	Object	在等待 timeToWait 毫秒之后，获取异步执行的结果
getFlashMap()	FlashMap	获取 Spring MVC 的 FlashMap 对象
getHandler()	Object	返回执行的处理程序
getInterceptors()	HandlerInterceptor	返回拦截器
getModelAndView()	ModelAndView	获取 Spring MVC 的 ModelAndView 对象
getRequest()	MockHttpServletRequest	返回网络请求对象
getResolvedException()	Exception	返回处理程序引发并且解析成功的异常
getResponse()	MockHttpServletResponse	返回网络相应对象

8.5.4　在测试用的应用

虽然 Postman 已经可以满足开发者的测试需要，但对于测试人员来讲，如果能够熟练使用 JUnit 和 Spring Test 工具则可以编写出一套功能强大的自动化测试程序，做到全业务、全流程、快捷化、自动化、智能化，让测试任务更加合理，让开发团队拿到更详细的反馈，缩短产品上线的周期。

由于篇幅限制，还有很多 MockMvc 的功能没有介绍，感兴趣的同学可以参考官方提供的说明文档。

本节简单演示几个模拟网络请求的例子。

[实例10] 测试 RESTful 风格的物料查询服务和物料新增服务

（源码位置：资源包 \Code\08\10）

现在的生产企业会将生产材料的库存数据信息化，工作人员通过网络就可以对所有物料进行增删改查。

首先在 com.mr.dto 包下为物料创建实体类 Material，类中只有编号、名称和库存数量三个属性，并添构造方法和 Getter/Setter 方法。Material 的关键代码如下：

```
481  package com.mr.dto;
482  public class Material {
483      private String id;
484      private String name;
485      private Integer count;
486      // 此处省略无参和有参构造方法，省略所有属性的 Getter/Setter 方法
487  }
```

然后在 com.mr.controller 包下创建 MaterialController 控制器类，采用 RESTful 风格风格编写查询物料和添加物料的方法。查询物料时要在地址中写明查询的物料编号，添加物料直接将新物料数据放在请求参数中即可。MaterialController 类的代码如下：

```
488  package com.mr.controller;
489  import java.util.HashMap;
490  import java.util.Map;
491  import org.springframework.web.bind.annotation.GetMapping;
492  import org.springframework.web.bind.annotation.PathVariable;
493  import org.springframework.web.bind.annotation.PostMapping;
494  import org.springframework.web.bind.annotation.RequestParam;
495  import org.springframework.web.bind.annotation.RestController;
496  
497  import com.mr.dto.Material;
498  
499  @RestController
500  public class MaterialController {
501      private Map<String, Material> materials = initMap();   // 存放物料数据的 map
502  
503      private Map<String, Material> initMap() {              // 物料数据初始化
504          Map<String, Material> map = new HashMap<>();
505          map.put("150", new Material("150", "羊毛", 100));
506          return map;
507      }
508  
509      @GetMapping("/material/{id}")                          // 查询物料
510      public String show(@PathVariable String id) {
511          Material m = materials.get(id);
512          if (m == null) {
513              return " 无此物料 > id=" + id;
514          } else {
515              return " 编号:" + id + ", 物料名:" + m.getName() + ", 数量:" + m.getCount();
516          }
517      }
518  
519      @PostMapping("/material")                              // 添加物料
520      public String add(@RequestParam(defaultValue = "") String id,
521              @RequestParam(defaultValue = "") String name,
522              @RequestParam(defaultValue = "0") Integer count) {
523          if (id.isBlank()) {
```

```
524                return " 添加新物料失败，编号不能为空 ";
525            }
526            if (name.isBlank()) {
527                return " 添加新物料失败，未提供物料名称 ";
528            }
529            materials.put(id, new Material(id, name, count));// 添加此物料，name 为请求中的参数
530            return " 添加新物料成功 > id=" + id;
531        }
532    }
```

最后编写测试类。第一步是要注入 WebApplicationContext 对象，第二步创建 MockMvc 对象，第三步较为复杂，要模拟四个测试场景。

① 查询编号为 150 的物料（数据中已存在）。
② 查询编号为 130 的物料（数据中不存在）。
③ 添加新物料，编号为 130、名称为涤纶、数量为 30。
④ 再次查询编号为 130 的物料。

除了③场景需要发送 POST 请求之外，其他场景均发送 GET 请求。每个场景都调用结果对象的 getResponse().getContentAsString() 方法查看服务器返回的字符串。

测试类的代码如下：

```
533    package com.mr;
534    import org.junit.jupiter.api.Test;
535    import org.slf4j.Logger;
536    import org.slf4j.LoggerFactory;
537    import org.springframework.beans.factory.annotation.Autowired;
538    import org.springframework.boot.test.context.SpringBootTest;
539    import org.springframework.http.MediaType;
540    import org.springframework.test.web.servlet.MockMvc;
541    import org.springframework.test.web.servlet.request.MockMvcRequestBuilders;
542    import org.springframework.test.web.servlet.setup.MockMvcBuilders;
543    import org.springframework.web.context.WebApplicationContext;
544    
545    @SpringBootTest
546    class UnitTest10ApplicationTests {
547        private static final Logger log = LoggerFactory.getLogger(UnitTest10ApplicationTests.class);
548        @Autowired
549        private WebApplicationContext webApplicationContext;// 注入网络程序上下文
550    
551        @Test
552        void contextLoads() throws Exception {
553            // 创建 mvc
554            MockMvc mvc = MockMvcBuilders.webAppContextSetup(webApplicationContext).build();
555            // 执行 get 请求，查询编号为 150 的物料
556            String select150 = mvc.perform(MockMvcRequestBuilders.get("/material/150"))
557                    .andReturn()                  // 封装成 MvcResult 对象
558                    .getResponse()                // 获取结果中的响应对象
559                    .getContentAsString();        // 获取响应中的字符串内容
560            log.info(select150);
561            // 查询编号为 130 的物料
562            String select130 = mvc.perform(MockMvcRequestBuilders.get("/material/130"))
563                    .andReturn().getResponse().getContentAsString();
564            log.info(select130);
565            // 添加物料
566            String add130 = mvc.perform(MockMvcRequestBuilders.post("/material")
567                    .accept(MediaType.parseMediaType("application/json;charset=UTF-8"))
568                    .param("id", "130")           // 添加参数，物料编号
569                    .param("name", " 涤纶 ")      // 添加参数，物料名称
570                    .param("count", "30"))        // 添加参数，物料数量
```

```
571                    .andReturn().getResponse().getContentAsString();
572         log.info(add130);
573         // 查询编号为 130 的物料
574         select130 = mvc.perform(MockMvcRequestBuilders.get("/material/130"))
575                    .andReturn().getResponse().getContentAsString();// 获取响应中字符串内容
576         log.info(select130);
577     }
578 }
```

运行测试类，可以在控制台看到如图 8.27 所示的日志。最后四行就是模拟的四个场景。

① 查询编号为 150 的物料，可以查询到有效数据。
② 查询编号为 130 的物料，提示无此物料。
③ 添加编号为 130 的物料，提示添加成功。
④ 再次编号为 130 的物料，可以查询到③中添加的数据。

图 8.27　控制台打印的日志

（源码位置：资源包\Code\08\11）

[实例 11] **使用 MockMvc 进行断言测试**

在 com.mr.controller 包下创建 UserController 控制器类，编写两个简单的方法，一个方法返回内容为 {"name":" 张三 ", "age":"25"} 的 JSON 格式字符串，另一个方法分析前端发送的参数，如果参数为 100 则返回字符串 success，否则返回字符串 error。UserController 类的代码如下：

```
579 package com.mr.controller;
580 import org.springframework.web.bind.annotation.RequestMapping;
581 import org.springframework.web.bind.annotation.RestController;
582
583 @RestController
584 public class UserController {
585     @RequestMapping("/info")
586     public String info() {
587         return "{\"name\": \" 张三 \",\"age\": 25}";
588     }
589
590     @RequestMapping("/check")
591     public String check(Integer value) {
592         if (value == 100) {
593             return "success";
594         } else {
595             return "error";
596         }
597     }
598 }
```

在测试类中创建 MockMvc 对象,模拟网络请求去访问 UserController 类中的两个方法。在测试类中创建三个测试方法,success() 方法断言的场景均为正常场景,fail1() 方法和 fail2() 方法断言的场景都是失败场景。测试类的代码如下:

```java
package com.mr;
import org.junit.jupiter.api.BeforeEach;
import org.junit.jupiter.api.Test;
import org.springframework.beans.factory.annotation.Autowired;
import org.springframework.boot.test.context.SpringBootTest;
import org.springframework.test.web.servlet.MockMvc;
import org.springframework.test.web.servlet.request.MockMvcRequestBuilders;
import org.springframework.test.web.servlet.result.MockMvcResultMatchers;
import org.springframework.test.web.servlet.setup.MockMvcBuilders;
import org.springframework.web.context.WebApplicationContext;

@SpringBootTest
class UnitTest11ApplicationTests {
    @Autowired
    private WebApplicationContext webApplicationContext;// 注入网络程序上下文
    private MockMvc mvc;

    @BeforeEach
    private void init() {
        mvc = MockMvcBuilders.webAppContextSetup(webApplicationContext).build();// 初始化 mvc
    }

    @Test
    void success() throws Exception {
        mvc.perform(MockMvcRequestBuilders.get("/check?value=100"))
                // 请求一定正常完成
                .andExpect(MockMvcResultMatchers.status().isOk())
                // 返回值一定是 success
                .andExpect(MockMvcResultMatchers.content().string("success"));

        mvc.perform(MockMvcRequestBuilders.get("/info"))
                // 返回的内容类型一定是 UTF-8 格式的普通文本
                .andExpect(MockMvcResultMatchers.content().contentType("text/plain;charset=UTF-8"))
                // JSON 数据中的 name 值一定是张三
                .andExpect(MockMvcResultMatchers.jsonPath("$.name").value("张三"));

        mvc.perform(MockMvcRequestBuilders.get("/login"))
                // 访问 login 地址一定遇到 404 错误
                .andExpect(MockMvcResultMatchers.status().isNotFound());
    }

    @Test
    void fail1() throws Exception {
        mvc.perform(MockMvcRequestBuilders.get("/check?value=321"))// 故意写错参数
                .andExpect(MockMvcResultMatchers.content().string("success"));
    }

    @Test
    void fail2() throws Exception {
        mvc.perform(MockMvcRequestBuilders.get("/info"))
                // JSON 数据中的 name 值一定是李四
                .andExpect(MockMvcResultMatchers.jsonPath("$.name").value("李四"));
    }
}
```

运行测试类,可以看到如图 8.28 所示测试未通过,success() 方法是测试通过状态,fail1() 和 fail2() 方法都是测试失败状态。

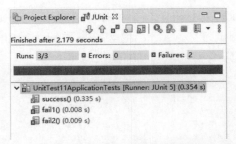

图 8.28 测试未通过，有两个方法测试失败

fail1() 的追踪报告中显示测试失败原因是返回值不是 success，而是 error，第一行日志如下：

```
java.lang.AssertionError: Response content expected:<success> but was:<error>
```

fail2() 的追踪报告中显示测试失败原因为 name 这个属性中的值不是李四，而是张三，第一行日志如下：

```
java.lang.AssertionError: JSON path "$.name" expected:< 李四 > but was:< 张三 >
```

 ## 本章知识思维导图

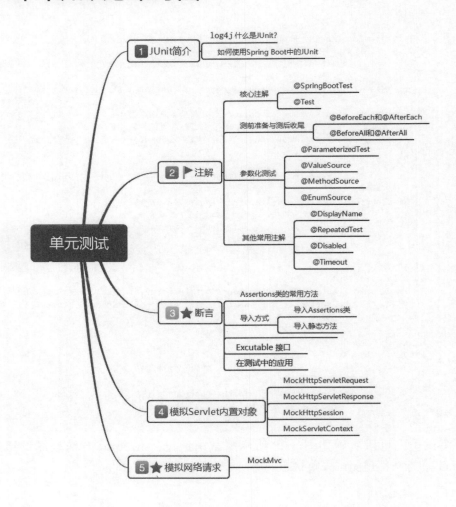

第 9 章
异常处理

扫码领取
- 配套视频
- 配套素材
- 学习指导
- 交流社群

 本章学习目标

- 掌握如何拦截项目中出现的异常
- 掌握如何缩小拦截范围
- 掌握如何记录异常日志
- 掌握如何拦截自定义异常

9.1 拦截特定异常

在学习 Java 语言的时候，异常处理是重要的基础内容之一。开发一个完整的项目，必须要设计出尽可能多的异常处理方案。传统的 Java 程序都是用 try-catch 语句捕捉异常，而 Spring Boot 项目采用了全局异常的概念——所有方法均将异常抛出，然后专门安排一个类统一拦截并处理这些异常。这样做的好处是可以将异常处理代码独立出来，单独写在一个全局异常处理类中，如果将来需要修改处理方案或补充新异常处理，直接在这个全局异常处理类中修改就可以了。

创建全局异常处理类需要用到两个新的注解：@ControllerAdvice 和 @ExceptionHandler。@ControllerAdvice 类似于一个增强版的 @Controller，用于标注类，表示该类声明了整个项目的全局资源，可以用来处理全局异常、声明全局数据等。@ExceptionHandler 是异常操作注解，用于标注方法，该方法的功能类似于 catch 语句，如果项目拦截到指定异常就会直接进入到该方法中，方法的返回值类似于 Controller 方法的返回值。创建全局异常处理类的语法如下：

```
@ControllerAdvice
class 类 {
    @ExceptionHandler( 被拦截的异常类 )
    处理方法 () {  }
}
```

@ExceptionHandler 注解有一 Class 数组类型的 value 属性，用于指定捕获具体的异常类，捕获一个异常的语法如下：

```
@ExceptionHandler( 异常类 .class)
```

同时捕获多个异常的语法如下，注意大括号的位置：

```
@ExceptionHandler({ 异常类 1.class, 异常类 2.class, 异常类 3.class, ......})
```

因为 @ControllerAdvice 本质上就是一个增强版的 @Controller，所以处理异常的方法可以直接将结果返回到前端页面中，只需为方法标注 @ResponseBody 注解，例如：

```
01    @ControllerAdvice                                            // 标注该类为全局异常处理类
02    public class GlobalExceptionHandler {
03        @ExceptionHandler(ArrayIndexOutOfBoundsException.class)  // 拦截数组下标越界异常
04        @ResponseBody                                            // 把返回值内容直接展示在页面中
05        public String catchException() {
06            return "出现数组下标越界异常了! ";                      // 在页面里显示的字符串
07        }
08    }
```

当用户向服务器发送请求导致出现数组下标越界异常，用户就会在浏览器中看到"出现数组下标越界异常了！"字样。下面通过一个实例来演示如何处理全局异常。

[实例 01]
（源码位置：资源包 \Code\09\01）

拦截缺失参数引发的空指针异常

如果 Controller 控制器类的方法定义了参数，参数未使用 @RequestParam 标注，前端请求若没有给参数赋值，参数就会采用默认值。String 字符串的默认值是 null，调用 null 对象的任何方法都会引发空指针异常。

编写 ExceptionController 控制器类，判断前端发送的 name 参数是不是"张三"，是则显示欢迎语，不是则提示登录。ExceptionController 类的代码如下：

```
09    package com.mr.controller;
10    import org.springframework.web.bind.annotation.RequestMapping;
11    import org.springframework.web.bind.annotation.RestController;
12
13    @RestController
14    public class ExceptionController {
15
16        @RequestMapping("/index")
17        public String index(String name) {
18            if (name.equals("张三")) {    // 未传入参数时，name 默认为 null
19                return name + "，欢迎您回来";
20            } else {
21                return "您的账号不正确，请您重新登录";
22            }
23        }
24    }
```

在 com.mr.exception 包下编写 GlobalExceptionHandler 全局异常处理类，该类的 nullPointerExceptionHandler() 方法拦截空指针异常，若发生此异常，则在响应信息中以 JSON 格式返回异常代码和异常原因。GlobalExceptionHandler 类的代码如下：

```
25    package com.mr.exception;
26    import org.springframework.web.bind.annotation.ControllerAdvice;
27    import org.springframework.web.bind.annotation.ExceptionHandler;
28    import org.springframework.web.bind.annotation.ResponseBody;
29
30    @ControllerAdvice
31    public class GlobalExceptionHandler {
32
33        @ExceptionHandler(NullPointerException.class)         // 拦截空指针异常
34        @ResponseBody                                          // 直接返回字符串
35        public String nullPointerExceptionHandler() {
36            return "{\"code\":\"400\",\"msg\":\"传入的参数为空\"}";  // 拼接成 JSON 格式
37        }
38    }
```

启动项目，打开浏览器访问"http://127.0.0.1:8080/index?name=张三"地址，可以看到如图 9.1 所示的正常欢迎页面。

图 9.1　正常欢迎页面

如果将访问地址改成"http://127.0.0.1:8080/index"，该地址未传入任何参数，会导致 ExceptionController 类中的 name 参数为 null，引发空指针异常，访问之后即可看到如图 9.2 所示的异常处理结果。该页面内容就是由 GlobalExceptionHandler 全局异常处理类的 nullPointerExceptionHandler() 方法返回。

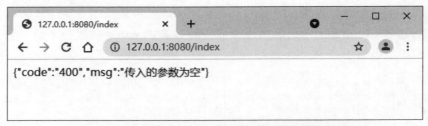

图 9.2 请求引发异常，全局异常处理返回此页面

如果读者删除或注释 GlobalExceptionHandler 类，项目中就不存在任何异常处理类，此时如果发生异常就会显示 Spring Boot 默认的错误页面，如图 9.3 所示。同样的地址导致同样的空指针异常，但此页面仅显示 500 错误代码，未提供任何其他有价值的错误反馈。

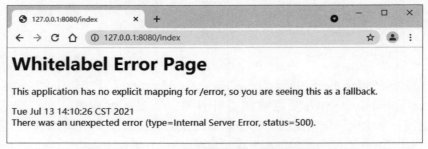

图 9.3 Spring Boot 默认的错误页面

9.2 拦截全局最底层异常

软件开发行业有句俗话："只有你想不到的，没有用户做不到的"。即使开发人员处理了尽可能多的异常，用户也会制造出各种预料之外的异常，例如在政治面貌一栏填写"五官端正"。如果程序没有拦截这些五花八门的异常，就会触发最底层的 Exception 异常，并导致 HTTP 500 错误。正式上线的项目是不允许跳出 HTTP 500 错误页面的，因此开发人员必须对最底层的异常进行拦截。

拦截全局最底层异常的方式非常简单，只需在全局异常处理类中单独写一个"兜底"处理方法，并使用 @ExceptionHandler(Exception.class) 标注。

[实例 02]　　　　　　　　　　　　　　　　　　　（源码位置：资源包 \Code\09\02）
拦截意料之外出现的异常

编写一个数学运算服务器，用户传入两个数字，即得出两个数字的计算结果。但除法运算中存在一种特殊情况，即除数不能为 0，否则无法执行运算。

创建 ExceptionController 控制器类，用户访问"/division"地址时需传入 a、b 两个参数，a 为被除数，b 为除数，然后返回相除结果。ExceptionController 类的代码如下：

```
39    package com.mr.controller;
40    import org.springframework.web.bind.annotation.RequestMapping;
41    import org.springframework.web.bind.annotation.RestController;
42
43    @RestController
```

```
44     public class ExceptionController {
45  
46         @RequestMapping("/division")
47         public String division(Integer a, Integer b) {
48             return String.valueOf(a / b);
49         }
50     }
```

在 com.mr.exception 包下编写 GlobalExceptionHandler 全局异常处理类，该类的 nullPointerExceptionHandler() 方法用来拦截空指针异常，如果用户少传了一个参数就会引发此异常。该类还有一个 exceptionHandler() 方法，用来拦截最底层异常，空指针以外的其他异常都会交给此方法处理。GlobalExceptionHandler 类的代码如下：

```
51  package com.mr.exception;
52  import org.springframework.web.bind.annotation.ControllerAdvice;
53  import org.springframework.web.bind.annotation.ExceptionHandler;
54  import org.springframework.web.bind.annotation.ResponseBody;
55  
56  @ControllerAdvice
57  public class GlobalExceptionHandler {
58  
59      @ExceptionHandler(NullPointerException.class)
60      @ResponseBody
61      public String nullPointerExceptionHandler() {
62          return "{\"code\":\"400\",\"msg\":\" 缺少参数 \"}";
63      }
64  
65      @ExceptionHandler(Exception.class)
66      @ResponseStatus(HttpStatus.INTERNAL_SERVER_ERROR)
67      @ResponseBody
68      public String exceptionHandler() {
69          return "{\"code\":\"500\",\"msg\":\" 服务器发生错误，请联系管理员 \"}";
70      }
71  
72  }
```

启动项目，打开浏览器，访问"http://127.0.0.1:8080/division?a=6&b=2"地址，可以看到如图 9.4 所示页面，6 除以 2 的结果为 3。

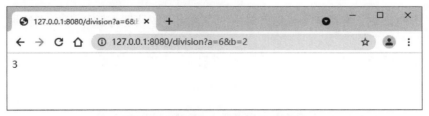

图 9.4　页面给出 6 除以 2 的结果

如果访问"http://127.0.0.1:8080/division"地址，缺失参数引发空指针异常，就会看到如图 9.5 所示空指针异常返回的页面。

图 9.5　缺失参数引发空指针异常

但如果不缺失参数，但将除数的值设为 0，则会引发 Java 语言中的 ArithmeticException 算数异常，异常处理类没有捕获该异常，则会交给底层异常处理。例如访问"http://127.0.0.1:8080/division?a=6&b=0"地址看到如图 9.6 所示底层异常返回的页面。

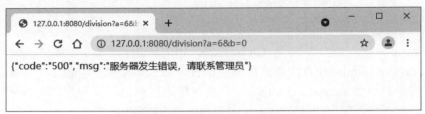

图 9.6　算数异常引发底层异常

9.3　获取具体的异常日志

Java 异常处理通过 catch 语句捕捉具体的异常对象，并同时打印异常日志。例如，在找不到文件时打印异常日志，catch 语句如下：

```
73    catch (FileNotFoundException e) {
74        System.out.println(" 你读取的文件找不到！ ");
75        e.printStackTrace();
76    }
```

但是 Spring Boot 会把所有异常抛出，由全局异常类统一处理，这样该如何获得具体的异常对象呢？其实 Spring Boot 是可以将异常对象注入到方法参数中，语法如下：

```
@ControllerAdvice
class 类 {
    @ExceptionHandler( 被拦截的异常类 )
    处理方法 ( 被拦截的异常类 e) { }
}
```

处理方法的参数 e 等同于 catch 语句中的参数 e，在处理方法中可以直接调用 e 对象的打印异常日志方法。

Spring Boot 推荐开发者使用 slf4j 打印异常日志，打印方法如下：

```
log.error(String msg, Throwable t);
```

参数 msg 为日志中打印的错误提示字符串，参数 t 是异常对象，直接将方法 e 参数传入，日志组件会自动调用 e.printStackTrace() 打印异常的堆栈信息。如果日志组件启用了日志文件，堆栈信息也会记录在日志文件中。

[实例 03]　　　　　　　　　　　　　　　　　　　（源码位置：资源包 \Code\09\03）

打印异常的堆栈日志

创建 ExceptionController 控制器类，在映射"/index"地址的方法中设置 name 和 age 参数，这两个参数都被 @RequestParam 标注，表示这两个是必须传值的参数，若前端未给参数传值否则会引发 MissingServletRequestParameterException 缺少参数异常。ExceptionController 类的代码如下：

```
77    package com.mr.controller;
78    import org.springframework.web.bind.annotation.RequestMapping;
79    import org.springframework.web.bind.annotation.RequestParam;
80    import org.springframework.web.bind.annotation.RestController;
81
82    @RestController
83    public class ExceptionController {
84
85        @RequestMapping("/index")
86        public String index(@RequestParam String name, @RequestParam Integer age) {
87            return "您登记的信息——姓名: " + name + ", 年龄" + age;
88        }
89    }
```

在 com.mr.exception 包下编写 GlobalExceptionHandler 全局异常处理类，该类的 MSRPExceptionHandler() 方法用来拦截缺少参数异常，并且在方法参数中注入异常对象。拦截到缺少参数异常之后，不仅要在给前端提示错误信息，还要通过日志组件将异常堆栈信息打印在控制台中。GlobalExceptionHandler 类的代码如下：

```
90     package com.mr.exception;
91     import org.slf4j.Logger;
92     import org.slf4j.LoggerFactory;
93     import org.springframework.web.bind.MissingServletRequestParameterException;
94     import org.springframework.web.bind.annotation.ControllerAdvice;
95     import org.springframework.web.bind.annotation.ExceptionHandler;
96     import org.springframework.web.bind.annotation.ResponseBody;
97
98     @ControllerAdvice
99     public class GlobalExceptionHandler {
100        private static final Logger log = LoggerFactory.getLogger(GlobalExceptionHandler.class);
101
102        @ExceptionHandler(MissingServletRequestParameterException.class)
103        @ResponseBody
104        public String MSRPExceptionHandler(MissingServletRequestParameterException e) {
105            log.error(" 缺少参数 ", e); // 记录异常信息，并在控制台打印异常日志
106            return "{\"code\":\"400\",\"msg\":\" 缺少参数 \"}";
107        }
108    }
```

启动项目，打开浏览器，访问"http://127.0.0.1:8080/index?name= 张三 &age=25"地址可以看到如图 9.7 所示的功能正常页面。

图 9.7　正常页面

但如果访问"http://127.0.0.1:8080/index?name= 张三"地址，缺失了 age 参数则会引发缺少参数异常，就会看到如图 9.8 所示的异常处理返回页面。

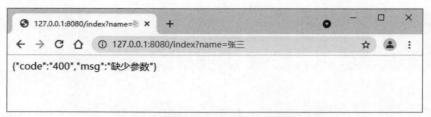

图 9.8 缺少参数显示异常处理返回的页面

此时在 Eclipse 控制台可以看到详细的异常堆栈日志，如图 9.9 所示。

图 9.9 控制台打印异常的堆栈信息

9.4 指定被拦截的 Java 文件

被 @ControllerAdvice 标注的类会默认处理所有被抛出的异常，不过可以通过设置 @ControllerAdvice 属性值的方式缩小拦截异常的范围。本节介绍两种缩小作用范围的方式。

9.4.1 只拦截某个包中发生的异常

@ControllerAdvice 注解的默认属性 value 与其 basePackages 属性功能一致，用于指定项目中哪些包是该全局类的作用范围。赋值示例如下：

```
109    @ControllerAdvice("com.mr.controller")   // 只在一个包中有效
110    @ControllerAdvice(value = "com.mr.controller")
111    @ControllerAdvice(basePackages = "com.mr.controller")
112    @ControllerAdvice({ "com.mr.controller", "com.mr.service", "com.mr.common" })   // 同时指定多个包
```

[实例 04]　　　　　　　　　　　　　　　　　　　　（源码位置：资源包 \Code\09\04）

只拦截注册服务引发异常

在项目创建两个 controller 包：com.mr.controller1 包存放首页跳转控制器类，com.mr.controller2

包存放注册服务控制器类。

IndexController 是负责首页跳转的控制器类，该类映射 "/index" 地址的方法中有一个 name 参数，该参数被 @RequestParam 标注，若不传值则会引发缺少参数异常。IndexController 类的代码如下：

```
113  package com.mr.controller1;
114  import org.springframework.web.bind.annotation.RequestMapping;
115  import org.springframework.web.bind.annotation.RequestParam;
116  import org.springframework.web.bind.annotation.RestController;
117
118  @RestController
119  public class IndexController {
120
121      @RequestMapping("/index")
122      public String division(@RequestParam String name) {
123          return name + " 您好，欢迎来到 XXXX 网站 ";
124      }
125  }
```

UserController 是负责用户注册的控制器类，该类映射 "/index" 地址的方法中同样有一个 name 参数，也被 @RequestParam 标注。UserController 类的代码如下：

```
126  package com.mr.controller2;
127  import org.springframework.web.bind.annotation.RequestMapping;
128  import org.springframework.web.bind.annotation.RequestParam;
129  import org.springframework.web.bind.annotation.RestController;
130
131  @RestController
132  public class UserController {
133
134      @RequestMapping("/register")
135      public String register(@RequestParam String name) {
136          return " 注册成功，您的用户名为 " + name;
137      }
138  }
```

在 com.mr.exception 包下编写 GlobalExceptionHandler 全局异常处理类，在标注该类的 @ControllerAdvice 中设置只拦截 .mr.controller2 包中发生的异常。GlobalExceptionHandler 代码如下：

```
139  package com.mr.exception;
140  import org.springframework.web.bind.annotation.ControllerAdvice;
141  import org.springframework.web.bind.annotation.ExceptionHandler;
142  import org.springframework.web.bind.annotation.ResponseBody;
143
144  @ControllerAdvice("com.mr.controller2") // 只拦截 .mr.controller2 包中发生的异常
145  public class GlobalExceptionHandler {
146
147      @ExceptionHandler(Exception.class)
148      @ResponseBody
149      public String exceptionHandler() {
150          return "{\"code\":\"500\",\"msg\":\"服务器发生错误，请联系管理员 \"}";
151      }
152  }
```

启动服务，在浏览器中访问 "http://127.0.0.1:8080/register?name= 张三" 地址，可以看到注册成功提示，效果如图 9.10 所示。

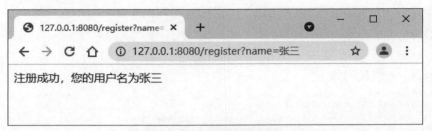

图 9.10　注册成功提示

如果访问"http://127.0.0.1:8080/register"地址会引发缺少参数异常。因为 UserController 类位于 com.mr.controller2 包下，所以该异常会被全局异常处理拦截，并显示如图 9.11 所示的异常处理返回的页面。

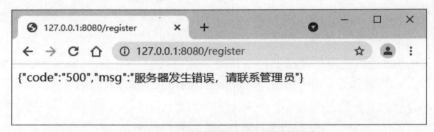

图 9.11　注册服务引发的异常被拦截

如果访问"http://127.0.0.1:8080/index?name=张三"地址，可以正常看到首页的欢迎语，效果如图 9.12 所示。

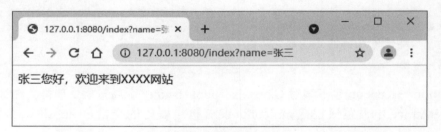

图 9.12　首页欢迎语

如果访问"http://127.0.0.1:8080/index"地址会引发缺少参数异常，但由于 IndexController 类不在 com.mr.controller2 包下，该异常不会被全局异常处理拦截，就显示了如图 9.13 所示的 Spring Boot 默认的错误页面。

图 9.13　首页引发的异常显示默认错误页面

9.4.2 只拦截某个注解标注类发生的异常

如果所有控制器类都放在一个包下，却仍然要求某些请求异常不会被拦截，可以使用 @ControllerAdvice 注解的 annotations 属性，该属性用于指定一些注解，被这些注解标注的类才是所抛出的异常才会被捕捉。annotations 属性示例如下：

```
153  @ControllerAdvice(annotations = Controller.class) // 拦截所有 @Controller 标注类中的异常
154  @ControllerAdvice(annotations = RestController.class) // 拦截所有 @RestController 标注类中的异常
155  @ControllerAdvice(annotations = { Controller.class, RestController.class }) // 同时拦截这两个注解
```

[实例 05]　只拦截注册服务引发异常　　（源码位置：资源包 \Code\09\05）

将首页跳转控制器类和登录服务控制器类都放在 com.mr.controller 包下。
IndexController 为首页跳转控制器类，使用 @Controller 标注，代码如下：

```
156  package com.mr.controller;
157  import org.springframework.stereotype.Controller;
158  import org.springframework.web.bind.annotation.RequestMapping;
159  import org.springframework.web.bind.annotation.RequestParam;
160  import org.springframework.web.bind.annotation.ResponseBody;
161
162  @Controller
163  public class IndexController {
164
165      @RequestMapping("/index")
166      @ResponseBody
167      public String index(@RequestParam String name) {
168          return name + " 您好，欢迎来到 XXXX 网站 ";
169      }
170  }
```

UserController 为登录服务控制器类，使用 @RestController 标注，代码如下：

```
171  package com.mr.controller;
172  import org.springframework.web.bind.annotation.RequestMapping;
173  import org.springframework.web.bind.annotation.RequestParam;
174  import org.springframework.web.bind.annotation.RestController;
175
176  @RestController
177  public class UserController {
178
179      @RequestMapping("/login")
180      public String login(@RequestParam String name) {
181          return " 您输入的姓名为: " + name;
182      }
183  }
```

在 com.mr.exception 包下编写 GlobalExceptionHandler 全局异常处理类，在标注该类的 @ControllerAdvice 中设置只拦截被 @RestController 标注的类所引发的异常。GlobalExceptionHandler 代码如下：

```
184  package com.mr.exception;
185  import org.springframework.web.bind.MissingServletRequestParameterException;
```

```
186    import org.springframework.web.bind.annotation.ControllerAdvice;
187    import org.springframework.web.bind.annotation.ExceptionHandler;
188    import org.springframework.web.bind.annotation.ResponseBody;
189    import org.springframework.web.bind.annotation.RestController;
190
191    @ControllerAdvice(annotations = RestController.class) // 只拦截 @RestController 标注的类
192    public class GlobalExceptionHandler {
193
194        @ExceptionHandler(MissingServletRequestParameterException.class)
195        @ResponseBody
196        public String negativeAgeExceptionHandler() {
197            return "{\"code\":\"400\",\"msg\":\" 缺失请求参数 \"}";
198        }
199    }
```

启动服务，在浏览器中访问"http://127.0.0.1:8080/ login?name= 张三"地址，可以看到登录成功页面如图 9.14 所示。

图 9.14　登录成功页面

如果访问"http://127.0.0.1:8080/login"地址会引发缺少参数异常。因为 UserController 类使用 @RestController 标注，所以该异常会被全局异常处理拦截，并显示如图 9.15 所示的异常处理返回的页面。

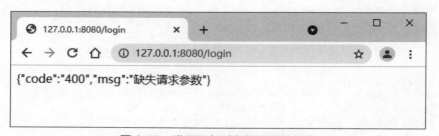

图 9.15　登录服务引发的异常被拦截

如果访问"http://127.0.0.1:8080/index?name= 张三"地址，可以正常看到首页的欢迎语，效果如图 9.16 所示。

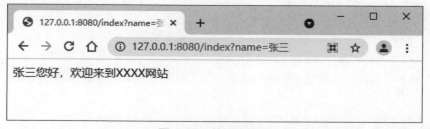

图 9.16　首页欢迎语

如果访问"http://127.0.0.1:8080/index"地址会引发缺少参数异常，但由于 IndexController 类使用 @Controller 标注，该异常不会被全局异常处理拦截，就显示了如图 9.17 所示的 Spring Boot 默认的错误页面。

图 9.17 首页引发的异常显示默认错误页面

9.5 拦截自定义异常

功能多、业务多的项目都会编写自定义异常，以便及时处理一些不符合业务逻辑的数据。全局异常处理类同样支持拦截自定义异常。

[实例 06]　拦截年龄是负数的异常　　　（源码位置：资源包 \Code\09\06）

人的年龄是从 0 开始计数的，不会出现负数，但"负数年龄"确实符合 Java 语法的。所以"负数年龄"是一种逻辑上的异常数据。开发者可以自定义一个负数年龄异常，一旦发现用户把年龄字段写成了负数，就触发此异常。

在 com.mr.exception 包下创建 NegativeAgeException 类，该类是自定义的负数年龄异常，继承 RuntimeException 运行时异常类，并重写父类构造方法。NegativeAgeException 类的代码如下：

```
200  package com.mr.exception;
201  public class NegativeAgeException extends RuntimeException {
202      public NegativeAgeException(String message) {
203          super(message);
204      }
205  }
```

创建 GlobalExceptionHandler 全局异常处理类，拦截全局的负数年龄异常，代码如下：

```
206  package com.mr.exception;
207  import org.springframework.web.bind.annotation.ControllerAdvice;
208  import org.springframework.web.bind.annotation.ExceptionHandler;
209  import org.springframework.web.bind.annotation.ResponseBody;
210
211  @ControllerAdvice
212  public class GlobalExceptionHandler {
213
214      @ExceptionHandler(NegativeAgeException.class)
215      @ResponseBody
216      public String negativeAgeExceptionHandler(NegativeAgeException e) {
217          return "{\"code\":\"400\",\"msg\":\" 年龄不能为负: " + e.getMessage() + "\"}";
218      }
219  }
```

创建 ExceptionController 控制器类，映射"/index"地址的方法有一个 age 参数，如果前端传入的 age 参数值小于 0，就抛出 NegativeAgeException 负数年龄异常。ExceptionController 类的代码如下：

```
220    package com.mr.controller;
221
222    import org.springframework.web.bind.annotation.RequestMapping;
223    import org.springframework.web.bind.annotation.RestController;
224    import com.mr.exception.NegativeAgeException;
225
226    @RestController
227    public class ExceptionController {
228        @RequestMapping("/index")
229        public String index(int age) {
230            if (age < 0) {
231                throw new NegativeAgeException("age=" + age);
232            }
233            return "您输入的年龄为：" + age;
234        }
235    }
```

启动项目，在浏览器中访问"http://127.0.0.1:8080/index?age=25"地址，可以到如图 9.18 所示，页面可以正常显示传入的年龄。

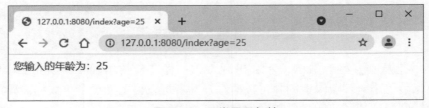

图 9.18　正常显示年龄

如果访问"http://127.0.0.1:8080/index?age=-6"地址，传入的年龄数字是负数，就会引发负数年龄异常，全局异常处理会拦截此异常并返回如图 9.19 所示的页面。

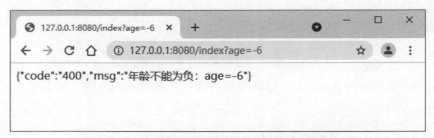

图 9.19　负数年龄异常处理之后返回的页面

9.6　修改自定义异常的错误状态

如果没有编写全局异常处理类的话，项目出现异常就会跳转至默认的错误页面。常见错误包括 400 错误（错误的请求）、404 错误（资源不存在）和 500 错误（代码无法继续执行)。大部分异常都会让服务器返回 500 错误,但如果开发者设定了异常类的 HTTP 响应状态,在遇到此异常时就会让服务器返回设定好的状态。

实现此功能使用 @ResponseStatus 注解,该注解的默认属性 value 与 code 属性功能相同,用于设定响应状态,默认值为 500 错误状态。赋值方式如下:

```
236    @ResponseStatus(HttpStatus.OK)                          // 200,正常响应
237    @ResponseStatus(HttpStatus.BAD_REQUEST)                 // 400,错误的请求
238    @ResponseStatus(HttpStatus.NOT_FOUND)                   // 404,无法找到资源
239    @ResponseStatus(HttpStatus.INTERNAL_SERVER_ERROR)       // 500,服务器代码无法继续执行
```

@ResponseStatus 注解可标注类,标注在异常类上就可以设定遇到此异常时会让服务器返回哪种状态,语法如下:

```
@ResponseStatus(HttpStatus. 指定状态 )
class 异常类 {   }
```

[实例 07]

让负数年龄引发 HTTP 400 错误

(源码位置:资源包 \Code\09\07)

在 com.mr.exception 包下创建 NegativeAgeException 负数年龄异常类,继承 RuntimeException 运行时异常类并重写父类构造方法。用 @ResponseStatus 注解标注该类,并设定其返回状态为 HttpStatus.BAD_REQUEST(即 400 错误)。NegativeAgeException 类的代码如下:

```
240    package com.mr.exception;
241    import org.springframework.http.HttpStatus;
242    import org.springframework.web.bind.annotation.ResponseStatus;
243
244    @ResponseStatus(HttpStatus.BAD_REQUEST)      // HTTP 400 状态,错误的请求
245    public class NegativeAgeException extends RuntimeException {
246        private static final long serialVersionUID = 1L;
247
248        public NegativeAgeException(String message) {
249            super(message);
250        }
251    }
```

创建 ExceptionController 控制器类,映射 "/index" 地址的方法有一个 age 参数,如果前端传入的 age 参数值小于 0,则创建 NegativeAgeException 异常对象,使用日志组件打印此异常的堆栈日志,然后抛出此异常。ExceptionController 类的代码如下:

```
252    package com.mr.controller;
253    import org.slf4j.Logger;
254    import org.slf4j.LoggerFactory;
255    import org.springframework.web.bind.annotation.RequestMapping;
256    import org.springframework.web.bind.annotation.RestController;
257
258    import com.mr.exception.NegativeAgeException;
259
260    @RestController
261    public class ExceptionController {
262        private static final Logger log = LoggerFactory.getLogger(ExceptionController.class);
263
264        @RequestMapping("/index")
```

```
265        public String index(int age) {
266            if (age < 0) {
267                NegativeAgeException e = new NegativeAgeException("age=" + age);  // 创建异常对象
268                log.error("年龄不能是负数", e);                                    // 打印异常日志
269                throw e;                                                          // 抛出此异常
270            }
271            return "您输入的年龄为: " + age;
272        }
273    }
```

启动项目，在浏览器中访问"http://127.0.0.1:8080/index?age=-6"地址，因为传入的年龄是负数，所以会引发负数年龄异常。因为没有编写全局异常处理类，所以会显示如图 9.20 所示的 Spring Boot 默认错误页面，该页面中显示的状态是 400 状态，类型为 Bad Request，与 NegativeAgeException 类设定的状态一致。

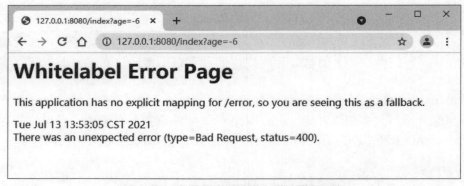

图 9.20　负数异常导致进入默认错误页面

修改 NegativeAgeException 的状态，400 错误状态改成 200 正常响应状态，修改的代码如下：

```
274    @ResponseStatus(value = HttpStatus.OK)          // HTTP 200 状态，正常响应，一切 OK
275    public class NegativeAgeException extends RuntimeException {
276        // 省略其他代码
277    }
```

重启项目，再次访问"http://127.0.0.1:8080/index?age=-6"地址，虽然仍然会弹出错误页面，如图 9.21 所示，但错误页面中的状态却是正常响应的 200 状态，类型是 OK。同时控制台依然会打印异常堆栈日志，如果图 9.22 所示。

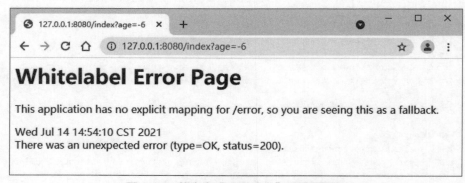

图 9.21　状态为"正常响应"的错误页面

图 9.22 Eclipse 控制台打印的负数年龄异常堆栈日志

本章知识思维导图

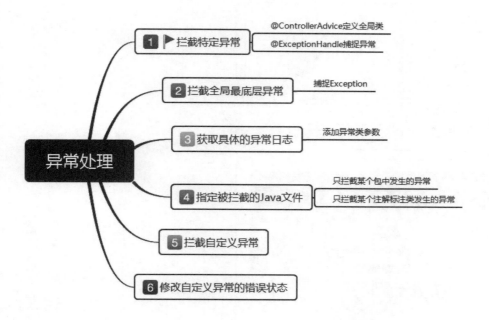

Spring Boot

从零开始学 Spring Boot

第2篇
实用 Web
技术篇

第 10 章
模板引擎

扫码领取
- 配套视频
- 配套素材
- 学习指导
- 交流社群

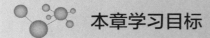 本章学习目标

- 学会如何使用 Thymeleaf
- 学会如何使用 Freemarker

10.1 Thymeleaf

Spring Boot 遵循"前后端分离"的设计理念。所谓的"前后端分离",前端指网页端、客户端,后端指服务器端。后端只提供服务接口,页面的布局、渲染等工作全部交给前端实现。前端只能通过访问后端接口才能获取到数据。这样做的好处方便分组研发、维护项目。架构师设计完数据模型和接口后,前端工程师只编写前端代码,后端工程师只编写后端代码。多组同步开发,大大提升了开发和测试的效率。

如果想让网页中的数据可以根据用户的操作而发生变化就需要用到动态网页技术。Java EE 提供的 JSP 技术虽然可以实现动态网页,但 JSP 不满足"前后端分离"的技术要求,所以 Spring Boot 不采用 JSP 技术。传统的动态页面使用 JavaScript(简称 JS)脚本来异步获取页面数据,但编写 JS 脚本实在太麻烦了,开发效率太低,因此 Spring Boot 采用流行的 Web 模板引擎技术来简化动态页面的开发过程。

Thymeleaf 是 Spring Boot 官方推荐的模板引擎之一,该模板引擎的优点十分明显:语法非常简单,并且可以让页面在无网络的环境下正常打开,方便美工人员对页面做渲染工作。

本节就介绍如何在 Spring Boot 项目中使用 Thymeleaf。

10.1.1 添加依赖

Thymeleaf 需要手动添加到 Spring Boot 项目中。添加方式有两种,第一种是在创建项目的添加依赖界面中选中 Thymeleaf,位置如图 10.1 所示。

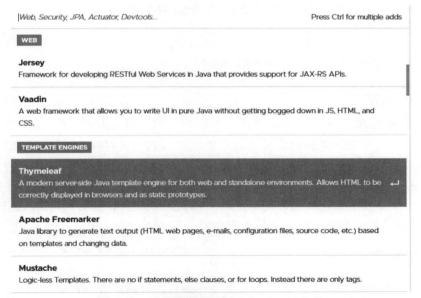

图 10.1 创建项目时添加 Thymeleaf 依赖

第二种是在已创建好的项目的 pom.xml 文件中添加以下依赖:

```
01  <dependency>
02      <groupId>org.springframework.boot</groupId>
03      <artifactId>spring-boot-starter-thymeleaf</artifactId>
04  </dependency>
```

添加依赖时不用写明版本号，因为 Spring Boot 项目的 Parent POM（父项目模型）已经将所有常用的依赖版本都设定好了，Maven 会自动获取并填补版本号。

10.1.2 跳转至 HTML 页面文件

在前几章的实例中，控制器都是直接返回字符串，或者是跳转至其他地址，如果想让控制器跳转至项目中的 HTML 页面文件就需要 Thymeleaf 模板了。本节将介绍利用 Thymeleaf 跳转至 HTML 的用法。

（1）HTML 页面文件存放位置

Spring Boot 项目中所有页面文件都要放在 src/main/resources 目录的 templates 文件夹下，如果页面需要加载一些静态文件，例如图片、JS 文件等，静态文件需要放在与 templates 同级的 static 文件夹下。这两个文件夹的位置如图 10.2 所示。

图 10.2　网页文件及资源文件存放位置

说明：
templates 文件夹和 static 文件夹内部都可以创建子文件夹。

（2）跳转至指定页面

在 Controller 控制器章节曾介绍了两种控制器注解：@Controller 和 @RestController。其中 @Controller 中的方法如果返回字符串，则默认访问返回值对应的地址。如果项目添加了 Thymeleaf 依赖则会改变此处跳转的逻辑，Thymeleaf 会根据返回的字符串值，寻找 templates 文件夹下同名的网页文件，并跳转至该网页文件。例如图 10.3 所示，若果方法的返回值为"login"，Thymeleaf 在 templates 文件夹下发现了 login.html 文件，则会让其请求跳转至该文件。如果方法返回值没有对应的 HTML 文件，则会抛出 TemplateInputException 异常。

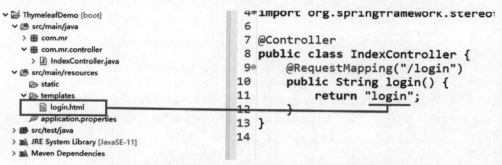

图 10.3　返回值名称即 HTML 文件的名称（不包含后缀名）

注意：

(1) 想要实现此功能的控制器必须用 @Controller 标注，不能使用 @RestController。(2) templates 文件夹下的 HTML 文件无法通过 URL 地址直接访问，只能通过 Controller 类跳转。(3) HTML 文件可以放在 static 文件夹下，这样 HTML 文件就是静态页面，可以直接通过 URL 地址访问，但无法获得动态数据。

[实例 01] 为首页和登录页面编写 HTML 文件，并实现跳转逻辑

（源码位置：资源包\Code\10\01）

在 templates 文件夹下创建 hello.html 文件，在 user 子文件夹中创建 login.html 文件，位置如图 10.4 所示。

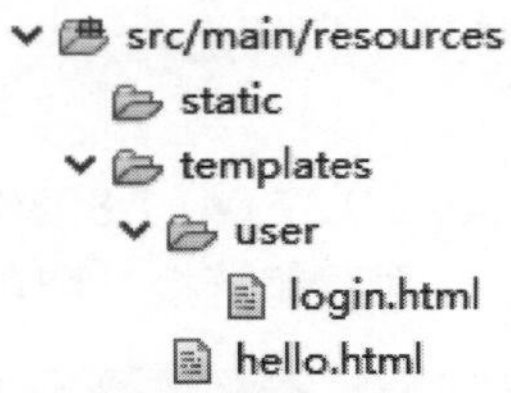

```
▼ 📁 src/main/resources
    📁 static
  ▼ 📁 templates
    ▼ 📁 user
         📄 login.html
      📄 hello.html
```

图 10.4 网页文件的位置

hello.html 的代码如下，网页中添加登录页面的超链接：

```html
05  <!DOCTYPE html>
06  <html>
07  <head>
08  <meta charset="UTF-8">
09  <title>Insert title here</title>
10  </head>
11  <body>
12      <p>你好，欢迎来到我的网站</p>
13      <br />
14      <a href="/login">进入登录界面</a>
15  </body>
16  </html>
```

login.html 的代码如下：

```html
17  <!DOCTYPE html>
18  <html>
19  <head>
20  <meta charset="UTF-8">
21  <title>Insert title here</title>
22  </head>
23  <body>
24      <p>用户名：</p>
25      <input type="text" />
26      <br />
27      <p>密码：</p>
28      <input type="password" />
29      <br />
30      <input type="button" value="登录" />
31  </body>
32  </html>
```

创建 IndexController 控制器类，如果用户访问 "/index" 地址则跳转至 hello.html，如果访问 "/login" 地址则访问 user 文件夹下的 login.html。IndexController 类的代码如下：

```
33    package com.mr.controller;
34    import org.springframework.stereotype.Controller;
35    import org.springframework.web.bind.annotation.RequestMapping;
36
37    @Controller
38    public class IndexController {
39        @RequestMapping("/index")
40        public String index() {
41            return "hello";                    // 跳转至 hello.html
42        }
43
44        @RequestMapping("/login")
45        public String login() {
46            return "user/login";               // 跳转至 user 文件夹下的 login.html
47        }
48    }
```

启动项目，打开浏览器访问"http://127.0.0.1:8080/index"地址，可以看到如图 10.5 所示页面。点击页面中的"进入登录界面"超链接，即可打开如图 10.6 所示的页面。

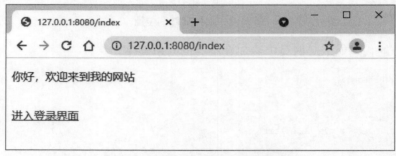

图 10.5　显示 hello.html 页面内容

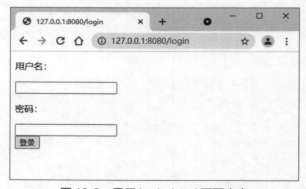

图 10.6　显示 login.html 页面内容

（3）Thymeleaf 的默认页面

在不指定项目主页和错误页跳转规则的前提下，Thymeleaf 模板会默认将 index.html 当做项目的默认主页，将 error.html 当做项目默认错误页。如果发生的异常没有被捕捉，就自动跳转至 error.html。

> 注意：
> 默认的 index.html 和 error.html 必须在 templates 文件夹根目录下。

[实例02] 为项目添加默认首页和错误页

（源码位置：资源包 \Code\10\02）

在 templates 文件夹下创建 index.html 和 error.html。index.html 的代码如下：

```html
49  <!DOCTYPE html>
50  <html>
51  <head>
52  <meta charset="UTF-8">
53  <title>Insert title here</title>
54  </head>
55  <body>
56      <h1>这是 Thymeleaf 默认的首页 </h1>
57  </body>
58  </html>
```

error.html 的代码如下：

```html
59  <!DOCTYPE html>
60  <html>
61  <head>
62  <meta charset="UTF-8">
63  <title>Insert title here</title>
64  </head>
65  <body>
66      <h1>发生了错误！这是 Thymeleaf 默认的错误页 </h1>
67  </body>
68  </html>
```

创建 IndexController 控制器类，如果用户访问 "/login" 地址则必须传入 name 参数。IndexController 类的代码如下：

```java
69  package com.mr.controller;
70  import org.springframework.web.bind.annotation.RequestMapping;
71  import org.springframework.web.bind.annotation.RequestParam;
72  import org.springframework.web.bind.annotation.RestController;
73  @RestController
74  public class IndexController {
75
76      @RequestMapping("/login")
77      public String login(@RequestParam String name) {
78          return "您输入的用户名为：" + name;
79      }
80  }
```

启动项目，打开浏览器访问 "http://127.0.0.1:8080" 地址，可以看到如图 10.7 所示的默认主页。

图 10.7 默认主页

访问地址 "http://127.0.0.1:8080/login?name= 张三"，可以看到控制器返回如图 10.8 所示页面。

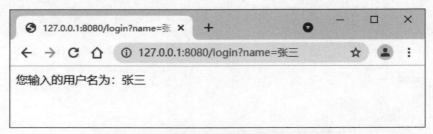

图 10.8　正常的请求会返回正常的页面结果

如果删除地址中的参数，直接访问 "http://127.0.0.1:8080/login" 地址，则会引发丢失参数异常，看到如图 10.9 所示错误页面。

发生其他错误也会跳转至默认错误页，例如访问 "http://127.0.0.1:8080/somehtml" 地址触发 404 错误，可以看到如图 10.10 所示页面。

图 10.9　请求丢失参数，进入默认错误页面　　图 10.10　访问不存在的地址也会进入默认错误页面

10.1.3　常用表达式和标签

Thymeleaf 提供了许多独有的标签，开发者可以利用这些标签让页面显示动态的内容。Thymeleaf 也提供了几个表达式用来为标签赋值。本节将介绍一些常用的表达式和标签。

（1）表达式

Thymeleaf 有四种常用的表达式，分别用于不同场景，下面分别介绍。

① 读取属性值。后端向前端发送的数据都会放在 Model 对象中，存放格式类似键值结构，就是 "属性名：属性值" 的结构。在页面中可以利用 *{} 表达式通过属性名获得 Model 中属性值。表达式语法如下：

```
*{ 属性名 }
```

例如，获取属性名为 name 的值，写法如下：

```
81    *{name}
```

② 读取对象。如果后端向前端发送的不是一个具体值，而是一个对象（例如日期对象、集合对象等），想要调用该对象中的属性或方法，必须使用 ${} 表达式。表达式语法如下：

```
${ 对象 }
${ 对象 . 属性 }
${ 对象 . 方法 ()}
```

${对象} 获得的是对象，而不是一个具体值，所以需要配合遍历、定义变量等标签一起使用。${对象.方法()} 获得的就是该对象方法的返回值。

③ 封装地址。如果想要在 Thymeleaf 标签中赋值具体的 URL 地址，需要用到 @{} 表达式。表达式语法如下：

```
@{/URL 地址 }
```

使用该表达式可以为标签定义跳转地址。

④ 插入片段。插入片段表达式的功能类似 JSP 中的 <jsp:include> 标签，允许开发者将 A 页面中的代码插入到 B 页面中。表达式的语法如下：

```
～{ 创建片段的文件名 :: 片段名 }
```

该表达式必须配合 th:fragment 标签，在定义完代码片段之后使用。注意该表达式的写法比较特殊，"创建片段的文件名" 是代码片段所在文件抽象名称，例如代码片段定义在 src/main/resources/templates/top/head.html 页面文件中，文件名应该写为 "top/head"，不包含根目录名和后缀名。"片段名" 为 th:fragment 标签定义的名称。表达式中间有两个冒号而不是一个。

（2）标签

很多表达式都需要配合标签一起使用，Thymeleaf 提供的标签非常多，基本满足了所有动态页面的需求。表 10.1 中列出了一些常用的标签，想要使用这些标签则必须先在页面顶部导入标签，代码如下：

```
82    <html xmlns:th="http://www.thymeleaf.org">
```

导入之后就可以把 Thymeleaf 的标签以标签属性的形式写在 HTML 各元素之中。

表 10.1 Thymeleaf 常用标签

标签	功能	示例
th:action	设置表单提交地址	<form th:action="@{/register}"></form>
th:case	th:switch标签的子标签，分支项	<div th:switch="*{language}"> <p th:case="zn">你好</p> <p th:case="en">Hello</p> </div>
th:each	循环、遍历、迭代	<div th:each="integer:${list}"> <p th:text="${integer.intValue()}"></p> </div>
th:fragment	定义代码片段	<div th:fragment="okBtn"> <input type="button" value="OK" /> </div>
th:id	设置id	<div th:id="test"/>
th:if	判断	<div th:if="*{name}==张三"></div>
th:include	嵌入代码片段，替换掉原标签里的内容	<div th:include="～{top/head::okBtn}"></div>
th:object	获取对象	<div th:object="user"></div>
th:onclick	点击事件	<input type="button" value="登录" th:onclick="login()" />

续表

标签	功能	示例
th:remove	删除某个属性	\<div th:remove="all"\>删除所有属性\</div\>
th:replace	引入代码片段，替换掉整个标签	\<div th:replace="~{top/head::okBtn}"\>\</div\>
th:selected	下拉框的选中状态	\<select\> 　\<option\>1\</option\> 　\<option th:selected="true"\>2\</option\> \</select\>
th:src	图片地址	\<img th:src="@{/img/logo.png}" /\>
th:style	设置样式	\<div th:style="*{mystyle}"\>\</div\>
th:switch	分支判断	详见 th:case
th:text	设置文本	\<p th:text="*{name}"\>\</p\>
th:unless	th:if 标签的取反结果	\<div th:unless="*{name}==李四"\>\</div\>
th:utext	替换文本，支持超文本	\<p th:utext="*{value}"\>\</p\>
th:value	给属性赋值	\<input type="text" th:value="999999" /\>
th:with	定义局部变量	\<div th:with="age=18"\> 　\<p th:text="*{age}"\>\</p\> \</div\>

10.1.4　向页面传值

Thymeleaf 从后端向前端页面传值的语法比 JSP 技术简洁许多。利用 Thymeleaf 向前端传值需要做两步操作。

（1）为跳转方法添加 Model 参数，把要传的值添加到 Model 对象中

Model 是 org.springframework.ui 包下的接口，用法类似 Map 键值对。Model 接口提供的接口如表 10.2 所示。

表 10.2　Model 接口的方法

方法	说明
addAttribute(String attributeName, 　@Nullable Object attributeValue)	添加属性，attributeName 为属性名，attributeValue 为属性值。属性名不能为 null，属性值可以为 null
addAttribute(Object attributeValue)	添加属性，attributeValue 是属性值，方法会自动生成属性名，通常为首字母小写的属性值类型名称，例如字符串的属性名为 string
addAllAttributes(Collection\<?\> attributeValues)	将 attributeValues 集合中的所有值都添加为属性
addAllAttributes(Map\<String, ?\> attributes)	将 attributes 键值对中的所有键都作为属性名，值为对应的属性值
mergeAttributes(Map\<String, ?\> attributes)	将 attributes 中所有属性复制到 Model 中，同名属性不会被覆盖
containsAttribute(String attributeName)	Model 中是否存在名为 attributeName 的属性
getAttribute(String attributeName)	获取名为 attributeName 的属性值
asMap()	将属性按照键值关系封装成 Map 对象并返回

开发者只需为 Controller 的跳转方法添加 Model 参数，然后把要传给前端的值保存成

Model 的属性,Thymeleaf 可以自动读取 Model 里的属性值,并将其写入前端页面中。例如,把用户名"张三"传输给前端,可以参照如下代码:

```
83    @RequestMapping("/index")
84    public String show(Model model) {
85        model.addAttribute("name", " 张三 ");
86        return "index";
87    }
```

(2)在前端页面中通过获取 Model 的属性值

前端读取 Model 的属性值需要用到 *{} 或 ${} 表达式。如果读取基本数据类型或字符串,就用 *{},例如 *{name} 即可读取 Model 中名为 name 的属性值。${} 表达式的用法将在下一节介绍。

[实例 03]

（源码位置:资源包 \Code\10\03）

在前端页面显示用户的 IP 地址等信息

创建 ParameterController 控制器类,为映射 "/index" 的方法添加 Model 参数和 HttpServletRequest 参数。获取发送请求的 IP 地址、请求类型,以及请求头中的浏览器类型,将这些数据都保存在 Model 的属性中,最后跳转至 main.html。ParameterController 类的代码如下:

```
88    package com.mr.controller;
89    import javax.servlet.http.HttpServletRequest;
90    import org.springframework.stereotype.Controller;
91    import org.springframework.ui.Model;
92    import org.springframework.web.bind.annotation.RequestMapping;
93
94    @Controller
95    public class ParameterController {
96
97        @RequestMapping("/index")
98        public String index(Model model, HttpServletRequest request) {
99            model.addAttribute("ip", request.getRemoteAddr());    // 记录请求 IP
100           model.addAttribute("method", request.getMethod());    // 记录请求类型
101           String brow = " 未知 ";
102           String userAgent = request.getHeader("User-Agent").toLowerCase();// 读取请求头
103           if (userAgent.contains("edg")) {                      // 如果包含 Edge 浏览器名称
104               brow = " 微软 Edge 浏览器 ";
105           } else if (userAgent.contains("firefox")) {           // 如果包含火狐浏览器名称
106               brow = " 火狐浏览器 ";
107           } else if (userAgent.contains("chrome")) {            // 如果包含谷歌浏览器名称
108               brow = " 谷歌浏览器 ";
109           }
110           model.addAttribute("brow", brow);                     // 记录浏览器识别结果
111           return "main";
112       }
113   }
```

在 main.html 中获取 Model 中的 ip、请求类型和浏览器值,展示在页面中。代码如下:

```
114   <!DOCTYPE html>
115   <html xmlns:th="http://www.thymeleaf.org">
116   <head>
117   <meta charset="UTF-8">
```

```
118        </head>
119        <body>
120            <p th:text="'您的 IP 地址: '+${ip}"></p>
121            <p th:text="'您提供的方式: '+${method}"></p>
122            <p th:text="'您使用的浏览器: '+${brow}"></p>
123        </body>
124    </html>
```

启动项目，分别打开不同的浏览器访问"http://127.0.0.1:8080/index"地址，谷歌浏览器看到的页面如图 10.11 所示，Edge 浏览器看到的页面如图 10.12 所示，火狐浏览器看到的页面如 10.13 所示。使用 Postman 发送 DELETE 请求，看到的结果如图 10.14 所示。

图 10.11　谷歌浏览器访问结果

图 10.12　Edge 浏览器访问结果

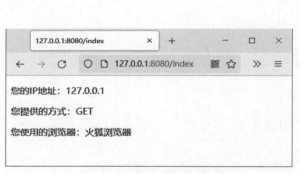

图 10.13　火狐浏览器访问结果

图 10.14　Postman 访问结果

10.1.5　向页面传输对象

如果 Model 的属性是一个实体类对象，则需要通过 ${} 表达式读取这个对象中的值。通常用下面两种语法来读取：

```
${Model 属性名.对象的属性 }
${Model 属性名.对象的方法 ()}
```

👑 注意：

语法中引用的是 Model 中保存的属性名，而不是对象的具体类型名称。

除了这两种语法外，还有一种语法可以先将对象定义为一个变量，然后再通过 *{} 表达式直接读取对象的属性值，语法如下：

```
<div th:object="${Model 属性名 }">
    <p th:text="*{ 对象的属性名 }"></p>
</div>
```

[实例 04]   （源码位置：资源包 \Code\10\04）

用三种方式显示人员信息

首先创建人员实体类，类中包含姓名、年龄和性别三个属性，同时要包含构造方法和属性的 Getter/Setter 方法。实体类的关键代码如下：

```
125    package com.mr.dto;
126    public class People {
127        private String name;                    // 姓名
128        private Integer age;                    // 年龄
129        private String sex;                     // 性别
130
131        // 此处省略构造方法和属性的 Getter/Setter 方法
132    }
```

创建 PeopleController 控制器类，为映射 "/index" 的方法添加 Model 参数。创建 People 实体类对象，保存在 Model 中，最后跳转至 main.html 页面。PeopleController 类代码如下：

```
133    package com.mr.controller;
134    import org.springframework.stereotype.Controller;
135    import org.springframework.ui.Model;
136    import org.springframework.web.bind.annotation.RequestMapping;
137    import com.mr.dto.People;
138
139    @Controller
140    public class PeopleController {
141
142        @RequestMapping("/info")
143        public String info(Model model) {
144            People zhangsan = new People("张三", 25, "男");
145            model.addAttribute("player", zhangsan);
146            return "main";
147        }
148    }
```

编写 main.html 文件，分别使用 ${对象.属性}、${对象.方法()} 和 ${对象} 三种表达式获取人员信息，并展示在页面中，代码如下：

```
149    <!DOCTYPE html>
150    <html xmlns:th="http://www.thymeleaf.org">
151    <head>
152    <meta charset="UTF-8">
153    </head>
154    <body>
155        <p>--------- 对象.属性 ---------</p>
156        <div>
157            <p th:text="'姓名: '+${player.name}"></p>
158            <p th:text="'年龄: '+${player.age}"></p>
159            <p th:text="'性别: '+${player.sex}"></p>
160        </div>
161        <p>--------- 对象.方法 ---------</p>
162        <div>
163            <p th:text="'姓名: '+${player.getName()}"></p>
```

```
164         <p th:text="'年龄:'+${player.getAge()}"></p>
165         <p th:text="'性别:'+${player.getSex()}"></p>
166     </div>
167     <p>----- 先获取对象，再读取属性 -----</p>
168     <div th:object="${player}">                    <!-- 先获取对象 -->
169         <p th:text="'姓名:'+*{name}"></p>            <!-- 再读取属性 -->
170         <p th:text="'年龄:'+*{age}"></p>
171         <p th:text="'性别:'+*{sex}"></p>
172     </div>
173 </body>
174 </html>
```

启动项目，打开浏览器访问 "http://127.0.0.1:8080/info" 地址，可以看到如图 10.15 所示页面，三种读取对象的表达式语法均可获取相同的数据。

图 10.15　三种表达式均可获取对象数据

10.1.6　页面中的判断

Java 的条件语句有两种：if 判断语句和 switch 分支语句。Thymeleaf 模板引擎也提供了这两种语句，可以显示或隐藏网页中的一些特殊内容。

th:if 是 Thymeleaf 的判断语句，支持如图表 10.3 所示的判断运算符。

表 10.3　Thymeleaf 支持的判断运算符

运算符	英文替代符	说明
>	gt	大于
>=	ge	大于等于
==	eq	等于
<	lt	小于
<=	le	小于等于
!=	ne	不等于

例如，如果后端发送的 num 是 100，就显示 "您充值的金额为 100"，前端的代码如下：

```
175    <div th:if="*{num} == 100">
176        <p>您充值的金额为 100</p>
177    </div>
```

上述代码也可以写成英文替代符号形式：

```
178    <div th:if="*{num} eq 100">
179        <p>您充值的金额为 100</p>
180    </div>
```

如果后端发送的 num 不等于 100，则不会显示 th:if 标签内的任何内容。

如果 th:if 需要同时判断多个条件，可以使用如表 10.4 所示的逻辑运算符。

表 10.4　Thymeleaf 支持的逻辑运算符

运算符	说明
and	并且
or	或者

例如，如果后端发送的 name 是张三，并且 age 大于或等于 18 岁，则显示 "张三 - 成年人"，代码如下：

```
181    <div th:if="*{name} == 张三 and age >= 18 ">
182        <p>张三 - 成年人 </p>
183    </div>
```

逻辑算符中没有取反运算，因为 Thymeleaf 使用 th:unless 标签来取 th:if 标签的反结果，相当于 Java 里 else 语句的效果。例如，判断后端发送 age 是否为成年人，大于或等于 18 岁显示成年人，小于 18 岁显示未成年人，代码如下：

```
184    <div th:if="age >= 18 ">
185        <p> 成年人 </p>
186    </div>
187    <div th:unless="age >= 18 ">
188        <p> 未成年人 </p>
189    </div>
```

[实例 05]

判断购票者是否符合儿童票要求

（源码位置：资源包 \Code\10\05）

创建 IndexController 控制器类，为映射 "/index" 的方法添加 Model 参数，分别将 model 的 name（姓名）属性赋值为张三、height（身高）属性赋值为 165，最后跳转至 main.html 页面。IndexController 类代码如下：

```
190    package com.mr.controller;
191    import org.springframework.stereotype.Controller;
192    import org.springframework.ui.Model;
193    import org.springframework.web.bind.annotation.RequestMapping;
194    
195    @Controller
196    public class IndexController {
```

```
197
198        @RequestMapping("/index")
199        public String index(Model model) {
200            model.addAttribute("name", "张三");
201            model.addAttribute("height", 165);
202            return "main";
203        }
204    }
```

在 main.html 中获取 Model 的 name 和 height 属性,如果姓名不为空,则判断身高是否超过 150 厘米,小于 150 厘米则提供儿童票,否则只能购买成人票。代码如下:

```
205    <!DOCTYPE html>
206    <html xmlns:th="http://www.thymeleaf.org">
207    <head>
208    <meta charset="UTF-8">
209    </head>
210    <body>
211        <div th:if="*{name}!=null">                    <!-- 如果名称有效 -->
212            <p th:text="*{name}" />
213            <p th:if="*{height}<150"> 儿童票 </p>       <!-- 如果身高小于 150 -->
214            <p th:unless="*{height}<150"> 成人票 </p>   <!-- 如果身高不小于 150 -->
215        </div>
216    </body>
217    </html>
```

启动项目,打开浏览器访问 "http://127.0.0.1:8080/index" 地址,可以看到如 10.16 所示结果,因为张三的身高为 165,所以前端判断之后显示为成人票。

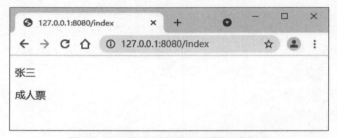

图 10.16　前端判断张三需要买成人票

除了判断语句之外,Thymeleaf 还支持 switch 分支语句,需要用到 th:switch 和 th:case 这两个标签,其语法如下:

```
<div th:switch="*{ 属性名 }">
    <div th:case=" 值 1"> </div>
    <div th:case=" 值 2"> </div>
    ......
</div>
```

如果 th:switch 读出的属性值与某个 th:case 的值相等,就会显示改 th:case 标签中的内容。

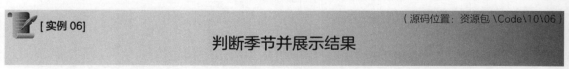

[实例 06]　判断季节并展示结果　　（源码位置:资源包 \Code\10\06）

创建 IndexController 控制器类,添加 Model 参数,将 season 属性值赋为 "spring",跳转至 main.html 页面,代码如下:

```
218    package com.mr.controller;
219    import org.springframework.stereotype.Controller;
220    import org.springframework.ui.Model;
221    import org.springframework.web.bind.annotation.RequestMapping;
222
223    @Controller
224    public class IndexController {
225
226        @RequestMapping("/index")
227        public String index(Model model) {
228            model.addAttribute("season", "spring");
229            return "main";
230        }
231    }
```

在 main.html 中使用 th:switch 标签 season 属性值等于哪一个季节名称，如果有相同的季节名称，则显示该季节的中文，代码如下：

```
232    <!DOCTYPE html>
233    <html xmlns:th="http://www.thymeleaf.org">
234    <head>
235    <meta charset="UTF-8">
236    </head>
237    <body>
238        <div th:switch="*{season}">
239            <p th:case="spring">春季</p>
240            <p th:case="summer">夏季</p>
241            <p th:case="autumn">秋季</p>
242            <p th:case="winter">冬季</p>
243        </div>
244    </body>
245    </html>
```

启动项目，打开浏览器访问"http://127.0.0.1:8080/index"地址，可以看到如图 10.17 所示，后端发送的季节名称为 spring，对应 th:switch 中的春季。

图 10.17　季节判断结果为春季

10.1.7　页面中的循环

循环是计算机编程中的一个重要语法，Thymeleaf 中的循环既不叫 while 也不叫 for，而是叫 th:each，可以理解为遍历、迭代的意思。

th:each 的语法比较特殊，比较像 Java 语言中的 foreach 循环。th:each 只能读取后端发来的队列对象（常用 List 类型），然后遍历队列中的所有元素，每取出一个元素就会将其保存在一个临时的循环变量中，其语法如下：

```
<div th:each=" 临时变量 :${ 队列对象 }">
    <div th:text="${ 临时变量 . 属性 }"></div>
    <div th:text="${ 临时变量 . 方法 ()}"></div>
</div>
```

类似的 foreach 语法：

```
List list = new ArrayList();
for (Object o : list) {
    o.getClass();
}
```

Thymeleaf 可以自动创建一个遍历状态变量，该变量名称为"临时变量名称+Stat"，调用 ${临时变量Stat.index} 可获得遍历的行索引，第一行的索引为 0。例如，遍历人员列表的行索引：

```
246    <div th:each="people:${list}">
247        <div th:text="'当前为第' + ${peopleStat.index} + '行'"></div>
248    </div>
```

[实例 07]

打印人员名单

（源码位置：资源包 \Code\10\07）

首先创建人员实体类，类中包含姓名、年龄和性别三个属性，同时要包含构造方法和属性的 Getter/Setter 方法。实体类的关键代码如下：

```
249    package com.mr.dto;
250    public class People {
251        private String name;                // 姓名
252        private Integer age;                // 年龄
253        private String sex;                 // 性别
254
255        // 此处省略构造方法和属性的Getter/Setter方法
256    }
```

然后创建 IndexController 控制器类，创建 4 个 People 对象并保存在 List 队列中，将队列保存在 Model 中，跳转至 main.html 页面。IndexController 类的代码如下：

```
257    package com.mr.controller;
258    import java.util.ArrayList;
259    import java.util.List;
260    import org.springframework.stereotype.Controller;
261    import org.springframework.ui.Model;
262    import org.springframework.web.bind.annotation.RequestMapping;
263    import com.mr.dto.People;
264
265    @Controller
266    public class IndexController {
267
268        @RequestMapping("/index")
269        public String index(Model model) {
270            List<People> list=new ArrayList<>();
271            list.add(new People("张三", 25, "男"));
272            list.add(new People("李四", 26, "女"));
273            list.add(new People("王五", 19, "男"));
274            list.add(new People("赵六", 21, "女"));
275            model.addAttribute("peoples", list);
276            return "main";
277        }
278    }
```

在 main.html 中使用 th:each 标签遍历人员队列，并将每一名人员保存在 people 变量中，在页面中打印每一名人员的姓名、年龄和性别数据，代码如下：

```
279  <!DOCTYPE html>
280  <html xmlns:th="http://www.thymeleaf.org">
281  <head>
282      <meta charset="UTF-8">
283  </head>
284  <body>
285      <div th:each="people:${peoples}">
286          <a th:text="${peopleStat.index + 1} + '号'"></a>
287          <a th:text="', 姓名: ' + ${people.name}"></a>
288          <a th:text="', 年龄: ' + ${people.age}"></a>
289          <a th:text="', 性别: ' + ${people.sex}"></a>
290      </div>
291  </body>
292  </html>
```

启动项目，打开浏览器访问"http://127.0.0.1:8080/index"地址，可以看到如图10.18所示，每一行都会打印一个人员的全部信息，页面中展示的全部信息均由后端提供，打印顺序与List中的保存顺序相同。

图 10.18　循环打印人员名单中的所有数据

10.1.8　Thymeleaf 内置对象

除了之前介绍的表达式和标签之外，Thymeleaf 还提供了一些内置对象，开发者可以直接调用这些对象的方法。Thymeleaf 提供的内置对象如表 10.5 所示。

表 10.5　Thymeleaf 提供的内置对象

对象	说明
#request	可直接代替 HttpServletRequest 对象
#session	可直接代替 HttpSession 对象
#aggregates	操作 java.util.Date 的对象
#arrays	操作 java.util.Calender 的对象
#bools	格式化数字对象
#calenders	操作字符串值的对象
#dates	操作 Object 对象
#lists	操作 list 的对象
#maps	操作数组的对象
#numbers	操作布尔值的对象
#objects	操作 set 的对象
#sets	操作 map 的对象
#strings	提供聚合函数的对象

注意：

(1) 每一个内置对象前都必须有 # 前缀，除了 #request 和 #session，其他对象名称末尾均有小写 s。(2) 内置对象要在 ${} 表达式中使用。

说明：

受篇幅限制，本节无法介绍全部的内置对象及其方法或用法，感兴趣的同学可以到 Thymeleaf 官方查看详细资料。

下面通过几个实例演示内置对象的常用方法。

[实例 08] 以不同形式打印当前日期

（源码位置：资源包\Code\10\08）

创建 IndexController 控制器类，向 Model 中添加当前时间的 java.util.Date 对象，代码如下：

```java
package com.mr.controller;
import org.springframework.stereotype.Controller;
import org.springframework.ui.Model;
import org.springframework.web.bind.annotation.RequestMapping;

@Controller
public class IndexController {
    @RequestMapping("/index")
    public String index(Model model) {
        model.addAttribute("now", new java.util.Date());
        return "index";
    }
}
```

在 index.html 中使用 #dates 内置对象读取后端传来 Date 对象，将其格式化，再分别读取年、月、日、时、分、秒、毫秒。代码如下：

```html
<!DOCTYPE html>
<html xmlns:th="http://www.thymeleaf.org">
<head>
<meta charset="UTF-8">
</head>
<body>
    <p th:text="'默认格式: ' + *{now}" />
    <p th:text="'转换格式: ' + ${#dates.format(now, 'yyyy-MM-dd HH:mm:ss SSS')}" />
    <p th:text="'转换格式: ' + ${#dates.format(now, 'yyyy年MM月dd日 HH时mm分ss秒 SSS毫秒')}" />
    <p th:text="'年: ' + ${#dates.year(now)}" />
    <p th:text="'月: ' + ${#dates.month(now)}" />
    <p th:text="'日: ' + ${#dates.day(now)}" />
    <p th:text="'时: ' + ${#dates.hour(now)}" />
    <p th:text="'分: ' + ${#dates.minute(now)}" />
    <p th:text="'秒: ' + ${#dates.second(now)}" />
    <p th:text="'毫秒: ' + ${#dates.millisecond(now)}" />
</body>
</html>
```

启动项目，打开浏览器访问"http://127.0.0.1:8080/index"地址，可以看到如图 10.19 所示，Date 的默认格式是 Java 中的默认格式，转换格式的效果类似 SimpleDateFormat 类，读取年月日的效果类似 Calender 类。

图 10.19　格式化读取当前时间并分别读取不同的值

[实例 09]　　　　　　　　　　　　　　　　　　　　　（源码位置：资源包 \Code\10\09）

操作字符串内容

创建 IndexController 控制器类，向 Model 中添加一段包含中英文的文字，代码如下：

```
324    package com.mr.controller;
325    import org.springframework.stereotype.Controller;
326    import org.springframework.ui.Model;
327    import org.springframework.web.bind.annotation.RequestMapping;
328    @Controller
329    public class IndexController {
330        @RequestMapping("/index")
331        public String index(Model model) {
332            model.addAttribute("motto", "更快，更高，更强（Faster, Higher, Stronger）");
333            return "index";
334        }
335    }
```

在 index.html 中读取后端传来的文字，使用 #strings 内置对象对这段文字做获取长度、是否包含某内容、大写格式、截取和替换操作。代码如下：

```
336    <!DOCTYPE html>
337    <html xmlns:th="http://www.thymeleaf.org">
338    <head>
339    <meta charset="UTF-8">
340    </head>
341    <body>
342        <p th:text="'原文：' + *{motto}" />
343        <p th:text="'总长：' + ${#strings.length(motto)}" />
344        <p th:text="'包含 Faster：' + ${#strings.contains(motto,'Faster')}" />
345        <p th:text="'全部大写：' + ${#strings.toUpperCase(motto)}" />
346        <p th:text="'截取：' + ${#strings.substring(motto,3,8)}" />
347        <p th:text="'替换：' + ${#strings.replace(motto,'，','！')}" />
348    </body>
349    </html>
```

启动项目，打开浏览器访问"http://127.0.0.1:8080/index"地址，可以看到如图 10.20 所示。最后的截取操作是将中文"，"替换成了中文"！"。

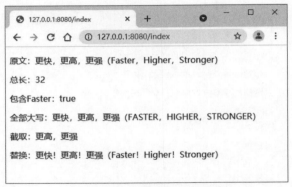

图 10.20 字符串操作效果

[实例 10]（源码位置：资源包 \Code\10\10）

操作 List、Set 和 Map 类型的集合对象

创建 IndexController 控制器类，分别创建保存数字的 List 对象、保存人名的 Set 对象和一个简单的 Map 对象，并将这三个对象都保存在 Model 中，代码如下：

```
350    package com.mr.controller;
351    import java.util.ArrayList;
352    import java.util.HashMap;
353    import java.util.HashSet;
354    import java.util.List;
355    import java.util.Map;
356    import java.util.Set;
357    import org.springframework.stereotype.Controller;
358    import org.springframework.ui.Model;
359    import org.springframework.web.bind.annotation.RequestMapping;
360    
361    @Controller
362    public class IndexController {
363        @RequestMapping("/index")
364        public String index(Model model) {
365            Integer i[] = { 27, 15, 3, 94 };
366            List<Integer> list = new ArrayList<Integer>(List.of(i));
367            model.addAttribute("list", list);
368    
369            String str[] = { "张三", "李四", "王五", "赵六" };
370            Set<String> set = new HashSet<String>(Set.of(str));
371            model.addAttribute("set", set);
372    
373            Map<Integer, String> map = new HashMap<Integer, String>(Map.of(1, "一", 2, "二"));
374            model.addAttribute("map", map);
375            return "index";
376        }
377    }
```

在 index.html 中分别使用 #list、#sets 和 #map 读取 Model 中的集合对象，输出这些集合的是否为空、元素个数等信息，代码如下：

```
378    <!DOCTYPE html>
379    <html xmlns:th="http://www.thymeleaf.org">
380    <head>
```

```
381    <meta charset="UTF-8">
382    </head>
383    <body>
384        <p th:text="'list 原值: ' + *{list}" />
385        <p th:text="'list 是否为空: ' + ${#lists.isEmpty(list)}" />
386        <p th:text="'list 元素个数: ' + ${#lists.size(list)}" />
387        <p th:text="' 包含 15 : ' + ${#lists.contains(list, 15)}" />
388        <p th:text="' 排序: ' + ${#lists.sort(list)}" />
389        <br />
390        <p th:text="'set 原值: ' + *{set}" />
391        <p th:text="'set 是否为空: ' + ${#sets.isEmpty(set)}" />
392        <p th:text="'set 元素个数: ' + ${#sets.size(set)}" />
393        <p th:text="' 包含李四: ' + ${#sets.contains(set, '李四 ')}" />
394        <br />
395        <p th:text="'map 原值: ' + *{map}" />
396        <p th:text="'map 是否为空: ' + ${#maps.isEmpty(map)}" />
397        <p th:text="'map 键个数: ' + ${#maps.size(map)}" />
398        <p th:text="' 包含 \"1\" 键: ' + ${#maps.containsKey(map, 1)}" />
399        <p th:text="' 包含 \"二 \" 值: ' + ${#maps.containsValue(map, ' 二 ')}" />
400    </body>
401    </html>
```

启动项目,打开浏览器访问"http://127.0.0.1:8080/index"地址,可以看到如图 10.21 所示。#list、#sets 和 #map 可以对各自类型的集合对象做一些常规操作。

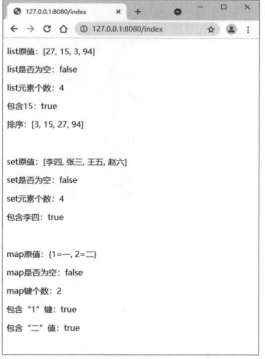

图 10.21 Thymeleaf 操作集合对象的效果

[实例 11] （源码位置：资源包 \Code\10\11）

读取当前登录的用户名和请求中的消息

创建 IndexController 控制器类,在映射方法中添加 HttpServletRequest 和 HttpSession 参

数，向 HttpServletRequest 写入要展示的消息，向 HttpSession 写入当前登录的用户名，代码如下：

```
package com.mr.controller;
import javax.servlet.http.HttpServletRequest;
import javax.servlet.http.HttpSession;
import org.springframework.stereotype.Controller;
import org.springframework.web.bind.annotation.RequestMapping;

@Controller
public class IndexController {
    @RequestMapping("/index")
    public String index(HttpServletRequest request, HttpSession session) {
        request.setAttribute("message", " 这是从请求中读取的属性 ");    // 发送一条消息
        session.setAttribute("user", " 张三 ");                      // 记录当前登录的用户名
        return "index";
    }
}
```

在 index.html 中使用 #session 就可以直接从 HttpSession 中读取用户名，用 #request 直接从 HttpServletRequest 中读取消息，代码如下：

```
<!DOCTYPE html>
<html xmlns:th="http://www.thymeleaf.org">
<head>
<meta charset="UTF-8">
</head>
<body>
    <p th:text="' 您好, ' + ${#session.getAttribute('user')}" />
    <p th:text="${#request.getAttribute('message')}" />
</body>
</html>
```

启动项目，打开浏览器访问 "http://127.0.0.1:8080/index" 地址，可以看到如图 10.22 所示结果，HttpServletRequest 和 HttpSession 中的数据可以正常读出。

图 10.22　Thymeleaf 读取请求和会话中的数据

10.1.9　嵌入其他页面文件

很多网站的页面会共用同一个页面内容。例如，网站头部的菜单，网站底部的声明，有些网站还会共用两侧的广告栏。这些被多个页面重复使用的页面板块通常会单独保存成一个页面文件，然后嵌入其他页面中。JSP 技术使用 <%@include%> 或 <jsp:include> 实现嵌入页面，而 Thymeleaf 则有一个专用的～{} 表达式实现此功能，被插入的片段必须通过 th:fragment 标签定义。下面通过一个实例演示如何在主页插入头页面和脚页面。

[实例12] 在主页插入顶部的登录菜单和底部的声明页面

（源码位置：资源包\Code\10\12）

首先要创建 3 个 HTML 文件，index.html 为主页，bottom 文件夹下的 foot.html 为所有网页共用的底部页面，top 文件夹下的 head.html 为所有网页共用的底部页面。3 个文件的位置如图 10.23 所示。

在 head.html 文件中，创建"登录"和"注册"两个超链接，并使用 th:fragment 将最外层的 div 定义为"login"代码片段，这样其他页面通过嵌入"login"就可以展示此顶部页面。head.html 的代码如下：

图 10.23　3 个 HTML 文件的位置

```
429    <html xmlns:th="http://www.thymeleaf.org">
430    <head>
431    <meta charset="UTF-8">
432    </head>
433    <div th:fragment="login">
434        <div style="float: right">
435            <a href="#"> 登录 </a>  <a href="#"> 注册 </a>
436        </div>
437    </div>
438    </html>
```

在 foot.html 文件中，模拟展示一行简易的声明文字，然后将最外层的 div 定义为"foot"代码片段，其他页面通过嵌入"foot"就可以展示此底部页面。foot.html 的代码如下：

```
439    <html xmlns:th="http://www.thymeleaf.org">
440    <head>
441    <meta charset="UTF-8">
442    </head>
443    <div th:fragment="foot">
444        <div style="width: 100%; position: fixed; bottom: 0px; text-align: center;">
445            <p> 联系我们 XXXX 公司　公安备案 XXXXXXXXXX</p>
446        </div>
447    </div>
448    </html>
```

在 index.html 主页文件中，通过 th:include 标签插入刚才写好的顶部和底部。例如~{top/head::login} 是插入顶部片段的表达式，其含义为：此处插入的代码片段来自 top 目录下的 head.html 文件，代码片段的名称为 login。~{bottom/foot::foot} 同理。th:fragment 标签定义的代码片段是什么，就会在 th:include 内显示什么。index.html 的代码如下：

```
449    <!DOCTYPE html>
450    <html xmlns:th="http://www.thymeleaf.org">
451    <head>
452    <meta charset="UTF-8">
453    </head>
454    <body>
455        <div th:include="~{top/head::login}"></div>
456        <br> <br>
457        <div style="text-align: center">
458            <h1> 欢迎来到 XXXX 网站 </h1>
459        </div>
460        <br> <br>
461        <div th:include="~{bottom/foot::foot}"></div>
462    </body>
463    </html>
```

编写完所有 HTML 文件后，创建一个简单 Controller 类跳转至主页，代码如下：

```
@Controller
public class IndexController {
    @RequestMapping("/index")
    public String index() {
        return "index";
    }
}
```

启动项目，打开浏览器访问"http://127.0.0.1:8080/index"地址，可以看到如图 10.24 所示的页面。页面中部的"欢迎来到 XXXX 网站"文字是 index.html 自己提供的，但顶部的登录与注册超链接则是嵌入的 head.html 页面内容，底部的文字是嵌入的 foot.html 页面内容。

图 10.24　嵌入顶部页面和底部页面的效果

10.1.10　其他配置

Spring Boot 项目允许在 application.properties 配置文件中为 Thymeleaf 添加配置，Spring Boot 实现相关配置项的类为 org.springframework.boot.autoconfigure.thymeleaf.ThymeleafProperties，该类使用 spring.thymeleaf 作为 Thymeleaf 模板引擎的配置项前缀，大部分配置项都采用默认配置，开发者可以根据自己的需求修改相关配置。Thymeleaf 默认配置及其含义如下所示：

```
# 生成 URL 时的前缀，也是网页文件所在的文件路径
spring.thymeleaf.prefix=classpath:/templates/
# 生成 URL 时的后缀，也是网页文件的后缀名
spring.thymeleaf.suffix=.html
# 模板文件字符编码
spring.thymeleaf.encoding=UTF-8
# 启用缓存
spring.thymeleaf.cache=true
# 应用于模板的模式，其他枚举项详见 org.thymeleaf.templatemode.TemplateMode
spring.thymeleaf.mode=HTML
# 在呈现模板之前检查模板是否存在
spring.thymeleaf.checkTemplate=true
# 检查模板位置是否存在
spring.thymeleaf.checkTemplateLocation=true
# 在 Web 框架中启用 Thymeleaf 视图
spring.thymeleaf.enabled=true
# 在复选框完成渲染之前不要隐藏表单的输入动作
spring.thymeleaf.renderHiddenMarkersBeforeCheckboxes=false
```

10.2 FreeMarker

FreeMarker 同样是 Spring Boot 官方推荐的模板引擎之一。相比 Thymeleaf，FreeMarker 的功能更为丰富，可以应对更复杂的场景，但这也导致 FreeMarker 的用法会比 Thymeleaf 复杂许多。

作为模板引擎，FreeMarker 不仅支持 HTML 格式作为模板，还提供了一种自己专属的模板格式——FTL 格式，全称为 FreeMarker Template Language。开发者可根据项目需求自行选择采用哪种格式的模板。

10.2.1 添加依赖

FreeMarker 与 Thymeleaf 一样需要手动添加到 Spring Boot 项目中。在 Spring 创建项目的添加依赖页面中选中 Apache FreeMarker，位置如 10.25 所示。

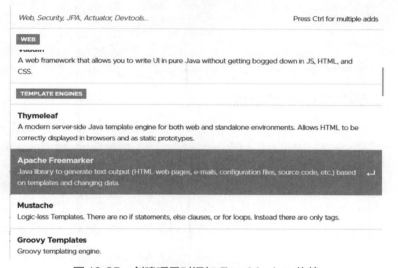

图 10.25 创建项目时添加 FreeMarker 依赖

或者在已创建好的项目的 pom.xml 文件中添加以下依赖：

```
489    <dependency>
490        <groupId>org.springframework.boot</groupId>
491        <artifactId>spring-boot-starter-freemarker</artifactId>
492    </dependency>
```

10.2.2 添加配置

使用 FreeMarker 前必须配置模板的格式，在 application.properties 配置文件中将模板格式设置为 HTML 文件的配置写法如下：

```
spring.freemarker.suffix=.html
```

如果采用 FTL 文件作为模板的写法如下：

```
spring.freemarker.suffix=.ftl
```

> **说明：**
> 本书会以常见的 HTML 文件作为 FreeMarker 模板。

Spring Boot 中实现 FreeMarker 相关配置项的类为 AbstractTemplateViewResolverProperties，该类位于 org.springframework.boot.autoconfigure.template 包。FreeMarker 的常见默认配置及其含义如下所示：

```
# 模板后缀名
spring.freemarker.suffix=.html
# 模板路径
spring.freemarker.template-loader-path=classpath:/templates/
# 内容类型为 UTF-8 编码的 HTML 文本
spring.freemarker.content-type=text/html; charset=utf-8
# 检查模板位置是否存在
spring.freemarker.check-template-location=true
# 模板字符编码
spring.freemarker.charset=utf-8
# 是否启用模板缓存
spring.freemarker.cache=false
# 是否允许 HttpServletRequest 属性重写（隐藏）控制器生成的同名模型属性
spring.freemarker.allow-request-override=false
# 是否允许 HttpSession 属性重写（隐藏）控制器生成的同名模型属性
spring.freemarker.allow-session-override=false
# 是否为此技术启用 MVC 视图分辨率
spring.freemarker.enabled=true
```

10.2.3 跳转至页面和传递参数

在 Spring Boot 中使用 FreeMarker 跳转页面和传递参数的方式与 Thymeleaf 语法一致。

跳转页面的控制器类必须用 @Controller 注解，而不能使用 @RestController 注解。控制器方法的返回的字符串为跳转的模板文件名称。

传递参数使用 org.springframework.ui.Model 类型参数，将要传递的值或对象保存在 Model 参数的属性中，FreeMarker 可以自动从 Model 中读取这些参数。

FreeMarker 读取数值参数或对象参数使用的都是同一个表达式，其语法如下：

```
${key}                    // 读取值参数
${key.name}               // 读取对象属性
${key.getName()}          // 读取对象方法返回值
```

[实例 13]　　　　　　　　　　　　　（源码位置：资源包 \Code\10\13）

在主页中显示班级和老师姓名、年龄

首先配置 FreeMarker 的模板格式，本项目采用 HTML 格式，配置如下：

```
spring.freemarker.suffix=.html
```

然后编写 Java 文件。创建教师类，类包含姓名和年龄两个属性，再给类添加构造方法和属性的 Getter/Setter 方法，关键代码如下：

```
package com.mr.vo;
public class Teacher {
    String name;
    Integer age;
    // 此处省略构造方法和属性的 Getter/Setter 方法
}
```

创建 IndexController 控制器类，为映射"/index"的方法添加 Model 参数。把班级字符串保存在 Model 中。创建张三老师对象，将该对象保存在 Model 中。方法最后跳转至 index.html 页面。IndexController 类代码如下：

```java
package com.mr.controller;
import org.springframework.stereotype.Controller;
import org.springframework.ui.Model;
import org.springframework.web.bind.annotation.RequestMapping;
import com.mr.vo.Teacher;

@Controller
public class IndexController {

    @RequestMapping("/index")
    public String show(Model model) {
        model.addAttribute("class", "一年一班");
        model.addAttribute("teacher", new Teacher("张三", 25));
        return "index";
    }
}
```

最后编写网页文件。创建 index.html 网页文件，在页面中读取 class 的值和教师的姓名与年龄。姓名通过"对象.属性"的方式读取，年龄通过"对象.方法()"的方法读取。index.html 代码如下：

```html
<!DOCTYPE html>
<html>
<head>
<meta charset="UTF-8">
</head>
<body>
    <p>班级：${class}</p>
    <p>教师姓名：${teacher.name}</p>
    <p>教师年龄：${teacher.getAge()}</p>
</body>
</html>
```

启动项目，打开浏览器访问"http://127.0.0.1:8080/index"地址，可以看到如图 10.26 所示结果，该结果为三种表达式读取到的数值。

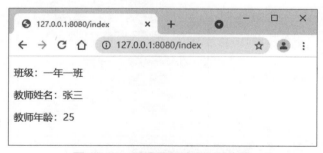

图 10.26　页面显示读取到的参数

10.2.4　指令

FreeMarker 提供了许多 FTL 标签供开发者执行模板指令，这些标签不需要像 Thymeleaf 那样在页面中导入标签头信息，FreeMarker 可以自动识别模板中的标签并将其转化为 HTML 文本。

因为 FTL 标签都是用指令命名的，所以通常直接将这些标签称呼为指令。FreeMarker 指令的语法如下：

```
<# 指令 表达式 >
    < 子标签 >
</# 指令 >
```

使用指令有以下几点需要说明。
- 所有指令必须通过 FTL 标签调用，也就是必须写在 <# > 标签中。指令名与 # 符号之间没有空格。
- 指令标签可以有子标签，一些需要配套使用的指令就是父标签和子标签的关系。
- 不同指令的表达式的功能不同，这些功能包括且不限于赋值、定义变量、计算公式等。
- 所有指令都要写开始标签，但个别指令不需要写结束标签，例如 assign、elseif 等。

FreeMarker 常用指令有很多，详见表 10.6。

表 10.6　FreeMarker 常用指令

指令	说明	示例	示例结果
assign	用于定义临时变量或代码块	`<#assign name="张三">` `${name}`	张三

list	遍历序列	`<#list [1, 2, 3] as item>`
		　　【 ${item} 】
		`</#list>`
			【1】【2】【3】

sep	在遍历时添加分隔符，会跳过最后一个元素	`<#list [1, 2, 3] as item>`
		　　${item} `<#sep>`,`</#sep>`
		`</#list>`
			1，2，3

if	条件判断	`<#if name == "张三" >`
		　　您好，张三
		`</#if>`
			您好，张三

elseif	条件判断的其他条件分支	`<#if name == "张三" >`
		　　您好，张三
		`<#elseif name == "李四" >`
		　　您好，李四
		`</#if>`
			您好，李四

else	不符合条件的其他结果	`<#if name == "张三" >`
		　　您好，张三
		`<#elseif name == "李四" >`
		　　您好，李四
		`<#else>`
		　　我不认识你
		`</#if>`
			我不认识你

include	嵌入其他模板文件，类似 JSP 中的 <%@include%>	`<#include "head.html">`	将 head.html 嵌入到当前页面

local	功能类似于 assign，不仅可以创建局部变量，还可以替换局部变量的值，但只能在宏或方法的内部使用	`<#function getNum x>`
		　　`<#local x = x + 200>`
		　　`<#return x>`
		`</#function>`
		`${getNum(23)}`
			223

续表

指令	说明	示例	示例结果
break	跳出指令，可以跳出循环和switch	详见 switch 指令	
return	为方法添加返回值	详见 function 指令	

function	定义方法	`<#function sum x y>`
		  `<#return x+y>`
		`</#function>`
		`${sum(150,200)}`
			350

compress	去除多余的空白字符	`<#compress>`
		  1 2 3 4
		  a b c
		`</#compress>`
			1 2 3 4 a b c

setting	修改 Freemaker 配置	`<#setting locale="en_US">`	本地化配置变更为美国

switch	多分支判断指令	`<#switch language>`
		  `<#case "zh">` 你好 `<#break>`
		  `<#case "en">` Hello `<#break>`
		  `<#case "fr">` Bonjour `<#break>`
		  `<#default>` 请选择语言
		`</#switch>`	

case	多分支判断的分支项	详见 switch 指令	
default	多分支判断的默认项	详见 switch 指令	
global	定义全局变量，用法类似 assign 指令	`<#global finish=false>`	

10.2.5　在网页中声明变量

assign 的英文原意为"分配、指派"，FreeMarker 的 assign 指令可用于定义临时变量或代码块，定义临时变量的语法如下：

```
<#assign 变量1 = "值1"  变量2 = "值2" ……>
```

定义好的变量可以直接通过 ${key} 表达式展示在页面中。例如，在页面中定义 name 变量等于"张三"，定义 age 变量等于 18，sex 变量等于"男"，展示这些语法如下：

```
545    <#assign name="张三" age=18 "sex"="男">
546    <p>姓名：${name}</p>
547    <p>年龄：${age}</p>
548    <p>性别：${sex}</p>
```

> **注意：**
> assign 命令不需要 `</#assign>` 标签结尾

assign 指令可以声明以下 3 种类型的变量。

① 值类型，语法如下：

```
<#assign 变量 = "值">
```

② 序列类型，语法如下：

```
<#assign 变量 = [ 元素 1，元素 2，元素 3，元素 4 ...... ] >
```

如果要创建空序列，代码如下：

```
549    <#assign list = [] >
```

③ 键值类型，语法如下：

```
<#assign 变量 = {" 键 1":" 值 1"，" 键 2":" 值 2"，" 键 3":" 值 3" ...... } >
```

如果要创建空 j 键值对，代码如下：

```
550    <#assign map = {} >
```

[实例 14] 使用 assign 指令定义西游记师徒四人的基本信息

（源码位置：资源包 \Code\10\14）

使用 assign 指令定义西游记中取经队伍的队伍名称、队伍成员，以及各成员所使用的武器，分别定义成值类型、序列类型和键值对类型。

FreeMarker 模板采用 HTML 格式，配置如下：

```
551    spring.freemarker.suffix=.html
```

创建一个简单控制器类，让前端请求跳转至 HTML 页面，核心方法如下：

```
552    @RequestMapping("/index")
553    public String show() {
554        return "index";
555    }
```

创建 index.html 页面文件，在该页面中使用 assign 指令创建一个值变量、一个序列和一个键值对，然后使用 list 指令遍历序列和键值对。遍历键值对时需要使用 "?keys" 函数取出键值对的键序列。index.html 的代码如下：

```
556    <!DOCTYPE html>
557    <html>
558    <head>
559    <meta charset="UTF-8">
560    </head>
561    <body>
562        <!-- 定义队伍名称、队伍成员和成员使用的武器 -->
563        <#assign team="西天取经" member=[ " 唐三藏 "," 孙悟空 "," 猪八戒 "," 沙悟净 "]>
564        <#assign arms={" 孙悟空 ":" 金箍棒 "," 猪八戒 ":" 钉耙 "," 沙悟净 ":" 降妖杖 "}>
565        <p> 队伍名称: ${team}</p>
566        成员 :
567        <#list member as one> ${one} </#list>   <!-- 遍历成员序列 -->
568        <p> 成员使用的武器: </p>
569        <#list arms?keys as k>          <!-- 获取键值对中的每一个键 -->
570            <p>${k} —— ${arms[k]}</p>   <!-- 输出键及其对应的值 -->
571        </#list>
572    </body>
573    </html>
```

启动项目，打开浏览器访问 "http://127.0.0.1:8080/index" 地址，可以看到如图 10.27 所示结果。

图 10.27　页面显示了 assign 指令创建的值

10.2.6 "?" 和 "!" 的用法

问号符号有两种用法，"?" 单个问号表示某变量交由某函数进行处理，其语法如下：

> 变量？函数名

例如，让 people 变量以字符串形式输出，代码如下：

```
574    ${peoplde?string}
```

让后端发来的 Date 对象以"日期 + 时间"格式显示，代码如下：

```
575    ${now?datetime}
```

"??" 双问号是一种判断符号，用来判断变量是不是空字符串、空序列，判断结果为布尔值，其语法如下：

> 变量 ??

例如，创建一个没有任何值的序列 x，使用 ?? 判断 x 是否为空，代码如下：

```
576    <#assign x = []>
577    <#if x??>
578    x 不是空序列
579    </#if>
```

创建一个没有任何内容的字符串变量 x，判断 x 是否为空字符串，代码如下：

```
580    <#assign x = "">
581    <#if x??>
582    x 字符串不是空内容
583    </#if>
```

"!" 符号用来指定 null 变量的默认值，仅在变量为 null 时才有效。其语法如下：

> 变量！默认值

> 注意：
>
> （1）null 值无法通过 assign 指令定义，只能通过后端传递给前端。（2）叹号只能判断左侧值是否为 null，如果表达式调用了任何 null 对象的属性或方法都会引发异常，而不会返回默认值。例如 ${people.id!123456}，如果 id 的值为 null，则返回 123456，如果 people 为 null，则抛出异常。

[实例 15] 使用 ?? 和 ! 处理后端发送的值,防止出现空数据

（源码位置：资源包 \Code\10\15）

FreeMarker 模板采用 HTML 格式，配置如下：

```
584    spring.freemarker.suffix=.html
```

创建一个简单控制器类，后端向前端发送一个空内容的 signature 属性，然后跳转至 index.html，核心方法如下：

```
585    @RequestMapping("/index")
586    public String show(Model model) {
587        model.addAttribute("signature", "");
588        return "index";
589    }
```

创建 index.html 页面文件，在该页面中获取 model 的 signature 属性和 name 属性。因为后端没有发送 name 属性，所以要用 "!" 为 name 设定默认值。使用 if 指令判断 signature 是否为空字符串，如果为空就给出一行默认的提示。index.html 页面的代码如下：

```
590    <!DOCTYPE html>
591    <html>
592    <head>
593    <meta charset="UTF-8">
594    </head>
595    <body>
596        <p>${name!"游客"}，你好</p>
597        <#if signature??>
598            <p>${signature}</p>
599        <#else>
600            <p>[ 快设置一个有个性的签名吧 ]</p>
601        </#if>
602    </body>
603    </html>
```

启动项目，打开浏览器访问"http://127.0.0.1:8080/index"地址，可以看到如图 10.28 所示结果，页面显示了空数据或 null 的处理结果。

图 10.28 空数据的处理结果

10.2.7 内置函数

FreeMarker 有一个庞大的函数库供 "?" 符号使用，这些函数库基本包含了所有常见的业务场景，包括字符串处理、日期处理、序列处理等。本节将提供一些常用函数的说明及示例（表 10.7 ~ 表 10.11），如果读者对 FreeMarker 的完整函数库感兴趣们可以查阅官方在线文档：

第 10 章 模板引擎

表 10.7 字符串函数

函数名	说明	示例	示例结果
string	让?左边的值以字符串形式输出，相当于调用了Java语言中的toString()方法	${(1<2)?string}	true
boolean	判断字符串内容不是"true"或"false"，是则返回对应的布尔值，不是则抛出异常	${"true"?boolean?string}	true
cap_first	让字符串首字母大写	${"good"?cap_first}	Good
capitalize	让字符串中每一个单词首字母都大写	${"time is money"?capitalize}	Time Is Money
contains(value)	判断字符串中是否包含value，返回布尔值	${"不要把答案写出格外"?contains("格外")?string}	true
ends_with(value)	判断字符串是否以value结尾	${"考试重点.mp4"?ends_with(".mp4")?string}	true
ensure_ends_with(end)	如果字符串没有以end结尾，就把end拼接到结尾	${"谁点的"?ensure_ends_with("外卖")}	谁点的外卖
ensure_starts_with(start)	如果字符串没有以start开头，就把start拼接到开头	${"现在开会"?ensure_starts_with("同志们，")}	同志们，现在开会
html	将字符串中的特殊符号转换成HTML中的转义字符，以保证网页可以正常显示所有内容	${"<>"&"?html}	<>"&
index_of(value)	获取value在字符串中第一次出现的索引位置	${"abcdefgh"?index_of("bc")}	1
j_string	根据Java语言字符串转义规则来转义字符串	${"箱子里有"宝贝""?j_string}	箱子里有\"宝贝\"
js_string	根据JavaScript语言的字符串转义规则来转义字符串	${"Tom's book"?js_string}	Tom\'s book
json_string	根据JSON语言的字符串转义规则来转义字符串	${"]"?>"?json_string}	]]\u003E
keep_after(value)	如果字符串中包含value，只保留value第一次出现位置之后的所有内容（不包括value本身）	${"11223322aa"?keep_after("22")}	3322aa
keep_after_last(value)	如果字符串中包含value，只保留value最后一次出现位置之后的所有内容（不包括value本身）	${"11223322aa"?keep_after_last("22")}	aa
keep_before(value)	如果字符串中包含value，只保留value第一次出现位置之前的所有内容（不包括value本身）	${"11223322aa"?keep_before("22")}	11
keep_before_last(value)	如果字符串中包含value，只保留value最后一次出现位置之前的所有内容（不包括value本身）	${"11223322aa"?keep_before_last("22")}	112233
last_index_of(value)	获取value在字符串中最后一次出现的索引位置	${"11223322aa"?last_index_of("22")}	6

续表

函数名	说明	示例	示例结果
length	获取字符串的长度	${"abcdefg"?length}	7
lower_case	将字符串转为小写	${"ABC"?lower_case}	abc
number	将字符串转为数字格式	${"1.23E6"?number}	1230000
replace(old, new)	将字符串中的 old 内容替换成 new 内容	${"请登录账号"?replace("登录","登录")}	请登录账号
remove_beginning(value)	如果字符串以 value 开头，则删除 value	${"11223322 11"?remove_beginning("11")}	22332211
remove_ending(value)	如果字符串以 value 结尾，则删除 value	${"11223322 11"?remove_ending("11")}	11223322
rtf	将字符串中的 "\"替换为 "\\", "\}" 替换为 "\{", "\}" 替换为 "\}"	${"\\{}"?rtf}	\\\{}
split(value)	以 value 作为分隔符，将字符串分割成序列	<#list "192.168.1.1"?split(".") as item> [${item}] </#list>	[192][168][1][1]
starts_with(value)	判断字符串是否以 value 开头	${"[双十一特惠]26英寸高清显示器"?starts_with("[618活动]")?string}	false
trim	去掉字符串前后空白内容	[${" abd "?trim}]	[abd]
upper_case	将字符串转为大写	${"abc"?upper_case}	ABC
word_list	试图根据空白内容将字符串分割成单词序列	<#assign w = "Time is money, my friend !"> <#list w?word_list as item> [${item}] </#list>	[Time][is][money,][my][friend][!]
xhtml	根据 XHTML 转义规则来转义字符串	${"'<>&\""?xhtml}	<>&"'
xml	根据 XML 转义规则来转义字符串	${"'<>&\""?xml}	<>&"'

表 10.8　日期函数

函数名	说明	示例	示例结果
date	仅显示 Date 的日期，不显示时间	${.now?date}	2021年7月28日
time	仅显示 Date 的时间，不显示日期	${.now?time}	上午 9:41:33
datetime	显示 Date 的日期和时间	${.now?datetime}	2021年7月28日 上午9:41:33
string("Date 格式")	让 Date 按照指定日期格式显示	${.now?string("yyyy-MM-dd HH:mm:ss.SSS")}	2021-07-28 09:41:33.240

表 10.9　数字函数

函数名	说明	示例	示例结果
abs	取绝对值	<#assign a=-7> ${a?abs}	7
is_infinite	判断浮点数是否为无穷大	${3.11?is_infinite?string}	false
is_nan	判断浮点数是否为无效数字	${3.11?is_nan?string}	false
round	浮点数四舍五入取整	${1.5?round}	2
floor	浮点数向下取整	${1.5?floor}	1
ceiling	浮点数向上取整	${1.5?ceiling}	2
string("数字格式")	让数字按指定格式显示	<#assign pi=3.1415926> ${pi?string["0"]} ${pi?string["0.##"]} ${pi?string["0.####"]}	3 3.14 3.1416
byte,short,int,long,float,double	强转为其他数字类型	<#assign pi=3.1415926> ${pi?int}	3

表 10.10　序列函数

函数名	说明	示例	示例结果
chunk(length)	将序列拆分，每段长度为 length，最后一段的长度可能缩短	<#assign arr = [1,2,3,4,5]> <#list arr?chunk(3) as row> 　　<#list row as cell>${cell}</#list> </#list>	123 45
chunk((length, supplement)	将序列拆分，若最后一段的长度不足 length，则用 supplement 填充	<#assign arr = [1,2,3,4,5]> <#list arr?chunk(3,'*') as row> 　　<#list row as cell>${cell}</#list> </#list>	123 45*
first	取序列中第一个值	<#assign arr = [1,2,3,4,5]> ${arr?first}	1
join(separator)	将序列拼接成字符串，元素之间用 separator 分割	<#assign arr = ['明','日','科','技']> ${arr?join("|")}	明|日|科|技
join(separator, default)	将序列拼接成字符串，如果序列为空则返回 default 默认值	${[]?join("","采用默认值")}	采用默认值
join(separator, default, end)	将序列拼接成字符串，在处理之后的结果末尾拼接 end	<#assign arr = ['明','日','科','技']> ${arr?join("|","默认值","搞定收工")}	明|日|科|技 搞定收工

续表

函数名	说明	示例	示例结果
last	取序列中最后一个值	`<#assign arr = [1,2,3,4,5]>` `${arr?last}`	5
reverse	反转序列	`<#assign arr = [1,2,3,4,5]>` `<#list arr?reverse as i >${i}</#list>`	54321
seq_contains(item)	判断序列中是否包含item元素	`<#assign arr = [1,2,3,4,5]>` `${arr?seq_contains(4)?string}`	true
seq_index_of(item)	获取元素item的第一次出现的索引位置，若无此元素则返回-1	`<#assign arr = ['a','b','a']>` `${arr?seq_index_of('a')}`	0
seq_last_index_of(item)	获取元素item的最后一次出现的索引位置，若无此元素则返回-1	`<#assign arr = ['a','b','a']>` `${arr?seq_last_index_of('a')}`	2
size	获取序列中元素个数	`<#assign arr = [1,2,3,4,5]>` `${arr?size}`	5
sort	以升序方式返回序列	`<#assign arr=[9,5,1,7,3,6,4]>` `<#list arr?sort as i>${i}</#list>`	1345679

表 10.11 循环函数

函数名	说明	示例	示例结果
index	循环的索引，从0开始	`<#list ['a', 'b', 'c'] as i> ${i?index} </#list>`	0 1 2
counter	循环的索引，从1开始	`<#list ['a', 'b', 'c'] as i> ${i?counter} </#list>`	1 2 3
has_next	判断当前元素的下一位是否还有其他元素	`<#list ['a', 'b', 'c'] as i> ${i?has_next?string} </#list>`	true true false
is_first	判断当前元素是否为第一个元素	`<#list ['a', 'b', 'c'] as i> ${i?is_first?string} </#list>`	true false false
is_last	判断当前元素是否为最后一个元素	`<#list ['a', 'b', 'c'] as i> ${i?is_last?string} </#list>`	false false true

10.2.8 页面中的条件判断

FreeMarker 的判断包含三个指令，分别是 if、elseif 和 else，这三个指令使用语法如下：

```
<#if 表达式1>
    表达式1为true时显示的内容
<#elseif 表达式2>
    表达式2为true时显示的内容
<#elseif 表达式3>
    表达式3为true时显示的内容
...
<#else>
    所有表达式都是false时显示的内容
</#if>
```

> **注意：**
> 判断指令中只有 `</#if>` 结尾，其他标签不需要写结尾。

elseif 和 else 是可选指令，如果没有其他条件分支则可以简写以下形式：

```
<#if 表达式 >
    表达式为 true 时显示的内容
</#if>
```

if 指令的表达式可以直接读取 Model 中的参数，例如 Model 中保存的参数如下：

```
604    model.addAttribute("weather", "多云转晴");
```

if 指令可以直接判断该参数的值，代码如下：

```
605    <#if weather == "暴雨"> </#if>
```

在做数值的比较运算时，">"和">="与标签末尾的尖括号是同一个符号，有些场景下容易造成混淆，为了避免这种问题 FreeMarker 提供了两种解决方案。
① 使用英文替代符。lt 替代 <，lte 替代 <=，gt 替代 >，gte 替代 >=。
② 为表达式添加圆括号。
例如，要在表达式中判断 age >= 18，可以使用以下两种写法：

```
606    <#if age gte 18 >
607    <#if (age >= 18) >
```

[实例 16] 根据学生各科成绩给出优、良、及格、不及格评级

（源码位置：资源包 \Code\10\16）

在网页中录入一个学生的语文、数学和英语成绩，提交后给出这些成绩的评级结果。实现这个功能需要编写两个网页：录入页面和结果页面。

FreeMarker 模板采用 HTML 格式，配置如下：

```
608    spring.freemarker.suffix=.html
```

创建跳转页面的 ExamController 控制器，访问"/index"跳转至填写表单的 input_results.html 页面，访问"/input"跳转至 exam_results.html 评级页面，在此跳转过程中同时将三科成绩一起传递过去。ExamController 类的代码如下：

```
609    package com.mr.controller;
610    import org.springframework.stereotype.Controller;
611    import org.springframework.ui.Model;
612    import org.springframework.web.bind.annotation.RequestMapping;
613    
614    @Controller
615    public class ExamController {
616    
617        @RequestMapping("/input")
618        public String input(Double chinese, Double math, Double english, Model model) {
619            model.addAttribute("chinese", chinese.doubleValue());
620            model.addAttribute("english", english.doubleValue());
621            model.addAttribute("math", math.doubleValue());
622            return "exam_results";
623        }
624    
625        @RequestMapping("/index")
626        public String index() {
627            return "input_results";
628        }
629    }
```

input_results.html 用于填写成绩，列出三科成绩的输入框，以表单的形式提交。页面代码如下：

```html
630  <!DOCTYPE html>
631  <html>
632  <head>
633  <meta charset="UTF-8">
634  </head>
635  <body>
636  <form action="/input" method="post">
637  <a> 语文成绩: </a><input type="text" name="chinese"/><br>
638  <a> 数学成绩: </a><input type="text" name="math"/><br>
639  <a> 英语成绩: </a><input type="text" name="english"/><br>
640  <input type="submit" value=" 提交 " />
641  </form>
642  </body>
643  </html>
```

exam_results.html 显示评级结果，使用 if 指令判断各科成绩，大于等于 90 分的评为优，大于等于 70 分的评为良，大于等于 60 分的评为及格，小于 60 分的评为不及格。页面代码如下：

```html
644  <!DOCTYPE html>
645  <html>
646  <head>
647  <meta charset="UTF-8">
648  </head>
649  <body>
650      <h1>
651          语文成绩: ${chinese}
652          <#if (chinese>= 90) > 优
653          <#elseif (chinese>= 70) > 良
654          <#elseif (chinese>= 60) > 及格
655          <#else> 不及格
656          </#if>
657      </h1>
658      <h1>
659          数学成绩: ${math}
660          <#if (math>= 90) > 优
661          <#elseif (math>= 70) > 良
662          <#elseif (math>= 60) > 及格
663          <#else> 不及格
664          </#if>
665      </h1>
666      <h1>
667          英语成绩: ${english}
668          <#if (english>= 90) > 优
669          <#elseif (english>= 70) > 良
670          <#elseif (english>= 60) > 及格
671          <#else> 不及格
672          </#if>
673      </h1>
674  </body>
675  </html>
```

启动项目，打开浏览器访问 "http://127.0.0.1:8080/index" 地址，可以看到如图 10.29 所示表单，填写好成绩后点击提交按钮。

提交之后会跳转至评级页面，效果如图 10.30 所示，页面的 if 指令判断各科分数之后给出对应评级。

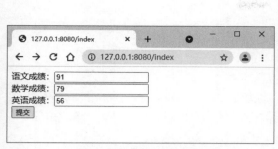

图 10.29　录入成绩页面

图 10.30　评级之后

10.2.9　页面中的循环

一个完整 FreeMarker 循环包含三个指令：list 指令、items 指令和 else 指令。list 指令是最外层指令，用于指定遍历的序列；items 指令用于定义循环变量，用于保存每一次循环所取出的值；else 指令表示序列为空时执行的内容。完整语法如下：

```
<#list 序列 >
    遍历开始前执行此处
    <#items as 循环变量 >
        ${ 循环变量 } 遍历每一个元素
    </#items>
    遍历结束后执行此处
<#else>
    序列没有任何元素就执行此处
</#list>
```

items 指令可以与 list 指令整合到一起，指定序列同时定义循环变量，语法如下：

```
<#list 序列 as 循环变量 >
    ${ 循环变量 } 遍历每一个元素
<#else>
    序列没有任何元素就执行此处
</#list>
```

else 指令是可选指令，可以忽略，最简化的语法如下：

```
<#list 序列 as 循环变量 >
    ${ 循环变量 } 遍历每一个元素
</#list>
```

[实例 17]　（源码位置：资源包 \Code\10\17 ）

使用 list 指令展示图书销售排行榜

编写一个图书销售排行榜页面。将图书数据保存到 List 中传递给前端页面，让前端页面利用 list 指令展示每一个图书的排名和详细信息。

FreeMarker 模板采用 HTML 格式，配置如下：

```
676    spring.freemarker.suffix=.html
```

创建图书实体类，包含书名、价格和出版社三个属性，实体类定义如下：

```java
public class Book {
    private String name;                        // 书名
    private Double price;                       // 价格
    private String publisher;                   // 出版社
    // 此处省略构造方法和属性的 Getter/Setter 方法
}
```

创建跳转页面的控制器类，访问"/ranking"地址时跳转至 sales_ranking.html 排行榜页面，跳转之前创建几个图书对象保存在 List 中传递给前端页面。控制器处理方法的代码如下：

```java
@RequestMapping("/ranking")
public String input(Model model) {
    List<Book> list =new ArrayList<Book>();
    list.add(new Book("Java 从入门到精通 ", 79.8, " 清华大学出版社 "));
    list.add(new Book("Java 编程思想 ", 108.00, " 机械工业出版社 "));
    list.add(new Book("Java 核心技术卷 I", 149.00, " 机械工业出版社 "));
    list.add(new Book(" 零基础学 Java ", 69.8, " 吉林大学出版社 "));
    model.addAttribute("list",list);
    return "sales_ranking";
}
```

sales_ranking.html 页面用来展示排行榜结果。使用 list 指令遍历后端传递的队列，读出每一本图书对象，利用 counte 函数显示排名次序，然后展示图书的每一个信息。在遍历队列之前先显示一行标题。页面代码如下：

```html
<!DOCTYPE html>
<html>
<head>
<meta charset="UTF-8">
<style type="text/css">
.table-tr {
    display: table-row;
}

.table-td {
    display: table-cell;
    width: 130px;
    text-align: center;
}
</style>
</head>
<body>
    <#list list>
        <div class=" table-tr">
            <div class="table-td"> 排名 </div>
            <div class="table-td"> 书名 </div>
            <div class="table-td"> 价格 </div>
            <div class="table-td"> 出版社 </div>
        </div>
        <#items as book>
            <div class=" table-tr">
                <div class="table-td">${book?counter}</div>
                <div class="table-td">${book.getName()}</div>
                <div class="table-td">${book.getPrice()}</div>
                <div class="table-td">${book.getPublisher()}</div>
            </div>
        </#items>
        <#else>
            <p> 排行榜为空 </p>
    </#list>
</body>
</html>
```

启动项目，打开浏览器访问"http://127.0.0.1:8080/ranking"地址，可以看到如图 10.31 所示排行榜，排名是由 counter 函数自动生成的，其他数据由 Book 对象提供。

图 10.31　排行榜效果

10.2.10　在网页中声明方法

FreeMarker 除了可以声明变量以外还可以声明方法，声明语法如下：

```
<#function 方法名　参数1　参数2　参数3 ......>
    ......
    <#return 返回值 >
</#function>
```

声明之后的方法可以直接通过 ${ 方法名 (参数)} 的形式调用，表达式的值就是方法的返回值。例如，创建一个二元加法运算方法，代码如下：

```
730    <#function add a b >
731        <#return a + b>
732    </#function>
```

在这段代码中，定义的方法名为 add，a 是方法的第一个参数，b 是第二个参数。方法最后返回 a+b 的计算结果。在页面其他位置调用 ${add(100,350)}，即可得到 100 + 350 的结果，也就是 450 这个值。

在定义方法的代码块中可以使用 local 指令定义方法内使用的局部变量，local 指令也可以为其他局部变量或方法参数重新赋值，其语法如下：

```
<#function 方法名 参数 >
    <#local 局部变量 / 参数 = 表达式 >
    ......
</#function>
```

function 指令支持定义不定长表达式，其语法类似 Java 不定长表达式语法：

```
<#function 方法名 参数 ... >
    ......
</#function>
```

local 指令结合不定长单数，可以定义一个不定长度的计算总和方法，代码如下：

```
733    <#function add num...>                    <!-- 定义不定长参数方法 -->
734        <#local sum=0>                        <!-- 定义局部变量，记录总和 -->
735        <#list num as i>                      <!-- 遍历不定长参数 -->
736            <#local sum=sum + i>              <!-- 每一个参数都与总和相加 -->
737        </#list>
738        <#return sum>                         <!-- 返回总和 -->
739    </#function>
```

如果页面调用 ${add(1,2,3,4,5)} 表达式可得到 1+2+3+4+5 的结果，即 15 这个值。

[实例18]　　　　为特惠活动中的图书商品添加首尾标签　（源码位置：资源包\Code\10\18）

某文具网店举行特惠活动，凡是图书类型的商品均参加活动。为了突出活动效果，凡是商品名称中有"图书"二字的，要在此商品名前添加"【官方旗舰店】"字样，商品名后添加"【店庆十周年活动】"字样。

FreeMarker 模板采用 HTML 格式，配置如下：

```
740    spring.freemarker.suffix=.html
```

创建跳转页面的控制器类，访问"/index"地址时跳转至 index.html 排行榜页面，跳转之前将几个商品名称保存在 List 中传递给前端页面。控制器处理方法的代码如下：

```
741    package com.mr.controller;
742    import java.util.ArrayList;
743    import java.util.List;
744    import org.springframework.stereotype.Controller;
745    import org.springframework.ui.Model;
746    import org.springframework.web.bind.annotation.RequestMapping;
747
748    @Controller
749    public class IndexController {
750        @RequestMapping("/index")
751        public String input(Model model) {
752            String showName[] = { "Java系列图书", "0.5mm水性签字笔", "童话图书系列", "透明胶带" };
753            List<String> list = new ArrayList<>(List.of(showName));
754            model.addAttribute("list", list);
755            return "index";
756        }
757    }
```

在 index.html 页面中首先利用 function 指令定义 concat 方法，方法参数为商品的名称。如果商品名称中包含"图书"字样，就为商品名称添加前缀和后缀，并返回新商品名，否则返回原商品名。使用 list 指令遍历后端传来的所有商品名，每一个商品名均使用 concat 方法处理后再展示。页面代码如下：

```
758    <!DOCTYPE html>
759    <html>
760    <head>
761    <meta charset="UTF-8">
762    </head>
763    <body>
764        <#function concat name>                      <!-- 定义拼接方法 -->
765            <#local showname = name>                 <!-- 商品最终展示的名字 -->
766            <#if name?contains("图书")>              <!-- 如果包含图书 -->
767                <#local showname="【官方旗舰店】" + name + "【店庆十周年活动】">
768            </#if>
769            <#return showname>
770        </#function>
771
772        <#list list>
773            <h1>文具特惠活动</h1>
774            <#items as goods>
775                <li>${concat(goods)}</li>          <!-- 每一个商品名都经过拼接方法处理 -->
```

```
776                </#items>
777            </#list>
778        </body>
779   </html>
```

启动项目，打开浏览器访问"http://127.0.0.1:8080/index"地址，可以看到如图10.32所示所有商品名称，第1和第3个商品名中有"图书"二字，因此有特殊前缀和后缀。

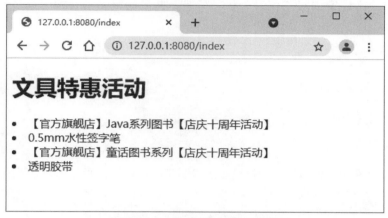

图 10.32　参加活动的商品名单

10.2.11　嵌入其他页面文件

FreeMarker 嵌入其他页面的方法比 Thymeleaf 简单，只需一个 include 指令即可，其语法如下：

```
<#include path>
```

path 是被嵌入的页面文件路径，如果被嵌入的页面与本页面不在同一个文件夹中，路径中就要写明被嵌入的页面文件的相对路径，例如：

```
780    head.html                              # templates 文件夹下的 head.html
781    /top/head.html                         # templates 文件夹下的 top 文件夹下的 head.html
```

与 Thymeleaf 最大的不同点是：FreeMarker 嵌入的页面不需要通过特殊定义，也就是说 Freemaker 可以直接嵌入普通页面，效果类似 JSP 中 <%@include%> 指令。下面通过一个实例演示此特性。

[实例 19]　　　　　　　　　　　　　　　　　　　　　　（源码位置：资源包\Code\10\19）
使用 FreeMarker 嵌入顶部的登录菜单和底部的声明页面

FreeMarker 模板采用 HTML 格式，配置如下：

```
782   spring.freemarker.suffix=.html
```

创建3个 HTML 文件，index.html 为主页，bottom 文件下的 foot.html 为所有网页共用的底部页面，top 文件夹下的 head.html 为所有网页共用的底部页面。3个文件的位置如图 10.33 所示。

图 10.33　3 个 HTML 文件的位置

在 head.html 文件中创建"登录"和"注册"两个超链接，让两个超链接右对齐即可，代码如下：

```
783    <!DOCTYPE html>
784    <html>
785    <head>
786    <meta charset="UTF-8">
787    </head>
788    <div style="float: right">
789        <a href="#"> 登录 </a>  <a href="#"> 注册 </a>
790    </div>
791    </html>
```

在 foot.html 文件中，模拟展示一行简易的声明文字，让其在底部居中显示即可，代码如下：

```
792    <!DOCTYPE html>
793    <html>
794    <head>
795    <meta charset="UTF-8">
796    </head>
797    <div style="width: 100%; position: fixed; bottom: 0px; text-align: center;">
798        <p> 联系我们 XXXX 公司　公安备案 XXXXXXXXXX</p>
799    </div>
800    </html>
```

在 index.html 文件中使用 include 指令将 head.html 嵌入到页面顶部，将 foot.html 嵌入到页面底部，中间显示一行欢迎语，代码如下：

```
801    <!DOCTYPE html>
802    <html>
803    <head>
804    <meta charset="UTF-8">
805    </head>
806    <body>
807        <#include "/top/head.html">            <!-- 嵌入顶部的页面 -->
808        <br> <br>
809        <div style="text-align: center">
810            <h1> 欢迎来到 XXXX 网站 </h1>
811        </div>
812        <br> <br>
813        <#include "/bottom/foot.html">         <!-- 嵌入底部的页面 -->
814    </body>
815    </html>
```

创建一个简单的控制器类，当用户访问"/index"地址后，跳转至 index.html 页面，关键代码如下：

```
816    @Controller
817    public class IndexController {
818        @RequestMapping("/index")
819        public String input() {
820            return "index";
821        }
822    }
```

启动项目，打开浏览器访问"http://127.0.0.1:8080/index"地址，可以看到如图 10.34 所示的页面，页面中部的"欢迎来到 XXXX 网站"文字是 index.html 自己提供的，但顶部的登录与注册超链接则是嵌入的 head.html 页面内容，底部的文字是嵌入的 foot.html 页面内容。

图 10.34　嵌入顶部页面和底部页面的效果

 ## 本章知识思维导图

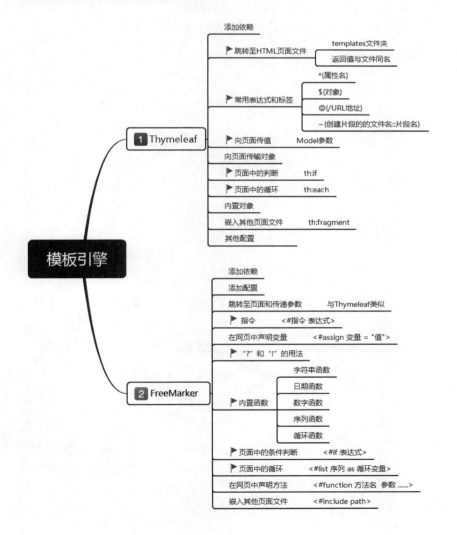

第 11 章

JSON 解析器

扫码领取
- 配套视频
- 配套素材
- 学习指导
- 交流社群

 本章学习目标

- 掌握如何使用 Jackson 封装和解析 JSON 数据
- 掌握如何使用 Jackson 对 JSON 数据进行增删改查
- 掌握如何使用 FastJson 封装和解析 JSON 数据
- 掌握如何使用 FastJson 对 JSON 数据进行增删改查

11.1 Jackson

Jackson 是一个基于 Java 语言的、开源的 JSON 解析库，同时也是 Spring Boot 默认使用的解析库。Jackson 可以很方便地让 Java 对象和 JSON 字符串之间互相转换，极大地减少了开发者拼接或解析字符串的工作。

本节将介绍如何在 Spring Boot 项目中使用其自带的 Jackson 工具。

11.1.1 什么是 JSON

JSON 是一种轻量级的数据格式，其全称为 JavaScript Object Notation，从这个名称可以发现 JSON 最初是为 JavaScript 语言设计的，但因为其简洁、清晰的特点过于突出，使得 JSON 迅速在各大编程语言中流行起来。

在 JSON 流行之前，最常用的跨平台数据格式是 XML 超文本语言。因为 XML 的格式非常严谨，所以导致 XML 的文本会显得有些冗余。例如传输"name 为张三"这个信息，XML 格式如下：

```
<?xml version="1.0" encoding="UTF-8"?>
<name>
    张三
</name>
```

把同样的信息以 JSON 格式进行传输，写法如下：

```
{ "name" : " 张三 "}
```

这个鲜明的对比就凸显了 JSON 的优势，及其简洁的语法可以节约传输资源，提升运行效率，还不会丢失信息。

下面就来介绍一下 JSON 的基本语法格式。JSON 是一个字符串，字符串中的数据都是以"键：值"结构保存的，上文中 { "name" : " 张三 "}，name 就是键，张三就是值。一个 JSON 字符串中可以同时保存多个键值，例如：

```
{"id" : 216, "name" : " 张三 ", "age" : 25 , "sex" : " 男 "}
```

为了让数据的层次更加清晰，很多平台或工具都会将 JSON 字符串格式化成如下形式：

```
{
    "id": 216,
    "name": " 张三 ",
    "age": 25,
    "sex": " 男 "
}
```

JSON 中的值不仅可以是具体的数字或字符串，也可以是数组和对象。在"键：数组"结构中，一个键可以对应一个数组，例如：

```
{ "array": [1, 2, 3, 4] }
```

在"键：对象"结构如中，一个键可以对应另一个 JSON 字符串，例如：

```
{"people" : {"id" : 216, "name" : " 张三 ", "age" : 25 , "sex" : " 男 "} }
```

JSON 的语法总结如下：
- 一个完整的 JSON 必须从"{"开始，到"}"结束。
- 值可以是对象、数组、数字、字符串或者 true、false、null。JSON 区分大小写。
- 键和值之间用英文冒号分割。不同键值之间使用英文逗号分隔。
- 字符串前后必须有引号，单引号或双引号都可以，推荐使用双引号。数字不用加引号。
- 数组前后必须有方括号，数组内部的元素用英文逗号分隔。
- JSON 中的空格符、换行符、制表符只有美观效果，无其他含义。建议开发者以最简化格式传输 JSON 字符串，以最美观格式展示 JSON 字符串。

11.1.2 Jackson 的核心 API

在 Spring Boot 项目中，最常用 Jackson 类有两个：JsonNode 节点类和 ObjectMapper 映射器类，本节将详细介绍这两个类的 API。

（1）JsonNode 节点类

JsonNode 类位于 com.fasterxml.jackson.databind. 包下，所谓的节点就是 JSON 字符串中一个独立的、完整的数据结构，可以是一个值，也可以是一个数组或一个对象。JsonNode 在 JSON 字符串中的位置关系如图 11.1 所示。

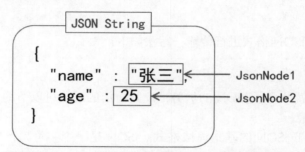

图 11.1 JsonNode 与 JSON 字符串的位置关系

JsonNode 本身一个抽象类，拥有对应各种类型的子类，继承关系如下：

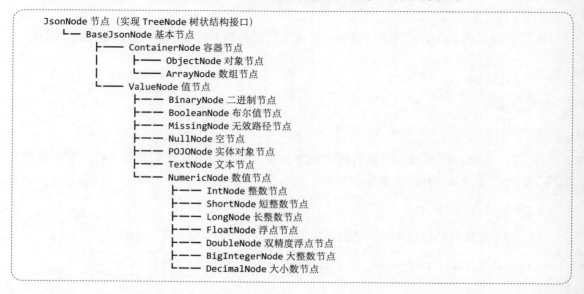

第 11 章 JSON 解析器

> **说明：**
> 在开发过程中并不是每一个节点类都经常遇到，读者了解其继承关系即可。

JsonNode 类提供了大量 API 供开发者使用，这些 API 也被子类继承或重写。常用的 API 如表 11.1 所示。

表 11.1 JsonNode 类常用 API

返回值	方法	说明
JsonNode	get(String fieldName)	用于访问对象节点的指定字段的值，如果此节点不是对象、或没有指定字段名的值，或没有这样名称的字段，则返回 null
JsonNode	get(int index)	访问数组节点的指定索引位置上的值，如果此节点不是数组节点则返回 null。如果索引<0 或索引>=size() 则返回 null
JsonNodeType	getNodeType()	获取子节点的类型
boolean	isArray()	判断此节点是否为数组节点
boolean	isObject()	判断此节点是否为对象节点
int	size()	获取此节点的键值对的个数
ObjectNode	deepCopy()	深度复制，相当于克隆节点对象
Iterator<String>	fieldNames()	获取 json 对象中的所有 key
Iterator<JsonNode>	elements()	如果该节点是 JSON 数组或对象节点，则访问此节点的所有值节点，对于对象节点，不包括字段名（键），只包括值，对于其他类型的节点，返回空迭代器
boolean	has(int index)	检查此节点是否为数组节点并存在指定的索引
boolean	has(String fieldName)	检查此节点是否为对象节点并包含指定属性的值
int	asInt()	尝试将此节点的值转换为 int 类型，布尔值 false 转换为 0，true 转换为 1。如果不能转换为 int 类型就返回默认值 0，不会引发异常
int	asInt(int defaultValue)	同 asInt()，只不过节点值无法转为 int 类型则返回 defaultValue
boolean	asBoolean()	尝试将此节点的值转换为布尔值。整数 0 映射为 false，其他整数映射为 true；字符串"true"和"false"映射到相应的值。如果无法转换为布尔值则默认返回值 false，不会引发异常
boolean	asBoolean(boolean defaultValue)	同 asBoolean()，如果节点的值无法解析成布尔值则返回 defaultValue
abstract String	asText()	如果是字符节点则返回此节点的字符串值，如果是值节点则返回空字符串
String	asText(String defaultValue)	同 asText()，若节点值为 null 则会返回 defaultValue
double	asDouble()	类似 asInte()
double	asDouble(double defaultValue)	类似 asInt(int defaultValue)
BigInteger	bigIntegerValue()	返回此节点的整数值的 BigInteger 对象，如果无法解析成有效 BigInteger 对象则返回 BigInteger.ZERO
boolean	booleanValue()	返回此节点的布尔值，如果无法解析成布尔值则返回 false

续表

返回值	方法	说明
BigDecimal	decimalValue()	返回此节点的浮点值的BigDecimal对象，如果无法解析成有效BigDecimal对象则返回BigDecimal.ZERO
double	doubleValue()	返回此节点的浮点值，如果无法解析成浮点值则返回0.0
int	intValue()	返回此节点的整数值，如果无法解析成整数值则返回0
Number	numberValue()	返回此节点的数值对象，如果无法解析成数值则返回null
String	textValue()	返回节点的字符串值，非字符串值则返回null，不会进行转换
String	toString()	返回JSON节点的字符串形式，所以节点都紧密排列成一行
String	toPrettyString()	返回JSON节点格式化之后的字符串形式，每个节点都占一行，适合阅读

ObjectNode 对象节点是 JsonNode 的子类中比较常用的一个子类。如果 JSON 字符串内的某个节点也是一个 JSON 字符串，这个节点就用 ObjectNode 表示。ObjectNode 的常用 API 如表 11.2 所示。

表 11.2　ObjectNode 类常用 API

返回值	方法	说明
ObjectNode	put(String fieldName, String v)	将指定的键值对放入节点中，如果键已经存在就更新值，value 可以为 null.。该方法有很多重载形式，支持其他类型的值
ArrayNode	putArray(String fieldName)	创建新的 ArrayNode 子节点，fieldName 作为此节点的字段值
ObjectNode	putNull(String fieldName):	创建新的 NullNode 子节点，fieldName 作为此节点的字段值
ObjectNode	putObject(String fieldName)	创建新的 ObjectNode 子字节，fieldName 作为此节点的字段值
ObjectNode	remove(Collection<String> fieldNames)	同时删除多个字段
JsonNode	remove(String fieldName)	删除指定的字段，返回被删除的节点
ObjectNode	removeAll()	清空所有字段
JsonNode	replace(String fieldName, JsonNode value)	将fieldName字段对应的节点替换成新的value节点。字段存在时更新，不存在时新增。最后返回原节点对象
JsonNode	set(String fieldName, JsonNode value)	功能同replace()方法，但返回值为新节点对象
JsonNode	setAll(Map<String,? extends JsonNode> properties)	同时设置多个节点
JsonNode	setAll(ObjectNode other)	解析other对象，为节点添加（或更新）other对象的所有属性值

ArrayNode 数组节点也是 JsonNode 的常用子类，甚至 JsonNode 提供个别方法就是专门为数组节点设计的。ArrayNode 的常用 API 如表 11.3 所示。

表 11.3　ArrayNode 类常用 API

返回值	方法	说明
ArrayNode	add(String v)	将值 v 添加到数组节点的末尾。该方法有多种重载形式，支持添加其他类型的值
ArrayNode	addAll(ArrayNode other)	将另一个数组节点拼接到本数据节点的末尾
ArrayNode	addArray()	在末尾创造一个新的 ArrayNode 子节点
ArrayNode	addNull()	在末尾创造一个新的 NullNode 子节点
ObjectNode	addObject()	在末尾创造一个新的 ObjectNode 子节点
JsonNode	get(int index)	获取指定索引位置的节点对象
ArrayNode	insert(int index, String v)	在指定索引位置插入 v 值，该方法有多种重载形式，支持插入其他类型的值
ArrayNode	insertArray(int index)	在指定索引位置插入数组节点
ArrayNode	insertNull(int index)	在指定索引位置插入 Null 节点
JsonNode	remove(int index)	删除指定索引位置的节点
ArrayNode	removeAll()	清空所有节点
JsonNode	set(int index, JsonNode value)	将指定索引位置的节点替换成新的 value 节点
int	size()	返回数组节点的元素个数

（2）ObjectMapper 映射器类

ObjectMapper 映射器类可以将实体类对象映射成 JSON 字符串，也可以将 JSON 字符串封装成实体类对象。ObjectMapper 就是这种数据结构的转换器，作用如图 11.2 所示。

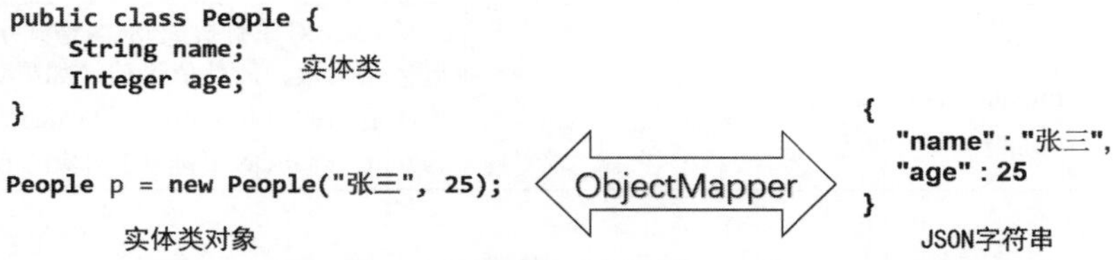

```
public class People {
    String name;                实体类
    Integer age;
}

People p = new People("张三", 25);   <=ObjectMapper=>   {
                                                          "name":"张三",
                                                          "age": 25
                                                        }
        实体类对象                                        JSON字符串
```

图 11.2　ObjectMapper 实现实体类对象与 JSON 字符串互转

Spring Boot 在启动时会自动创建 ObjectMapper 类的 Bean，开发者只需注入该类对象即可使用，代码如下：

```
01  @Autowired
02  ObjectMapper mapper;
```

ObjectMapper 的常用 API 如表 11.4 所示。

表 11.4　ObjectMapper 类常用 API

返回值	方法	说明
T	convertValue(Object fromValue, Class<T> toValueType)	将 Java 对象（如 POJO、List、Map、Set 等）解析成为 JSON 节点对象
JsonNode	readTree(byte[] content)	将字节数组封装成为 JSON 节点对象
JsonNode	readTree(File file)	将本地 JSON 文件封装成 JSON 节点对象

续表

返回值	方法	说明
JsonNode	readTree(InputStream in)	将字节输入流封装成为 JSON 节点对象
JsonNode	readTree(String content)	将 JSON 字符串封装成为 JSON 节点对象
JsonNode	readTree(URL source)	将 source 地址提供的 JSON 内容封装成为 JSON 节点对象
T	readValue(byte[] src, Class<T> valueType)	将 JSON 类型的字符串的字节数组转为成为 Java 对象
T	readValue(File src, Class<T> valueType)	将本地 JSON 内容的文件封装成为 Java 对象
T	readValue(InputStream src, Class<T> valueType)	将字节输入流中的 JSON 内容封装成为 Java 对象
T	readValue(Reader src, Class<T> valueType)	将字符输入流中的 JSON 内容封装成为 Java 对象
T	readValue(String content, Class<T> valueType)	将 JSON 类型的字符串 content 封装成为 Java 对象；如果 content 为空或者为 null 则会报错；valueType 为封装成的结果类型，通常为开发者编写的实体类
T	readValue(URL src, Class<T> valueType)	将 src 地址提供的 JSON 内容封装成为 Java 对象
T	treeToValue(TreeNode n, Class<T> valueType)	json 树节点对象转 Java 对象（如 POJO、List、Set、Map 等等）。TreeNode 树节点是整个 json 节点对象模型的根接口
void	writeValue(File resultFile, Object value)	将 Java 对象序列化并输出到指定文件中
void	writeValue(OutputStream out, Object value)	将 Java 对象序列化并输出到指定字节输出流中
void	writeValue(Writer w, Object value)	将 Java 对象序列化并输出到指定字符输出流中
byte[]	writeValueAsBytes(Object value)	将 Java 对象转为字节数组
String	writeValueAsString(Object value)	将 value 对象解析成 JSON 格式字符串，value 的属性名为键，属性值为值。如果 value 为 null，则方法返回的也是 null；如果 value 的某个属性的值为 null，则 JSON 字符串中对应的值也为 null

11.1.3 将对象转为 JSON 字符串

ObjectMapper 类的 writeValueAsString() 方法可以自动将实体类或集合类对象转为 JSON 字符串。实体类的属性名、Map 的键会转为 JSON 字符串的字段名，属性值就是 JSON 的字段值。下面介绍几个不同的转换场景。

> 说明：
> 在官方英文文档中，对象转为 JSON 的过程叫做序列化（serialize），JSON 转为对象的过程叫做反序列化（deserialize）。

（1）转换实体类对象

被转换的实体类必须定义构造方法，并为所有属性提供 Getter/Setter 方法，例如下面的 People 类，包含姓名和年龄两个属性，代码如下：

```
03    public class People {
04        private String name;      // 姓名
```

```
05          private Integer age;        // 年龄
06          // 构造方法和属性的 Getter/Setter 方法
07          public People() {}
08          public People(String name, Integer age) {this.name = name; this.age = age;}
09          public String getName() {return name;}
10          public void setName(String name) {this.name = name;}
11          public Integer getAge() {return age;}
12          public void setAge(Integer age) {this.age = age;}
13      }
```

创建 People 对象之后,为姓名和年龄赋值,然后交给 writeValueAsString() 方法转换,即可得到该对象对应的 JSON 字符串,代码如下:

```
14      People p = new People("张三",25);
15      String json = mapper.writeValueAsString(p);
```

方法赋给 JSON 的值如下,注意数字值没有双引号:

```
{"name":"张三","age":25}
```

(2) 转换 null 值

如果没有为实体类的属性赋值,这些属性就会采用所属类型的默认值。引用类型的默认值为 null,writeValueAsString() 方法可以自动将 Java 中的 null 转为 JSON 中的 null。创建对象但不为属性赋值的代码如下:

```
16      People p = new People();
17      String json = mapper.writeValueAsString(p);
```

方法赋给 JSON 的值如下,null 值也没有双引号:

```
{"name":null,"age":null}
```

如果 writeValueAsString() 方法转换的对象本身就是 null,则会返回"null"字符串。为了验证此效果,将方法返回的字符串对象分别与 null 值和"null"字符串相比较,代码如下:

```
18      String json = mapper.writeValueAsString(null);
19      System.out.println(json);
20      System.out.println(json == null);
21      System.out.println("null".equals(json));
```

控制台输出的结果如下:

```
null
false
true
```

从这个结果可以看出,JSON 不是 null 对象,而是文本为"null"的字符串。

(3) 转换 List、Set 和 Map

ObjectMapper 不仅能自动转换实体类对象,还能自动转换 List、Set 和 Map 对象。

转换 Map 的效果与转换实体类对象的效果相同,转换后的 JSON 字符串保留了 Map 原有的键值结构。例如,创建一个 Map 对象,保存不同类型的值,然后转换成 JSON,代码如下:

```
22    Map map = new HashMap();
23    map.put("name", " 张三 ");
24    map.put("age", 25);
25    map.put("time", new java.util.Date());
26    String json = mapper.writeValueAsString(map);
```

方法赋给 JSON 的值如下：

```
{"name":" 张三 ","time":"2021-08-13T01:54:50.295+00:00","age":25}
```

Set 和 List 转换后得到的不是对象类型 JSON，而是数组类型 JSON。例如，创建一个 Set 对象，保存不同类型的值，然后转换成 JSON，代码如下：

```
27    Set set=new HashSet();
28    set.add(" 张三 ");
29    set.add(25);
30    set.add(new java.util.Date());
31    String json = mapper.writeValueAsString(set);
```

方法赋给 JSON 的值如下：

```
[" 张三 ","2021-08-13T01:58:07.256+00:00",25]
```

很明显这是一个 JSON 数组，Set 中的每一个值都是数组中的一个元素。

[实例 01]　　（源码位置：资源包 \Code\11\01）

账号密码错误时返回 JSON 格式错误信息

后端向前端返回的错误日志采用 JSON 格式，日志包含错误码和错误信息两个内容。

创建 ErrorMessage 类作为错误信息实体类，类中有错误码和错误信息两个属性。同时为 ErrorMessage 类创建几个静态常量属性，保存特定的错误日志。代码如下：

```
32    package com.mr.dto;
33    public class ErrorMessage {
34        public static final ErrorMessage PASSWORD_ERROR = new ErrorMessage(100, " 账号或密码错误 ");
35        public static final ErrorMessage NOT_FOUND = new ErrorMessage(404, " 访问的资源不存在 ");
36
37        private Integer code;                    // 错误编码
38        private String message;                  // 错误信息
39
40        // 此处省略构造方法和属性的 Getter/Setter 方法
41    }
```

创建 ErrorController 控制器类，注入 ObjectMapper 类型的 Bean。映射 "/login" 地址的方法获取请求中的用户名和密码参数，如果用户名和密码正确就跳转至 user.html，否则就将 ErrorMessage.PASSWORD_ERROR 转为 JSON 字符串并返回。ErrorController 类的代码如下：

```
42    package com.mr.controller;
43    import java.io.IOException;
44    import javax.servlet.http.HttpServletResponse;
45    import org.springframework.beans.factory.annotation.Autowired;
46    import org.springframework.stereotype.Controller;
47    import org.springframework.ui.Model;
48    import org.springframework.web.bind.annotation.RequestMapping;
49    import com.fasterxml.jackson.databind.ObjectMapper;
```

第11章 JSON 解析器

```
50    import com.mr.dto.ErrorMessage;
51
52    @Controller
53    public class ErrorController {
54
55        @Autowired
56        ObjectMapper mapper;// JSON 转换器
57
58        @RequestMapping("/login")
59        public String login(String username, String password, Model model, HttpServletResponse response)
60                throws IOException {
61            if ("mr".equals(username) && "123456".equals(password)) {    // 如果账号密码正确
62                model.addAttribute("user", username);                    // 保存账户名
63                return "user";                                           // 跳转至 user.html
64            } else {
65                // 将错误信息对象转为 JSON 字符串
66                String json = mapper.writeValueAsString(ErrorMessage.PASSWORD_ERROR);
67                response.setContentType("application/json;charset=UTF-8");// 设置响应头
68                response.getWriter().write(json);                        // 响应流打印字符串
69                return null;
70            }
71        }
72    }
```

user.html 简单的展示以下用户名即可，代码如下：

```
73    <!DOCTYPE html>
74    <html xmlns:th="http://www.thymeleaf.org">
75    <head>
76    <meta charset="UTF-8">
77    </head>
78    <body>
79        <p th:text="'您好, '+*{user}"></p>
80    </body>
81    </html>
```

启动项目，访问"http://127.0.0.1:8080/login?username=mr&password=123456"即发送了正确的账号、密码，可看到如图 11.3 所示的欢迎页面。

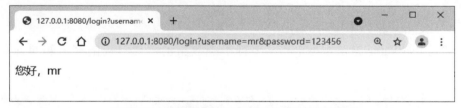

图 11.3 正确的账号、密码可以进入欢迎页面

如果请求中的账号、密码错误，则会看到如图 11.4 所示的错误日志。

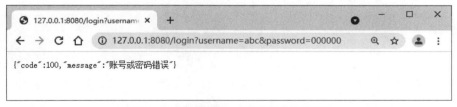

图 11.4 错误账号、密码返回错误日志

如果请求未发送账号、密码，同样会给出如图11.5所示的错误日志。

图11.5　缺失账号、密码也会返回错误日志

11.1.4　将JSON字符串转为实体对象

ObjectMapper类的readValue(String content, Class<T> valueType)方法可以将JSON字符串转为实体对象，content参数为JSON字符串，valueType为转换之后的类型，可以是实体类，也可以是Map、Set或List类型。如果JSON字符串无法与valueType的类型相匹配，就会抛出com.fasterxml.jackson.core.JsonParseException异常。

如果JSON字符串包含多种类型节点，默认情况下，数组节点会转为java.util.ArrayList类型，对象节点会转为java.util.LinkedHashMap类型。

例如，用户为手机充话费，前端页面会向服务器发送如下JSON数据：

```
82  {
83      "phoneNumber":"1234567890",
84      "amounts":100,
85      "date":"2021-01-01 12:00:00"
86  }
```

根据这个JSON数据结构设计出对应的充值详单类，代码如下：

```
87  public class RechargeData {
88      private String phoneNumber;        // 充值电话号码
89      private Double amounts;            // 充值金额
90      private String date;               // 充值日期
91      // 此处省略构造方法和属性的Getter/Setter方法
92  }
```

最后通过readValue方法根据JSON字符串中数据创建出对应的充值箱单对象，代码如下：

```
93  String json = "{\"phoneNumber\":\"1234567890\",\"amounts\":100,\"date\":\"2021-01-01 12:00:00\"}";
94  RechargeBill recharge = mapper.readValue(json, RechargeBill.class);
```

这样就将JSON中的数据封装到了recharge对象中。

[实例02]
（源码位置：资源包\Code\11\02）

将JSON中的员工信息封装成员工实体类

服务器接收前端发来的一条JSON数据后，将其中的员工信息展示在页面中。JSON数据如下：

```
95   {
96       "id": 100,
97       "name": " 张三 ",
98       "time": [
99           "2020-03-15 18:02:04",
100          "2020-03-15 17:59:40"
101      ],
102      "information": {
103          "phone": "123465",
104          "email": "zhangsan@zhangsan.com"
105      }
106  }
```

这条 JSON 数据包含员工编号、员工姓名、员工打卡时间列表和员工的联系方式。针对这条 JSON 数据的结果，设计对应的 Employee 员工实体类，实体类定义如下：

```
107  public class Employee {
108      private Integer id;                                          // 员工编号
109      private String name;                                         // 员工姓名
110      private Set<String> time = new HashSet<>();                  // 打卡时间列表
111      private Map<String, String> information = new HashMap<>();   // 联系方式
112      // 此处省略构造方法和属性的 Getter/Setter 方法
113  }
```

创建完实体类之后再创建控制器类，首选要注入 ObjectMapper 对象，然后映射 "/list" 地址接受传入的 JSON 数据。因为 JSON 数据比较大，通常是以请求体的方式传入，所以参数要用 @RequestBody 注解标注。接收到 JSON 之后使用 ObjectMapper 对象将其封装成 Employee 员工实体类，最后跳转至 employees.html 页面进行展示。控制器类的代码如下：

```
114  package com.mr.controller;
115  import org.springframework.beans.factory.annotation.Autowired;
116  import org.springframework.stereotype.Controller;
117  import org.springframework.ui.Model;
118  import org.springframework.web.bind.annotation.*;
119  import com.fasterxml.jackson.core.JsonProcessingException;
120  import com.fasterxml.jackson.databind.*;
121  import com.mr.dto.Employee;
122
123  @Controller
124  public class WorkerController {
125      @Autowired
126      private ObjectMapper mapper;
127
128      @RequestMapping("/list")
129      public String car(@RequestBody String json, Model model)
130              throws JsonMappingException, JsonProcessingException {
131          Employee emp = mapper.readValue(json, Employee.class);
132          model.addAttribute("emp", emp);
133          return "employees";
134      }
135  }
```

employees.html 使用 Thymeleaf 模板引擎将后端发来的数据依次展示在页面中，代码如下：

```
136  <!DOCTYPE html>
137  <html xmlns:th="http://www.thymeleaf.org">
138  <head>
139  <meta charset="UTF-8">
140  </head>
```

```
141    <body>
142        <div th:object="${emp}">
143            <p th:text="'员工编号: '+*{id}"></p>
144            <p th:text="'员工姓名: '+*{name}"></p>
145            <div>
146                <p>打卡时间: </p>
147                <li th:each="time:${emp.time}"><a th:text="${time}"></a></li>
148            </div>
149            <div>
150                <p>联系方式: </p>
151                <li th:each="key:${emp.information.keySet()}">
152                 <a th:text="${key}+': '"></a>
153                 <a th:text="${emp.information.get(key)}"></a>
154                </li>
155            </div>
156        </div>
157    </body>
158 </html>
```

启动项目，使用 Postman 模拟前端请求，向"http://127.0.0.1:8080/list"地址发送 JSON 数据，可以看到如图 11.6 所示的结果，后端成功解析了 JSON 中的数据，并将其封装成了实体类并展示在页面中。

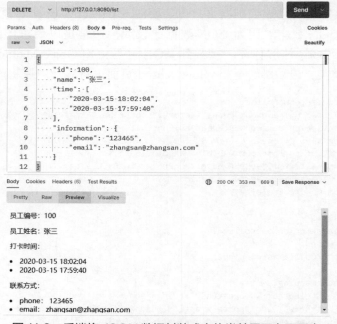

图 11.6　后端将 JSON 数据封装成实体类并展示在页面中

11.1.5　Spring Boot 可自动将对象转换成 JSON

Spring Boot 项目默认添加 Jackson 依赖，被 @RestController 标注的控制器类中的方法不只有 String 类型返回值，还可以返回实体类、Map、List、Set 等众多类型，在跳转页面时 Spring Boot 会自动调用 Jackson 的 API 将方法的返回值转换成对应的 JSON 字符串并展示在页面中。

例如，创建一个包含各种类型值的 Map 对象，让控制器的方法返回此 Map 对象，代码如下：

```
159    @RestController
160    public class IndexController {
161        @RequestMapping("/index")
162        public Map index() throws ParseException {
163            Map<String, Object> map = new HashMap<>();              // 准备转为JSON的键值对
164            map.put("name", "张三");                                  // 字符串类型
165            map.put("age", 25);                                      // 数字类型
166            map.put("now", new Date());                              // 对象类型
167            map.put("arr", new String[] { "123456", "987654" });     // 数组类型
168            map.put("list", List.of("item1", "item2"));              // 列表类型
169            map.put("set", Set.of("item1", "item2"));                // 集合类型
170            Map<String, String> information = new HashMap<>();
171            information.put("qq", "1234567890");
172            information.put("email", "zhangsan@zhangsan.com");
173            map.put("information", information);                     // 键值对类型
174            return map;
175        }
176    }
```

如果方法返回的是字符串，就会将字符串的文本内容展示在页面中。如果返回的是对象，Spring Boot 会先将该对象转为 JSON 字符串，然后再将 JSON 字符串中的文本展示在页面中。上述代码将在页面展示如图 11.7 所示的内容。

图 11.7　Map 对象被自动转为 JSON 字符串

如果返回值类型是 List、Set 或数组类型，就会自动转为 JSON 中的数组。例如，让控制器类的方法返回 List 对象，代码如下：

```
177    @RestController
178    public class IndexController {
179        @RequestMapping("/index")
180        public List index() throws ParseException {
181            List list=new ArrayList();
182            list.add("张三");
183            list.add(25);
184            list.add(new Date());
185            return list;
186        }
187    }
```

上述代码将在页面展示如图 11.8 所示的内容。

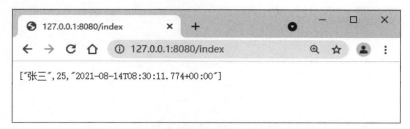

图 11.8　List 对象被自动转为 JSON 字符串

11.1.6　Jackson 的注解

Jackson 提供了许多注解可供开发者设置对象与 JSON 字符串之间的映射关系，例如更换某个属性在 JSON 中显示的名称、让某些属性不会显示在 JSON 中。部分注解如表 11.5 所示。

表 11.5　Jackson 提供的部分注解

注解	说明
@JsonProperty	作用于属性，给属性起别名。该属性转为字符串后会使用别名作为字段名
@JsonAutoDetect	作用于实体类，设定发现属性的机制，例如只发现 public 属性、可以发现所有属性等
@JsonIgnore	作用于属性，忽略此属性
@JsonIgnoreProperties	作用于实体类，可指定忽略该类多个属性
@JsonIgnoreType	用于实体类，表示该类被忽略
@JsonInclude	可作用于实体类和属性，用于忽略 NULL 值、空内容
@JsonFormat	可作用于实体类和属性，可以指定属性采用的日期格式和时区等
@JsonUnwrapped	可作用于实体类和属性，可以取消 JSON 字符串中的层级关系，让所有数据都在同一层显示

下面通过一个实例演示 Jackson 注解的效果。

[实例 03]　利用注解设定商品实体类的 JSON 格式　　（源码位置：资源包 \Code\11\03）

创建一个商品实体类，商品包含编号、商品类型、名称、价格、生产日期、生产商、供货商和备注属性。现对此商品类提出以下几个需求。

① 因为商品编号通常都是以条形码形式展示，所以商品的编号在 JSON 字符串中要以 "bar_code" 作为字段名。

② 生产日期类型为 Date，此日期不需要精确到时间，以 yyyy-MM-dd 的格式显示即可。

③ 商品不需要展示生产商、供货商和备注这三个属性。

基于以上需求创建 Goods 商品实体类，其核心代码和注解位置如下：

```
188    package com.mr.dto;
189    import java.util.Date;
190    import com.fasterxml.jackson.annotation.JsonFormat;
191    import com.fasterxml.jackson.annotation.JsonIgnore;
192    import com.fasterxml.jackson.annotation.JsonIgnoreProperties;
193    import com.fasterxml.jackson.annotation.JsonProperty;
194
195    @JsonIgnoreProperties({ "manufacturer", "supplier" })      // 忽略这两个属性
196    public class Goods {
197        @JsonProperty("bar_code")                             // 更改此属性字段名
198        private String id;                                    // 编号
199        private String type;                                  // 类型
200        private String name;                                  // 名称
201        private Double price;                                 // 价格
202        @JsonFormat(pattern = "yyyy-MM-dd", timezone = "GMT+8")  // 设定日期格式
203        private Date productionDate;                          // 生产日期
204        private String manufacturer;                          // 生产商
```

```
205         private String supplier;                          // 供货商
206         @JsonIgnore
207         private String remarks;                           // 忽略此属性
208         // 此处省略构造方法和属性的 Getter/Setter 方法           // 备注
209     }
```

在项目的 src/test/java 目录下的测试类中创建一个商品对象，为商品添加所有属性值，然后通过 ObjectMapper 将商品对象转为 JSON 字符串，并打印在控制台中，测试类代码如下：

```
210 @SpringBootTest
211 class JacksonDemo3ApplicationTests {
212     @Autowired
213     ObjectMapper mapper;
214
215     @Test
216     void contextLoads() throws JsonProcessingException, ParseException {
217         Goods g = new Goods();
218         g.setId("123456789");                    // 编号
219         g.setType(" 水果 ");                       // 商品类型
220         g.setName(" 西瓜 ");                       // 商品名称
221         g.setPrice(12.5);                         // 商品价格
222         g.setProductionDate(new SimpleDateFormat("yyyyMMdd").parse("20210316"));// 生产日期
223         g.setManufacturer("XX 果园种植基地 ");// 生产商
224         g.setSupplier("XX 果业批发公司 ");         // 供货商
225         g.setRemarks(" 怕压，防震 ");              // 备注
226         String json = mapper.writeValueAsString(g);
227         System.out.println(json);
228     }
229 }
```

运行测试类，启动日志打印完毕之后可以看到最后输出如下一行内容：

```
{"type":" 水果 ","name":" 西瓜 ","price":12.5,"productionDate":"2021-08-17","bar_code":"123456"}
```

这个 JSON 字符串就是商品对象解析后转成的 JSON 字符串，从这个字符串中可以看出：
① 因为 id 属性被 @JsonProperty("bar_code") 标注，所以 JSON 中 id 属性值对应的字段名为 "bar_code"。
② 生产日期属性采用了 @JsonFormat 所指定的 "yyyy-MM-dd" 格式。
③ 被 @JsonIgnore 标注的 remarks 属性、被 @JsonIgnoreProperties 指定的 "manufacturer" 属性和 "supplier" 属性均未出现在 JSON 字符串中。

11.1.7　JSON 数据的增删改查

JSON 除了用于封装数据以外，还可以对其中的数据进行增、删、改、查的操作，Jackson 为此类操作提供了大量的 API。本节将以下面的 JSON 数据为例介绍几个简单操作。

```
{
    "name":" 张三 ",
    "age":15,
    "qq":[ "12345679", "987654321" ],
    "scores":{"chinese":90, "math":85}
}
```

（1）查询指定的字段

查询指定字段的值实际上就是读取 JSON 节点，需要使用 ObjectNode 提供的

readTree(String content) 方法，获取 JsonNode 节点对象后再调用 get(String fieldName) 方法获取指定字段名称的节点对象，再调用 asText() 方法获取其文本内容（或调用返回其他类型方法）。

例如，获取 JSON 数据中此人的姓名，代码如下：

```
230    String json = "{\"name\":\" 张三 \",\"age\":15,\"qq\":[\"12345679\",\"987654321\"],"
231        + "\"scores\":{\"chinese\":90,\"math\":85}}";
232    JsonNode root = mapper.readTree(json);        // 获取根节点对象
233    JsonNode nameNode = root.get("name");         // 获取 "name" 节点
234    String name = nameNode.asText();              // 获取节点中的文本值
235    System.out.println(name);
```

控制台输出的内容如下：

```
张三
```

因为 JsonNode 很多方法返回值都是 JsonNode 对象本身，所以上面的代码可以简写成如下方式：

```
236    String name = mapper.readTree(json).get("name").asText();// 获取指定字段的文本值
237    System.out.println(name);
```

读取数组对象需要使用 get(int index) 获取指定索引位置的节点，例如，读取张三 QQ 列表中第一个 QQ 号码，代码如下：

```
238    String json = "{\"name\":\" 张三 \",\"age\":15,\"qq\":[\"12345679\",\"987654321\"],"
239        + "\"scores\":{\"chinese\":90,\"math\":85}}";
240    JsonNode root = mapper.readTree(json);           // 获取根节点对象
241    String firstQQ = root.get("qq").get(0).asText(); // 读取 "qq" 数组节点中第一个索引值
242    System.out.println(firstQQ);
```

控制台输出的内容如下：

```
12345679
```

读取 JSON 中的对象子节点，可以直接使用 get(String fieldName).get(String fieldName) 的方式，例如，读取张三的数学成绩，代码如下：

```
243    String json = "{\"name\":\" 张三 \",\"age\":15,\"qq\":[\"12345679\",\"987654321\"],"
244        + "\"scores\":{\"chinese\":90,\"math\":85}}";
245    JsonNode root = mapper.readTree(json);                           // 获取根节点对象
246    int mathScore = root.get("scores").get("math").asInt();          // 获取 "scores" 中的 "math"，以整型形式返回
247    System.out.println(mathScore);
```

控制台输出的内容如下：

```
85
```

（2）增加数据

对象节点和数组节点增加数据的方式不一样，对象节点增加数据需要使用 ObjectNode 类提供的 put(String fieldName, String v) 方法或 set(String fieldName, JsonNode value) 方法，数组节点增加数据需要使用 ArrayNode 类提供的 add(String v) 方法或 insert(int index, String v) 方法。

如果想要为 JSON 中添加一个性别数据，这属于在对象节点中添加了一个新字段，可以

使用如下方式：

```
248    String json = "{\"name\":\" 张三 \",\"age\":15,\"qq\":[\"12345679\",\"987654321\"],"
249        + "\"scores\":{\"chinese\":90,\"math\":85}}";
250    ObjectNode root = (ObjectNode) mapper.readTree(json);    // 获取根节点对象
251    root.put("sex", " 男 ");                                  // 插入性别为男的数据
252    System.out.println(root.toString());
```

控制台输出的内容如下：

```
{"name":" 张三 ","age":15,"qq":["12345679","987654321"],"scores":{"chinese":90,"math":85},"sex":" 男 "}
```

可以看出原 JSON 中多了一个性别为男的数据。如果要为张三的 QQ 列表中添加一个新 QQ 号，这属于在数组节点中添加一个新节点，可以使用如下方式：

```
253    String json = "{\"name\":\" 张三 \",\"age\":15,\"qq\":[\"12345679\",\"987654321\"],"
254        + "\"scores\":{\"chinese\":90,\"math\":85}}";
255    JsonNode root = mapper.readTree(json);                    // 获取根节点对象
256    ArrayNode qqlist = (ArrayNode) root.get("qq");            // 获取 QQ 数组节点
257    qqlist.add("000000000");                                  // 在数组末尾添加新值
258    System.out.println(root.toString());
```

控制台输出的内容如下：

```
{"name":" 张三 ","age":15,"qq":["12345679","987654321","000000000"],"scores":{"chinese":90,"math":85}}
```

（3）修改数据

不管是对象节点还是数组节点，都推荐使用 set(String fieldName, JsonNode value) 方法修改数据。例如，将"张三"的名字改为"李四"，将 QQ 列表中第二个 QQ 号改为 999999999，代码如下：

```
259    String json = "{\"name\":\" 张三 \",\"age\":15,\"qq\":[\"12345679\",\"987654321\"],"
260        + "\"scores\":{\"chinese\":90,\"math\":85}}";
261    JsonNode root = mapper.readTree(json);                    // 获取根节点对象
262    ObjectNode objNode = (ObjectNode) root;                   // 转为对象节点
263    objNode.set("name", new TextNode(" 李四 "));              // 修改 "name" 字段
264    ArrayNode qqlist = (ArrayNode) root.get("qq");            // 获取 QQ 数组节点
265    qqlist.set(1, new TextNode("999999999"));                 // 修改索引为 1 的值
266    System.out.println(root.toString());
```

控制台输出的内容如下：

```
{"name":" 李四 ","age":15,"qq":["12345679","999999999"],"scores":{"chinese":90,"math":85}}
```

（4）删除数据

对象节点删除数据使用 remove(String fieldName) 方法，数组节点删除数据使用 remove(int index) 方法。例如，删除 JSON 中的年龄数据，删除 QQ 列表中第一个 QQ 号，代码如下：

```
267    String json = "{\"name\":\" 张三 \",\"age\":15,\"qq\":[\"12345679\",\"987654321\"],"
268        + "\"scores\":{\"chinese\":90,\"math\":85}}";
269    JsonNode root = mapper.readTree(json);                    // 获取根节点对象
270    ObjectNode objNode = (ObjectNode) root;                   // 转为对象节点
271    objNode.remove("age");                                    // 删除 "age" 字段
```

```
272    ArrayNode qqlist = (ArrayNode) root.get("qq");    // 获取QQ数组节点
273    qqlist.remove(0);                                  // 删除索引为0的值
274    System.out.println(root.toString());
```

控制台输出的内容如下:

```
{"name":"张三","qq":["987654321"],"scores":{"chinese":90,"math":85}}
```

11.2 FastJson

FastJson 是阿里巴巴技术团队推出的开源 JSON 解析库,因为其语法非常简洁,因此受到许多开发者的青睐。FastJson 经常会拿来与 Jackson 做比较,两者都是优秀的 JSON 解析库,FastJson 的主要用户都集中在国内,国外的开发者选择 Jackson 居多。两者的对比可以总结如表 11.6 所示。

表 11.6　FastJson 与 Jackson 的对比

特性	Jackson	FastJson
上手难易度	难	简单
执行效率	高	一般
功能	丰富	一般
稳定性	高	一般
社区语言	英文	中文/英文

总结一下,Jackson 更像是一个精密的仪器,无论从功能上还是效率上都是无可挑剔的,开发高手们往往会在场景复杂、业务量大的项目中选用 Jackson。FastJson 更像是一个简单易用的小工具,更适合处理一些简单的业务场景,初学者很容易入手,在数据量小、并发量小的项目中要比 Jackson 更好用。

11.2.1 添加 FastJson 依赖

FastJson 不是 Spring Boot 自带库,需要开发者手动添加,读者可在已创建好的项目的 pom.xml 文件中添加以下依赖:

```
275    <dependency>
276        <groupId>com.alibaba</groupId>
277        <artifactId>fastjson</artifactId>
278        <version>1.2.9</version>
279    </dependency>
```

👑 说明:

FastJson 可以更换成最新版本,最新版本的版本号可到阿里巴巴云效 Maven 查询。

11.2.2 对象与 JSON 字符串互转

FastJson 转换对象与 JSON 字符串的语法非常简单,以至于官方文档只给了两行代码。

```
String text = JSON.toJSONString(obj);            // 序列化
VO vo = JSON.parseObject("{...}", VO.class);     // 反序列化
```

其中 obj 为被转换的对象，VO 为 JSON 数据对应的实体类。

这两种转换语法看上去与 Jackson 很像，但 FastJson 的 com.alibaba.fastjson.JSON 类提供的均为静态方法，开发者不需注入对象就可以直接使用。

除此之外在官方文档的目录中也给出了许多其他示例。例如，想要在转换过程中指定日期的格式，可以使用如下语法：

```
JSON.toJSONStringWithDateFormat(date, "yyyy-MM-dd HH:mm:ss.SSS")
```

JSON.toJSONString() 默认将实体类对象转为 JSON 对象，如果想把实体类对象转换成 JSON 数组，可以使用如下语法：

```
String array = JSON.toJSONString(obj, SerializerFeature.BeanToArray);
```

[实例 04] 接受前端发来的 JSON 登录数据，返回 JSON 登录结果

（源码位置：资源包 \Code\11\04）

用户在前端登录时会向后端发送 JSON 格式的登录信息，其中包含 username 和 password。创建控制器，接收到 JSON 字符串后使用 FastJson 将其转为 Map 对象，取出其中的 username 和 password 的值，如果账号为 "mr"、密码为 "123456"，就返回 {"code":"200","message":"登录成功"}，否则返回 {"code":"500","message":"账号或密码错误"}。

控制器类代码如下：

```
280  package com.mr.controller;
281  import java.util.HashMap;
282  import java.util.Map;
283  import org.springframework.web.bind.annotation.RequestBody;
284  import org.springframework.web.bind.annotation.RequestMapping;
285  import org.springframework.web.bind.annotation.RestController;
286  import com.alibaba.fastjson.JSON;
287  
288  @RestController
289  public class LoginController {
290  
291      @RequestMapping("/login")
292      public String login(@RequestBody String json) {
293          // 将请求体中的字符串以 JSON 格式读取并转为 Map 键值对象
294          Map loginDate = JSON.parseObject(json, Map.class);
295          String username = loginDate.get("username").toString();   // 读取 JSON 中账号
296          String password = loginDate.get("password").toString();   // 读取 JSON 中的密码
297          Map<String, String> result = new HashMap<>();             // 创建响应结果键值对
298          String code = "";                                         // 返回的响应码
299          String message = "";                                      // 响应信息
300          if ("mr".equals(username) && "123456".equals(password)) { // 如果是指定账号密码
301              code = "200";
302              message = " 登录成功 ";                                // 记录登录成功的响应码和信息
303          } else {
304              code = "500";                                         // 记录登录失败的响应码和信息
305              message = " 账号或密码错误 ";
306          }
```

```
307                result.put("code", code);            // 响应结果记录响应码和信息
308                result.put("message", message);
309                return JSON.toJSONString(result);    // 将键值对象转为 JSON 字符串并返回
310            }
311        }
```

启动项目，使用 Postman 模拟前端用户请求，如果发送正确的账号密码则可以看到如图 11.9 所示结果。如果发送错误的账号密码则看到如图 11.10 所示的结果。

图 11.9　发送正确账号密码可以看到登录成功结果

图 11.10　发送错误账号密码看到的结果为无法登录

11.2.3　@JSONField 注解

FastJson 提供的 @JSONField 注解可以让开发者定制序列化规则，也就是修改实体类与 JSON 的映射关系。该注解可以用来声明类、属性或方法，其定义如下：

```
312  @Retention(RetentionPolicy.RUNTIME)
313  @Target({ ElementType.METHOD, ElementType.FIELD, ElementType.PARAMETER })
```

第 11 章 JSON 解析器

```
314    public @interface JSONField {
315        int ordinal() default 0;              // 序列化或反序列化的顺序
316        String name() default "";             // 字段的别名
317        String format() default "";           // 日期格式
318        boolean serialize() default true;     // 可以被序列化
319    }
```

以上列出的都是 @JSONField 注解的常用属性，下面介绍这些属性的功能。

（1）为属性设置别名

给属性设置别名的方式有两种：第一种用法与 Jackson 类似，就是在类属性上定义别名，例如，为 Log 类的 id 属性起别名为"code"，代码如下：

```
320    public class Log {
321        @JSONField(name="code")
322        private String id;
323        public String getId() {return id;}
324        public void setId(String id) {this.id = id;}
325    }
```

第二种用法就是在属性的 Getter/Setter 方法上定义别名，效果与第一种方式一样，代码如下：

```
326    public class Log {
327        private String id;
328        @JSONField(name="code")
329        public String getId() {return id;}
330        @JSONField(name="code")
331        public void setId(String id) {this.id = id;}
332    }
```

不管采用哪种用法，都会让 Log 对象的 id 属性值以"code"作为字段名显示，例如：

```
333    Log log=new Log();
334    log.setId("404");
335    System.out.println(JSON.toJSONString(log));
```

控制台中显示的结果为：

```
{"code":"404"}
```

（2）设置日期格式

如果 @JSONField 标注的是 java.util.Date 类型属性，还可以定义该属性序列化时的日期格式，例如：

```
336    public class Log {
337        @JSONField(format = "yyyy-MM-dd HH:mm:ss")
338        public Date create;
339    }
```

当 Log 对象被转为 JSON 字符串时会自动按照 @JSONField 定义的日期格式转换：

```
340    Log log = new Log();
341    log.create = new Date();
342    System.out.println(JSON.toJSONString(log));
```

控制台中显示的结果为:

```
{"create":"2021-08-18 15:03:38"}
```

(3) 设置被忽略的属性

@JSONField 可以定义哪些属性不会被转成 JSON 数据。例如,Log 类的 id 属性不能转为 JSON,代码如下:

```
343    public class Log {
344        @JSONField(serialize = false)  // 编号不会被序列化
345        public String id;
346        public String message;
347    }
```

在对象转为 JSON 的过程中自动忽略 id 属性:

```
348    Log log = new Log();
349    log.id = "404";
350    log.message = " 找不到资源 ";
351    System.out.println(JSON.toJSONString(log));
```

控制台中显示的结果为:

```
{"message":" 找不到资源 "}
```

(4) 设置属性在 JSON 中的顺序

@JSONField 中的 ordinal 可以定义不同属性转换之后在 JSON 中的排列顺序,排列第一位的为 0,值越大越靠后。例如,让 Log 类先显示 id,再显示 message,最后显示 create,代码如下:

```
352    public class Log {
353        @JSONField(ordinal = 1)                              // 在中间显示
354        public String message;
355        @JSONField(ordinal = 2, format = "yyyyMMdd")         // 最后显示
356        public Date create;
357        @JSONField(ordinal = 0)                              // 先显示
358        public String id;
359    
360        public Log(String message, Date create, String id) {
361            this.message = message;
362            this.create = create;
363            this.id = id;
364        }
365    }
```

创建 Log 对象,使用构造方法赋值,然后转为 JSON,代码如下:

```
366    Log log = new Log(" 找不到资源 ", new Date(), "404");
367    System.out.println(JSON.toJSONString(log));
```

控制台中显示的结果为:

```
{"id":"404","message":" 找不到资源 ","create":"20210818"}
```

11.2.4 FastJson 对 JSON 数据进行增删改查

FastJson 也有一套对 JSON 数据进行增删改查的 API,FastJson 同样将 JSON 数据分成了

"对象"和"数组"两种形式，对象节点封装成 JSONObject 类，数组节点封装成 JSONArray 类。将 JSON 字符串转为 FastJson 对象的语法如下：

```
JSONObject obj = JSON.parseObject(json);    // 获取JSON字符串的对象节点
JSONArray arr = JSON.parseArray(json);      // 获取JSON字符串的数组节点
```

JSONObject 类提供的常用方法如表 11.7 所示，JSONArray 类提供的常用方法如表 11.8 所示。

表 11.7　JSONObject 的常用方法

返回值	方法	说明
boolean	isEmpty()	JSON是否为空
int	size()	JSON中的字段数量
boolean	containsKey(Object key)	JSON中是否存在key字段
boolean	containsValue(Object value)	JSON中是否存在value值
Object	get(Object key)	获取key字段的值，可强转为其他类型
JSONObject	getJSONObject(String key)	获取key字段的值，并封装成对象节点
JSONArray	getJSONArray(String key)	获取key字段的值，并封装成数组节点
T	getObject(String key, Class<T> clazz)	获取key字段的值，封装成clazz类型
Boolean	getBoolean(String key)	获取key字段的值，封装成Boolean类型
byte[]	getBytes(String key)	获取key字段的值，封装成字节数组
boolean	getBooleanValue(String key)	获取key字段的值，封装成boolean类型
Byte	getByte(String key)	获取key字段的值，封装成Byte类型
byte	getByteValue(String key)	获取key字段的值，封装成byte类型
Short	getShort(String key)	获取key字段的值，封装成Short类型
short	getShortValue(String key)	获取key字段的值，封装成short类型
Integer	getInteger(String key)	获取key字段的值，封装成Integer类型
int	getIntValue(String key)	获取key字段的值，封装成int类型
Long	getLong(String key)	获取key字段的值，封装成Long类型
long	getLongValue(String key)	获取key字段的值，封装成long类型
Float	getFloat(String key)	获取key字段的值，封装成Float类型
float	getFloatValue(String key)	获取key字段的值，封装成float类型
Double	getDouble(String key)	获取key字段的值，封装成Double类型
double	getDoubleValue(String key)	获取key字段的值，封装成double类型
BigDecimal	getBigDecimal(String key)	获取key字段的值，封装成超大小数类型
BigInteger	getBigInteger(String key)	获取key字段的值，封装成超大整数类型
String	getString(String key)	获取key字段的值，以字符串形式返回
Date	getDate(String key)	获取key字段的值，封装成java.util.Date类型
Object	put(String key, Object value)	添加key字段、value值，如果key已存在就更新value值。返回更新之后的value值
JSONObject	fluentPut(String key, Object value)	功能同put方法，返回值为对象节点本身

续表

返回值	方法	说明
void	putAll(Map<? extends String, ? extends Object> m)	同时添加（或更新）多个字段和值
JSONObject	fluentPutAll(Map<? extends String, ? extends Object> m)	功能同putAll方法，返回值为对象节点本身
void	clear()	清空所有字段和值
JSONObject	fluentClear()	功能同clear方法，返回值为对象节点本身
Object	remove(Object key)	删除key字段及其对应的值，返回被删除的值
JSONObject	fluentRemove(Object key)	功能同remove方法，返回值为对象节点本身
Set<String>	keySet()	获取所有字段的集合
Collection<Object>	values()	获取所有值的集合
Object	clone()	创建对象节点的副本
String	toJSONString()	返回JSON字符串

表 11.8 JSONArray 的常用方法

返回值	方法	说明
boolean	isEmpty()	判断数组是否为空
int	size()	数组的长度
boolean	contains(Object o)	数组是否包含o这个值
Iterator<Object>	iterator()	返回数组迭代器
Object[]	toArray()	转为Object数组
T[]	toArray(T[] a)	将数组节点中的值复制到a[]数组中
boolean	add(Object e)	在数组末尾添加新元素
JSONArray	fluentAdd(Object e)	功能同add方法，返回值为数组节点本身
boolean	remove(Object o)	删除o元素
JSONArray	fluentRemove(Object o)	功能同remove方法，返回值为数组节点本身
boolean	containsAll(Collection<?> c)	判断数组是佛包含c集合中的所有元素
boolean	addAll(Collection<? extends Object> c)	在数组末尾添加c集合中的所有元素
JSONArray	fluentAddAll(Collection<? extends Object> c)	功能同addAll方法，返回值为数组节点本身
boolean	addAll(int index, Collection<? extends Object> c)	在index索引位置开始插入c集合中的所有元素
JSONArray	fluentAddAll(int index, Collection<? extends Object> c)	功能同addAll方法，返回值为数组节点本身
boolean	removeAll(Collection<?> c)	删除在c集合中出现过的元素
JSONArray	fluentRemoveAll(Collection<?> c)	功能同removeAll方法，返回值为数组节点本身
boolean	retainAll(Collection<?> c)	只保留在c集合中出现过的元素

续表

返回值	方法	说明
JSONArray	fluentRetainAll(Collection<?> c)	功能同retainAll方法，返回值为数组节点本身
void	clear()	清空所有元素
JSONArray	fluentClear()	功能同clear方法，返回值为数组节点本身
Object	set(int index, Object element)	将index索引位置的元素替换成element。如果index超出数组范围就添加新元素
JSONArray	fluentSet(int index, Object element)	功能同set方法，返回值为数组节点本身
void	add(int index, Object element)	在index索引位置添加新element元素
JSONArray	fluentAdd(int index, Object element)	功能同add方法，返回值为数组节点本身
Object	remove(int index)	删除index索引位置的元素
JSONArray	fluentRemove(int index)	功能同remove方法，返回值为数组节点本身
int	indexOf(Object o)	获取o元素第一次出现的索引位置
int	lastIndexOf	获取o元素最后一次出现的索引位置
ListIterator<Object>	listIterator()	获取数组的队列迭代器，允许双向遍历
ListIterator<Object>	listIterator(int index)	功能同listIterator方法，迭代器的起始索引为index
List<Object>	subList(int fromIndex, int toIndex)	从数组的fromIndex索引（包含）开始截取至toIndex索引（不包含），将截取片段封装成List
Object	get(int index)	获取index索引位置的元素，可以强转成其他类型
JSONObject	getJSONObject(int index)	获取index索引位置的对象节点
JSONArray	getJSONArray(int index)	获取index索引位置的数组节点
T	getObject(int index, Class<T> clazz)	将index索引位置的元素封装成clazz类型
包装类或基本数据类型	getBoolean(int index)、getBooleanValue(int index)、getString(int index)等（可参考JSONObject）	让index索引位置的元素以指定类型返回
String	toJSONString()	返回JSON字符串

了解JSONObject类和JSONArray类之后，下面介绍如何使用这两个类的方法对JSON数据进行增、删、改、查。

（1）查询

通过get系列方法即可查询指定字段或指定索引对应的值，FastJson为每一种数据类型都提供了一个get方法，开发者可以根据需求选择使用。例如，获取JSON字符串中name字段和age字段的值，代码如下：

```
368    String json = "{\"name\":\" 张三 \",\"age\":15,\"qq\":[\"12345679\",\"987654321\"],"
369           + "\"scores\":{\"chinese\":90,\"math\":85}}";
370    JSONObject root = JSON.parseObject(json);    // 获取 JSON 字符串的对象节点
371    String name = root.getString("name");         // 获取 "name" 字段的字符串值
372    int age = root.getIntValue("age");            // 获取 "age" 字段的 int 值
373    System.out.println(" 姓名: " + name + ", 年龄: " + age);
```

控制台输出的内容如下:

```
姓名: 张三, 年龄: 15
```

如果要获取 JSON 数组中的值，则需要先获取子节点的 JSONArray 对象，然后再通过 get(int index) 方法获取指定索引位置的元素。例如，获取 QQ 列表中的第一个 QQ 号，代码如下:

```
374    String json = "{\"name\":\" 张三 \",\"age\":15,\"qq\":[\"12345679\",\"987654321\"],"
375           + "\"scores\":{\"chinese\":90,\"math\":85}}";
376    JSONObject root = JSON.parseObject(json);    // 获取 JSON 字符串的对象节点
377    JSONArray arr = root.getJSONArray("qq");     // 获取 "qq" 列表
378    String first = arr.getString(0);              // 获取列表中第一个 qq 号
379    System.out.println(first);
```

控制台输出的内容如下:

```
12345679
```

如果要获取 JSON 子节点中的数据，需要创建子节点的 JSONObject。例如，获取该学生数学成绩，代码如下:

```
380    String json = "{\"name\":\" 张三 \",\"age\":15,\"qq\":[\"12345679\",\"987654321\"],"
381           + "\"scores\":{\"chinese\":90,\"math\":85}}";
382    JSONObject root = JSON.parseObject(json);          // 获取 JSON 字符串的对象节点
383    JSONObject scores = root.getJSONObject("scores");  // 获取 "scores" 节点
384    int math = scores.getIntValue("math");             // 获取 "math" 字段的值
385    System.out.println(" 数学成绩为: "+math);
```

控制台输出的内容如下:

```
数学成绩为: 85
```

以上这些写法都可以简写一行代码，例如:

```
386    String first = JSON.parseObject(json).getJSONArray("qq").getString(0);
387    int math = JSON.parseObject(json).getJSONObject("scores").getIntValue("math");
```

(2) 新增

对象节点使用 put() 方法新增字段，数组节点使用 add() 方法新增元素。例如，为学生信息 JSON 添加 "性别为男" 数据，在成绩中添加 92 分英语成绩，在 QQ 列表中添加 "999999" 号码，代码如下:

```
388    String json = "{\"name\":\" 张三 \",\"age\":15,\"qq\":[\"12345679\",\"987654321\"],"
389           + "\"scores\":{\"chinese\":90,\"math\":85}}";
390    JSONObject root = JSON.parseObject(json);
391    root.put("sex", " 男 ");                              // 添加性别
```

```
392     root.getJSONArray("qq").add("999999");              // 添加新 QQ 号
393     root.getJSONObject("scores").put("english", 92);    // 添加英语成绩
394     System.out.println(root.toJSONString());
```

控制台输出的内容如下：

```
{"qq":["12345679","987654321","999999"],"scores":{"chinese":90,"english":92,"math":85},"sex":"男","name":"张三","age":15}
```

（3）修改

对象节点使用 put() 方法修改字段，数组节点使用 set() 方法修改元素。例如，将张三的名字修改为李四，将 QQ 列表中第二个 QQ 号修改为 "000000"，将数学成绩修改为 70，代码如下：

```
395     String json = "{\"name\":\" 张三 \",\"age\":15,\"qq\":[\"12345679\",\"987654321\"],"
396             + "\"scores\":{\"chinese\":90,\"math\":85}}";
397     JSONObject root = JSON.parseObject(json);
398     root.put("name", " 李四 ");                         // 修改名字
399     root.getJSONArray("qq").set(1, "000000");           // 修改第二个 QQ 号
400     root.getJSONObject("scores").put("math", 70);       // 添加数学成绩
401     System.out.println(root.toJSONString());
```

控制台输出的内容如下：

```
{"qq":["12345679","000000"],"scores":{"chinese":90,"math":70},"name":" 李四 ","age":15}
```

（4）删除

对象节点和数组节点都使用 remove() 方法删除值。例如，删除年龄字段，删除 QQ 列表中第一个 QQ 号，删除语文成绩，代码如下：

```
402     String json = "{\"name\":\" 张三 \",\"age\":15,\"qq\":[\"12345679\",\"987654321\"],"
403             + "\"scores\":{\"chinese\":90,\"math\":85}}";
404     JSONObject root = JSON.parseObject(json);
405     root.remove("age");                                 // 删除年龄字段
406     root.getJSONArray("qq").remove(0);                  // 删除第一个 QQ 号
407     root.getJSONObject("scores").remove("chinese");     // 添加语文成绩
408     System.out.println(root.toJSONString());
```

控制台输出的内容如下：

```
{"qq":["987654321"],"scores":{"math":85},"name":" 张三 "}
```

本章知识思维导图

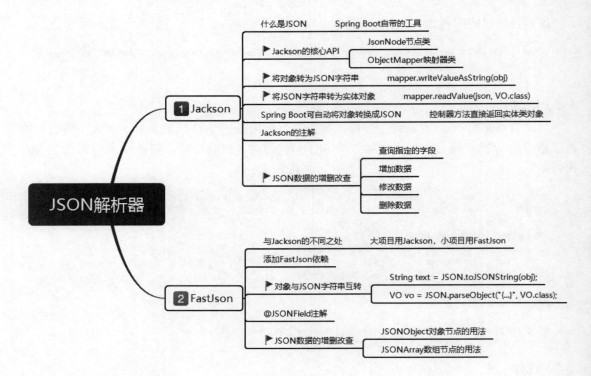

第 12 章
WebSocket 长连接

扫码领取
- 配套视频
- 配套素材
- 学习指导
- 交流社群

 本章学习目标

- 了解长连接概念
- 掌握如何使用 Java 语言实现 WebSocket 服务端
- 掌握如何使用 JavaScript 语言实现 WebSocket 客户端

12.1 概念

12.1.1 短连接与长连接

短连接是指通信双方每进行一次数据交互就建立一个连接,当数据传输完毕就会断开连接。相当于每个连接都是"一次性"的。大多数网站使用的 HTTP 服务都是短连接,这样能有效节约通信资源。

但是有些特殊网页就需要前端与后端长时间保持连接,例如网页聊天、网页游戏、手机支付等页面,这种可以保持长时间不断开的就是长连接。

长连接与 Ajax 轮询不一样,Ajax 轮询是以较快频率异步更新页面信息,因为每次都会向服务端发送一条短连接请求,因此对通信两端资源的消耗还是比较大的。而一条长连接建立之后会始终保持两端的连接状态,这样可以避免反复创建新请求而消耗过多资源。虽然长连接对服务端资源也会有一定的消耗,但要比 Ajax 轮询消耗的资源少得多。

12.1.2 WebSocket 协议

Java 实现长连接最常用的技术就是 WebSocket。WebSocket 是 HTML5 定义的基于 TCP 的全双工通信协议,客户端(常见为浏览器)与服务端连接之前会进行一次"握手",两端完成"握手"之后就会建立一个连接通道,概念如图 12.1 所示。客户端和服务端通过该连接互相发送数据。如果有一方要关闭连接,则需要再完成一次"握手"来通知对方同步关闭。

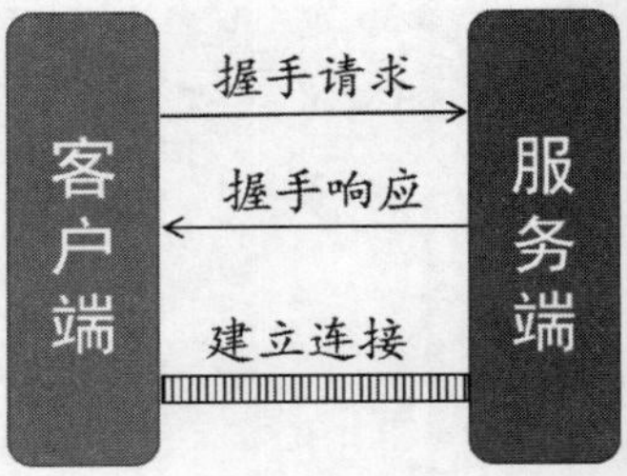

图 12.1 WebSocket 通过一次"握手"之后才能建立连接

> 说明:
> 全双工(Full Duplex)是通信传输的一个术语,表示允许数据在两个方向上同时传输。

WebSocket 将数据交互的细节都封装了起来,开发人员无需知道数据头怎么编写、"握手"怎么实现,只需调用 WebSocket API 即可以创建长连接并实时传输数据。

WebSocket 的客户端(前端)通常使用 JavaScript 实现,服务端使用 Java 技术实现,本章将会分别介绍服务端和客户端的实现方式,并给出两个综合实例。

12.2 端点

端点的英文叫 endpoint,在 WebSocket 协议中表示对话的一端。Java EE 中使用 javax.websocket.Endpoint 来表示端点类。Java EE 和 Spring Boot 都推荐开发者使用注解创建服务器端点,本节将介绍如何使用注解创建并使用服务端。

12.2.1 添加依赖

虽然 Java EE 本身支持 WebSocket 技术,但想要在 Spring Boot 项目中使用仍需要添加相关依赖。在 pom.xml 文件中添加以下依赖即可:

```
01  <dependency>
02      <groupId>org.springframework.boot</groupId>
03      <artifactId>spring-boot-starter-websocket</artifactId>
04  </dependency>
```

12.2.2 开启自动注册端点

虽然 Spring Boot 自动装配功能已经很强大了，但是没有提供自动装配 WebSocket 端点类的功能，开发者想要让 Spring Boot 能够自动扫描到 WebSocket 端点类需要手动注册 ServerEndpointExporter 的 Bean，这样 Spring Boot 才能自动将所有被 @ServerEndpoint 标注的类识别为 WebSocket 端点类。

因为注册 ServerEndpointExporter 的代码非常简单，所以相当于一套固定的代码，开发者直接将以下代码复制到自己的 Spring Boot 项目中即可。

```
05  package com.mr.config;
06  import org.springframework.context.annotation.Bean;
07  import org.springframework.context.annotation.Configuration;
08  import org.springframework.web.socket.server.standard.ServerEndpointExporter;
09
10  @Configuration
11  public class WebSocketConfig {
12
13      @Bean
14      public ServerEndpointExporter serverEndpointExporter() {
15          return new ServerEndpointExporter();
16      }
17  }
```

这是一个 @Configuration 配置类，类名和存放的包名可根据开发者的项目结构重新命名。类中仅有一个方法，返回一个 ServerEndpointExporter 类的对象并将其注册成 Bean。

12.2.3 创建服务器端点

@ServerEndpoint 注解用来标注端点类，该注解位于 javax.websocket.server 包下，是 Java EE 提供的注解。@ServerEndpoint 注解需要配合 @Component 注解一起使用。创建端点类的语法如下：

```
@Component
@ServerEndpoint("path")
public class ClassEndpoint { }
```

ClassEndpoint 为端点类的类名，类名可由开发者自行定义，但名字应以 Endpoint 结尾。@ServerEndpoint 将类标注为 WebSocket 端点，"path" 是端点映射的路径，该路径可以是多级路径，例如 "/user/login"。@Component 注解让端点类可以被 Spring Boot 自动注册。

因为 WebSocket 协议不是 HTTP 协议，所以 @ServerEndpoint 的完整路径也不是以 "http://" 开头的，而是以 "ws://" 开头。例如，@ServerEndpoint("path") 所映射的完整 WebSocket 路径为：

```
ws://127.0.0.1:8080/path
```

客户端也必须使用此路径才能与服务端创建连接。

一个服务端可以同时拥有多个端点类，不同端点要类映射不同路径，其逻辑类似 Spring Boot 中的 Controller 控制器。

12.2.4 Session 会话对象

javax.websocket.Session 是 WebSocket 中的会话接口，客户端每次与服务端创建连接都会产生一个 Session 对象。客户端只能使用一个 Session，但因为服务端可以同时连接多个客户端，所以服务端可以同时使用多个 Session，其概念如图 12.2 所示。

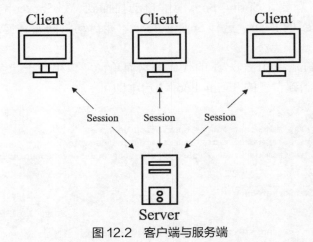

图 12.2　客户端与服务端

服务端可以通过 Session 对象获取 RemoteEndpoint 远程端点接口的对象，RemoteEndpoint 还提供了两个子接口，分别为：RemoteEndpoint.Basic（同步发送消息接口）和 RemoteEndpoint.Async（异步发送消息接口）。服务端可以使用这两个接口对象向客户端发送消息，语法如下：

```
session.getBasicRemote().sendText(" 同步发送的消息 ");
session.getAsyncRemote().sendText(" 异步发送的消息 ");
```

除了这两个方法以外，Session 类其他常用方法如表 12.1 所示。RemoteEndpoint.Basic 接口提供的方法如表 12.2 所示。RemoteEndpoint.Async 接口提供的方法如表 12.3 所示。

表 12.1　Session 类的常用方法

返回值	方法名	说明
void	close()	关闭连接
void	close(CloseReason closeReason)	关闭连接，并给出关闭原因
RemoteEndpoint.Async	getAsyncRemote()	返回异步发送消息的远程端点对象
RemoteEndpoint.Basic	getBasicRemote()	返回同步发送消息的远程端点对象
WebSocketContainer	getContainer()	返回此会话所属的容器
String	getId()	返回会话的唯一编号，该编号由 WebSocket 统一指定，通常从 0 开始递增
int	getMaxBinaryMessageBufferSize()	此 Session 可以缓冲地传入二进制消息的最大长度
long	getMaxIdleTimeout()	返回空闲时间的最大超时时间

续表

返回值	方法名	说明
int	getMaxTextMessageBufferSize()	返回可以缓冲的传入文本消息的最大长度
Map<String,String>	getPathParameters()	返回与在此会话下打开的请求关联的路径参数名称和值的映射
String	getProtocolVersion()	返回当前使用的 websocket 协议的版本
URI	getRequestURI()	返回打开此会话的 URI
boolean	isOpen()	返回连接是否已经成功打开
boolean	isSecure()	当且仅当底层套接字使用安全传输时才返回 true
void	setMaxBinaryMessageBufferSize(int length)	设置此会话可以缓冲地传入二进制消息的最大长度
void	setMaxIdleTimeout(long milliseconds)	设置空闲时间的最大超时时间
void	setMaxTextMessageBufferSize(int length)	设置可以缓冲的传入文本消息的最大长度

表 12.2　RemoteEndpoint.Basic 接口提供的方法

返回值	方法名	说明
OutputStream	getSendStream()	打开可以发送二进制消息的输出流
Writer	getSendWriter()	打开可以发送文本消息的字符流
void	sendBinary(ByteBuffer data)	发送一个二进制消息对象
void	sendBinary(ByteBuffer partialByte, boolean isLast)	发送部分二进制消息，如果发送的文本为最终文本，isLast 参数传入 true，非最终文本均传入 false
void	sendObject(Object data)	发送对象
void	sendText(String text)	发送文本消息
void	sendText(String partialMessage, boolean isLast)	发送部分发送文本消息，如果发送的文本为最终文本，isLast 参数传入 true，非最终文本均传入 false

表 12.3　RemoteEndpoint.Async 接口提供的方法

返回值	方法名	说明
long	getSendTimeout()	返回发送消息超时的毫秒数
Future<Void>	sendBinary(ByteBuffer data)	启动二进制消息的异步传输。开发人员可使用返回的 Future 对象来跟踪传输进度
void	sendBinary(ByteBuffer data, SendHandler handler)	启动二进制消息的异步传输，开发人员可通过 SendResult 对象获取进度
Future<Void>	sendObject(Object data)	启动对象消息的异步传输
void	sendObject(Object data, SendHandler handler)	同上
Future<Void>	sendText(String text)	启动文本消息的异步传输
void	sendText(String text, SendHandler handler)	同上
void	setSendTimeout(long timeoutmillis)	设置发送消息超时的毫秒数

12.2.5 服务器端点的事件

WebSocket 端点类可以捕捉四个事件：打开连接、发送消息、发生错误和关闭连接。每一个事件都有一个对应的注解，当发生某事件时可自行触发相应注解所标注的方法。这种注解驱动式编程在 Spring Boot 项目中很常见，注解标注的方法不仅对方法名称没有限制，甚至对方法的参数个数、参数顺序也没有硬性要求，开发者可以很灵活地定义各事件的实现方法。下面分别介绍这个四个事件注解的用法。

（1）@OnOpen 打开连接事件

@OnOpen 注解用于捕捉"打开连接事件"，该事件位于如图 12.3 所示的阶段，会在客户端与服务端成功建立连接后触发，且只会触发一次。

定义处理打开连接事件方法的语法如下：

```
@OnOpen
public void onOpen(Session session) { }
```

session 参数为打开连接之后创建的会话对象，开发者可以通过此对象向客户端发送第一条消息。如果用不到 session 也可以不写此参数，例如：

```
@OnOpen
public void onOpen() { }
```

（2）@OnMessage 消息事件

@OnMessage 注解用于捕捉"消息事件"，该事件位于如图 12.4 所示的阶段，在服务器接收到客户端发来的消息后触发，可多次触发。

图 12.3　打开连接事件

图 12.4　消息事件

处理消息事件的方法有两种定义方式，第一种定义如下：

```
@OnMessage
public void processGreeting(String message, Session session) {
    System.out.println("客户端发来消息：" + message);
}
```

方法中的 session 参数表示当前连接的会话对象，message 参数表示客户端传来的字符串消息。

第二种定义方式如下：

```
@OnMessage
public void processUpload(byte[] b, boolean last, Session session) {
```

```
    if (last) {
        // b 是最后的一批数据
    } else {
        // b 之后还有数据
    }
}
```

方法中的 session 参数仍然是会话对象，但接收到数据类型为字节数组，last 表示该字节数组是否为客户端发来的最后一批数据，如果 last 为 false 表示接收完 b 字节数组之后，还会有下一批字节数。

这两种方法的参数都是可选的，参数顺序也可以随意更改。

（3）@OnError 发生错误事件

@OnError 注解用于捕捉"发生错误事件"，该事件与消息事件处于同一阶段，如图 12.5 所示，服务端与客户端之间的通信发生任何错误都会触发此事件。

定义处理错误事件方法的语法如下：

```
@OnError
public void onError(Session session, Throwable e) {
    e.printStackTrace();
}
```

方法中的 session 参数表示当前连接的会话对象，e 参数表示引发错误的异常对象。开发者可以在这个方法中对异常情况进行处理。如果不打算处理异常也可以不定义此方法，这样即使发生错误也不会做任何处理。

（4）@OnClose 关闭连接事件

@OnClose 注解用于捕捉"关闭连接事件"，该事件位于如图 12.6 所示的阶段，会在服务器接与客户端之间的连接被关闭之前触发，开发者可以在此阶段执行一些资源释放操作。

图 12.5　发生错误事件

图 12.6　关闭连接事件

定义关闭连接事件方法的语法如下：

```
@OnClose
public void onClose(Session session, CloseReason reason) {
    System.out.println("关闭状态码: " + reason.getCloseCode().getCode());
}
```

方法中的 session 参数表示当前连接的会话对象，reason 参数的类型是 javax.websocket.CloseReason 关闭原因类，用于记录关闭连接的原因。调用该参数的 getCloseCode() 方法可获得关闭状态码对象，调用关闭状态码的 getCode() 方法即可获得 int 类型的关闭状态码，不同关闭状态码所表示关闭原因如表 12.4 所示。session 与 reason 都是可选参数，可以省略。

表 12.4　WebSocket 常见关闭状态码

关闭状态码	说明
1000	正常关闭
1001	终端离开
1002	协议错误
1003	不可接收的数据类型
1005	没有接收到任何状态码
1006	连接异常关闭
1007	无效数据
1008	消息不符合协议
1009	消息过大
1010	服务端未扩展
1011	不可预见的意外情况
1015	TLS 在 WebSocket 握手之前失败

12.3　页面客户端

WebSocket 客户端通常都是网页浏览器，浏览器中使用的 WebSocket 技术是已经被 W3C 标准化的 JavaScript WebSocket API。开发者可以直接使用 JavaScript（简称 JS）脚本创建网页与服务端之间的长连接。本节将介绍如何在 HTML 页面中使用 JavaScript 技术的创建 WebSocket 端点的相关方法。

12.3.1　JavaScript 中的 WebSocket 对象

在 JavaScript 语言中可以直接使用 new 关键字创建 WebSocket 对象，其语法如下：

```
var websocket = new WebSocket("ws://127.0.0.1:8080/login");
```

构造方法的参数为长连接所映射的 WebSocket 路径，该路径必须与服务端映射的路径相同，否则无法建立任何连接。

建立连接之后的 WebSocket 对象有一个 readyState 属性，取值范围为 0～3 之间的整数，不同整数对应的状态如下：

- 0，正在尝试与服务端建立连接；
- 1，连接成功；
- 2，即将关闭；
- 3，已经关闭。

WebSocket 对象有两个常用方法，send() 方法用来向服务端发送消息，close() 方法可以正常关闭 WebSocket 连接。

12.3.2 事件及触发的方法

JavaScript 的 WebSocket 对象也有"打开连接""接收消息""发生错误"和"关闭连接"四个事件，这四个事件与服务器端点的四个事件逻辑相同。例如，WebSocket 对象打开连接事件也叫 onopen，其语法如下：

```
var websocket = new WebSocket(url);
websocket.onopen = function() { };
```

当客户端与服务端成功连接后，就会自动触发该事件对应的方法。

WebSocket 对象接受服务端消息的事件叫 onmessage，方法参数为事件对象，调用事件对象的 data 属性即可获取服务端的消息内容，语法如下：

```
var websocket = new WebSocket(url);
websocket.onmessage = function(event) {
    alert(event.data);
}
```

WebSocket 对象也有错误事件，当两端发送消息时若出现任何异常都会触发此事件。事件名为 onerror，语法如下：

```
var websocket = new WebSocket(url);
websocket.onerror = function() { };
```

WebSocket 对象的关闭连接事件叫 onclose，语法如下：

```
var websocket = new WebSocket(url);
websocket.onclose = function() { };
```

12.3.3 客户端与服务端之间的触发关系

客户端和服务端的事件名称极为相似，这些事件互相之间是存在触发顺序的，触发关系如图 12.7 所示，方框内为两端的事件，无方框的为具体代码。当客户端创建 WebSocket 对象时即尝试创建连接，如果创建成功则同时触发两端的打开连接事件。客户端的 send() 方法会触发服务端的消息事件。服务端通过远程端点对象发送消息会触发客户端的消息事件。不管是客户端关闭 WebSocket 对象，还是服务端关闭会话对象，都会触发双方的关闭连接事件，最后整个连接关闭。

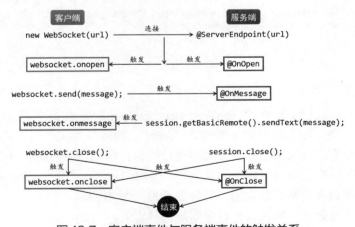

图 12.7 客户端事件与服务端事件的触发关系

12.4 一个简单实例

[实例 01]　页面动态展示服务器回执　　　（源码位置：资源包 \Code\12\01）

本节将通过一个简单且完整的 Spring Boot 项目来演示客户端与服务端如何利用 WebSocket 协议进行连接和通信。以下为编写步骤。

（1）添加依赖

本项目不仅要添加 websocket 依赖，还要添加 Web 和 Thymeleaf 依赖。pom.xml 添加的内容如下：

```xml
18    <dependency>
19        <groupId>org.springframework.boot</groupId>
20        <artifactId>spring-boot-starter-thymeleaf</artifactId>
21    </dependency>
22    <dependency>
23        <groupId>org.springframework.boot</groupId>
24        <artifactId>spring-boot-starter-web</artifactId>
25    </dependency>
26    <dependency>
27        <groupId>org.springframework.boot</groupId>
28        <artifactId>spring-boot-starter-websocket</artifactId>
29    </dependency>
```

（2）编写配置类

想让 Spring Boot 可以自动注册端点类，开发人员必须手动注册 ServerEndpointExporter 对象。在 com.mr.config 包下创建配置类，填入如下代码：

```java
30    package com.mr.config;
31    import org.springframework.context.annotation.Bean;
32    import org.springframework.context.annotation.Configuration;
33    import org.springframework.web.socket.server.standard.ServerEndpointExporter;
34    @Configuration
35    public class WebSocketConfig {
36        @Bean
37        public ServerEndpointExporter serverEndpointExporter() {
38            return new ServerEndpointExporter();
39        }
40    }
```

（3）编写服务端

在 com.mr.websoket 包下创建 TestWebSocketEndpoint 端点类，并用 @Component 和 @ServerEndpoint 标注。服务端映射的路径为 "/test"。服务端将实现以下几个功能。

① 当服务端与客户端成功创建连接之后在控制台打印已连接日志，并给出会话的编号。
② 当连接关闭时在控制台打印关闭状态码。
③ 当服务端收到客户端消息之后，要延迟 500 毫秒再回复。
④ 如果发生任何异常，则直接打印异常堆栈日志。

实现以上功能的 TestWebSocketEndpoint 类的代码如下：

```java
41  package com.mr.websoket;
42  import java.io.IOException;
43  import javax.websocket.CloseReason;
44  import javax.websocket.OnClose;
45  import javax.websocket.OnError;
46  import javax.websocket.OnMessage;
47  import javax.websocket.OnOpen;
48  import javax.websocket.Session;
49  import javax.websocket.server.ServerEndpoint;
50  import org.springframework.stereotype.Component;
51
52  @Component
53  @ServerEndpoint("/test")                           // 设置端点的映射路径
54  public class TestWebSocketEndpoint {
55      @OnOpen
56      public void onOpen(Session session) throws IOException {
57          System.out.println(session.getId() + " 客户端已连接 ");
58
59      }
60
61      @OnClose
62      public void onClose(Session session, CloseReason reason) {
63          System.out.println(session.getId() + " 客户端已关闭，关闭码: "
64              + reason.getCloseCode().getCode());
65      }
66
67      @OnMessage
68      public void onMessage(String message, Session session) {
69          System.out.println(" 客户端发来消息: " + message);
70          try {
71              Thread.sleep(500);                     // 休眠 500 毫秒
72          } catch (InterruptedException e) {
73              e.printStackTrace();
74          }
75          session.getAsyncRemote().sendText(" 服务端收到，你发的消息为: " + message);
76      }
77
78      @OnError
79      public void onError(Session session, Throwable e) {
80          e.printStackTrace();                       // 打印异常
81      }
82  }
```

（4）编写客户端

客户端采用 HTML+JavaScript，要实现以下几个功能。

① 网页包含一个文本输入框，一个发送按钮，和一个现实日志文本的区域。

② 根据当前网页的 URL 地址拼接处 WebSocket 映射的路径。

③ 监听 WebSocket 对象的四个事件，每一个事件都会在网页中打印事件日志。

④ 监听浏览器窗口关闭事件，一旦网页被关闭，要及时关闭 WebSocket 连接。

客户端页面名为 socket.html，其代码如下：

```html
83  <!DOCTYPE html>
84  <html>
85  <head>
86  <meta charset="UTF-8">
87  <script type="text/javascript">
```

```javascript
88          var websocket = null;
89          var local = window.location;                                    // 当前页面的 URL 地址
90          var url = "ws://" + local.host + "/test";                       // 长连接地址
91          // 判断当前浏览器是否支持 WebSocket
92          if ("WebSocket" in window) {
93              websocket = new WebSocket(url);
94          } else {
95              alert(" 当前浏览器不支持长连接，请换其他浏览器 ")
96          }
97
98          // 连接发生错误触发的方法
99          websocket.onerror = function() {
100             document.getElementById("message").innerHTML += "<br/>发生错误 ";
101             websocket.close();
102         }
103
104         // 连接成功建立触发的方法
105         websocket.onopen = function(event) {
106             document.getElementById("message").innerHTML += "<br/>连接已创建 ";
107         }
108
109         // 连接关闭触发的方法
110         websocket.onclose = function() {
111             document.getElementById("message").innerHTML += "<br/>连接已关闭 ";
112         }
113
114         // 接收到消息触发的方法
115         websocket.onmessage = function(event) {
116             // 将服务端发来的消息拼接到 div 中
117             document.getElementById("message").innerHTML += "<br/>" + event.data;
118         }
119
120         // 监听窗口关闭事件，当窗口关闭后要主动关闭 websocket 连接
121         window.onbeforeunload = function() {
122             websocket.close();
123         }
124
125         function send() {                                                // 点击按钮触发的方法
126             var message = document.getElementById("text").value;         // 获取输入框中的文本
127             websocket.send(message);                                      // 发送给服务端
128         }
129     </script>
130 </head>
131 <body>
132     <input type="text" id="text" />
133     <input type="button" id="btn" value=" 发送 " onclick="send()" />
134     <br />
135     <div id="message"></div>
136 </body>
137 </html>
```

（5）创建控制器

创建 IndexController 控制器类，当用户访问 "/index" 地址时可自动跳转至 socket.html，控制器代码如下：

```java
138 package com.mr.controller;
139 import org.springframework.stereotype.Controller;
140 import org.springframework.web.bind.annotation.RequestMapping;
141
142 @Controller
```

```
143    public class IndexController {
144        @RequestMapping("/index")
145        public String index() {
146            return "socket";
147        }
148    }
```

（6）运行效果

启动项目，打开浏览器访问"http://127.0.0.1:8080/index"地址，在网页输入框输入一些文字内容，然后点击发送按钮，过 0.5 秒之后服务端会将接收到的信息再返回过来，效果如图 12.8 所示。

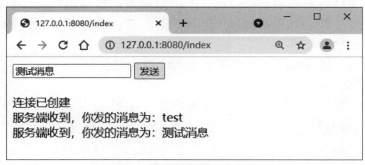

图 12.8　浏览器看到的内容

同时服务端也会将接收到的消息打印在控制台中。当浏览器关闭之后，服务端会显示客户端已关闭的日志，效果如图 12.9 所示。

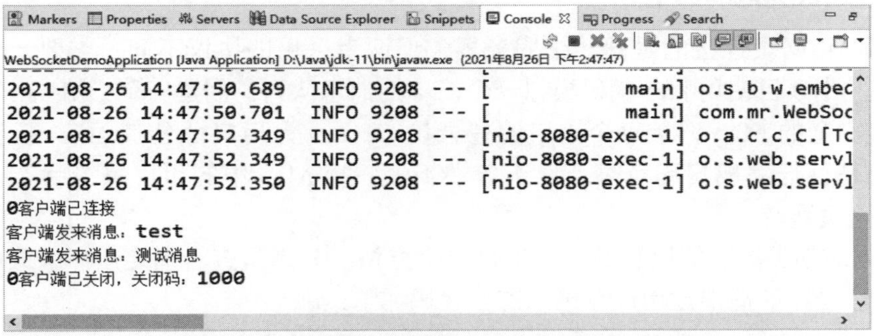

图 12.9　浏览器关闭后，服务器控制台日志内容

12.5　模拟手机扫码登录

现在很多互联网产品都同时推出网页、手机 APP 等多客户端，为了提高用户账号安全性、减少用户操作，很多网站都采用手机扫码的方式登录，用户只需在手机端完成登录之后，使用 APP 扫描网站提供的二维码即可完成登录。这个功能也采用了长连接技术，网页展示二维码的时候不会断开与服务器的连接，会等待服务器反馈的登录验证结果。手机 APP 扫码之后会根据已制定好的验证规则向服务器发送申请登录的 HTTP 请求，服务器验证之后会通过 WebSocket 告知网页验证结果，网页根据验证结果跳转页面。

下面将通过一个简单实例模拟如何实现手机扫码登录。

> **注意：**
> 想要测试手机扫码登录，必须保证手机与服务在同一网段中，也就是服务器与手机连接同一个路由器或交换机。

[实例 02]　　　　　　　　　　　　　　　　　　　　　（源码位置：资源包 \Code\12\02）

模拟手机扫码登录

12.5.1　添加 qrcode.js

手机扫码的关键是要能展示二维码，本项目采用简单易用的 qrcode.js，这是一个可以自动在页面生成二维码的 JavaScript 库，qrcode.js 文件的下载地址为 https://github.com/davidshimjs/qrcodejs。

下载完成之后，将 qrcode.js 文件放到 Spring Boot 的 static 目录中，位置如图 12.10 所示。

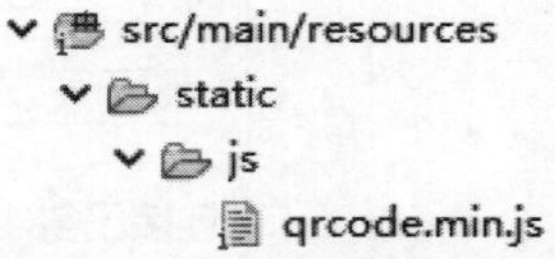

qrcode.js 的使用方式非常简单，只需要创建一个容器，并创建一个二维对象，其语法如下：

图 12.10　qrcode.js 文件所在位置

```
<div id="qr"></div>                                     <!-- 显示二维码的容器 -->
<script type="text/javascript">                         <!-- 在容器之后创建 QRCode 对象，自动生成二维码 -->
    new QRCode(document.getElementById("qr"), "http://www.mingrisoft.com");
</script>
```

12.5.2　模拟消息队列

虽然手机和网页连接的是同一个服务器，但两者采用的协议不同，需要一个消息队列让两端互通。本项目使用 Java 代码模拟一个简单的消息队列，创建一个 QRLoginMQ 类，类中使用线程安全的 Map 记录每个用户的登录状态，key 为用户命名，value 是一个布尔值，表示该用户是否已完成扫码登录。让服务端不停扫描 Map 中的用户登录状态，当状态为 true 则通知网页跳转。

QRLoginMQ 类的功能比较简单，提供三个方法，分别是查看指定用户登录状态、确认指定用户已登录和取消指定用户登录状态，代码如下：

```
149  package com.mr.common;
150  import java.util.concurrent.ConcurrentHashMap;
151  public class QRLoginMQ {
152      // 线程安全键值对
153      private static ConcurrentHashMap<String, Boolean> map = new ConcurrentHashMap<>();
154
155      public static void confirmLogin(String username) {    // 确认 username 用户已登录
156          map.put(username, true);                           // 该用户的登录状态 true
157      }
158
159      public static void logout(String username) {          // 取消用户 username 用户登录状态
160          map.remove(username);                              // 删除记录
161      }
162
163      public static boolean checkLogin(String username) {   // 获取 username 用户的登录状态
164          Boolean result = map.get(username);
```

```
165            return result != null ? result : false;// 如果登录状态 null 就返回 false
166        }
167    }
```

12.5.3 服务端实现

模拟的消息队列类编写完成之后就可以编写服务端点类了。服务端要创建一个线程属性，当 @OnOpen 事件被触发则表示用户打开了扫描码登录页面，这时启动线程，不断扫描消息队列中用户登录状态，一旦用户扫码登录完成，则向客户端发送页面跳转的目标地址。若 WebSocket 断开连接，要及时停止线程。服务端的代码如下：

```
168  package com.mr.websoket;
169  import java.io.IOException;
170  import javax.websocket.OnClose;
171  import javax.websocket.OnOpen;
172  import javax.websocket.Session;
173  import javax.websocket.server.ServerEndpoint;
174  import org.springframework.stereotype.Component;
175  import com.mr.common.QRLoginMQ;
176
177  @Component
178  @ServerEndpoint("/qrlogin")                              // 设置端点的映射路径
179  public class TestWebSocketEndpoint {
180      private Thread t;                                    // 扫描消息的线程
181      private boolean theadFinsh = false;                  // 线程是否停止
182
183      @OnOpen
184      public void onOpen(Session session) {
185          t = new Thread(new Runnable() {                  // 实例化线程
186              @Override
187              public void run() {
188                  while (!theadFinsh) {
189                      if (QRLoginMQ.checkLogin("mr")) {    // 如果 "mr" 这个用户已登录
190                          try {
191                              String url = "/success";     // 登录成功后前端要跳转的地址
192                              session.getBasicRemote().sendText(url);// 发送前端跳转地址
193                              QRLoginMQ.logout("mr");
194                          } catch (IOException e) {
195                              e.printStackTrace();
196                          }
197                      }
198                      try {
199                          Thread.sleep(500);               // 暂停 500 毫秒
200                      } catch (InterruptedException e) {
201                          e.printStackTrace();
202                      }
203                  }
204              }
205          });
206          t.start();                                       // 启动线程
207      }
208
209      @OnClose
210      public void onClose(Session session) {
211          theadFinsh = true;                               // 停止线程
212      }
213  }
```

12.5.4 客户端实现

客户端有两个页面：login.html 页面是展示二维码的页面，该页面不仅会展示二维码，还会显示二维码所对应的 URL 地址，如果读者无法让手机与服务器共处同一局域网的话，可以手动访问此 URL 地址，同样会实现手机扫码的效果。success.html 页面是扫码成功之后跳转的页面。

login.html 页面采用 Thymeleaf 模板，通过模板获取服务端传递的二维码 URL 地址。然后将二维码展示在页面中。通过创建 WebSocket 对象开启连接，等待服务端反馈扫码登录结果。如果服务端将登录成功后跳转的地址返回，则关闭 WebSocket 连接，并让本页面跳转至目标地址。login.html 页面的代码如下：

```html
214  <!DOCTYPE html>
215  <html xmlns:th="http://www.thymeleaf.org">
216  <head>
217  <meta charset="UTF-8">
218  <script type="text/javascript" src="js/qrcode.min.js"></script>
219  <script th:inline="javascript"> /* 将 thymeleaf 中的值赋给 JS  */
220      var qrtext = [[${url}]];                            // 二维码的 URL 地址
221      qrtext += "?username=mr&password=123456";          // 拼接参数，理论上该步骤应在扫码 APP 内部实现
222  </script>
223  <script type="text/javascript">
224      var websocket = null;                                // 连接对象
225      var local = window.location;                         // 当前页面的 URL 地址
226      var url = "ws://" + local.host + "/qrlogin";         // 长连接地址
227      // 判断当前浏览器是否支持 WebSocket
228      if ('WebSocket' in window) {
229          websocket = new WebSocket(url);
230      } else {
231          alert(" 当前浏览器不支持长连接，请换其他浏览器 ")
232      }
233
234      websocket.onmessage = function(event) {              // 接收消息
235          websocket.close();
236          window.location.href = event.data;               // 页面跳转至其他地址
237      }
238      // 监听窗口关闭事件，当窗口关闭后要主动关闭 websocket 连接
239      window.onbeforeunload = function() {
240          websocket.close();
241      }
242  </script>
243  </head>
244  <body>
245      <h1> 扫描二维码登录 </h1>
246      <div id="qrcode"></div>                              <!-- 二维码 -->
247      <p id="mark"></p>                                    <!-- 文字提示 -->
248      <script type="text/javascript">
249          document.getElementById("mark").innerHTML = " 等同于在其他浏览器访问: " + qrtext;
250          new QRCode(document.getElementById("qrcode"), qrtext);// 在 div 中创建二维码图片
251      </script>
252  </body>
253  </html>
```

success.html 页面仅用来显示登录成功提示，代码如下：

```html
254  <!DOCTYPE html>
255  <html>
256  <head>
257  <meta charset="UTF-8">
```

```
258        </head>
259        <body>
260            <h1> 登录成功 </h1>
261        </body>
262    </html>
```

12.5.5 控制器的实现

项目中的控制器不仅用于页面跳转，还用于向客户端发送二维码 URL 地址、接收手机 APP 发送的扫码登录请求。二维码采用的 URL 地址由本地服务器的局域网内 IP 拼接而成（非 127.0.0.1），这样才能保证同局域网下的 IP 可以正常访问到服务器。对于用户名和密码的校验，采用"固定账号密码"方式。控制器类的代码如下：

```
263    package com.mr.controller;
264    import java.net.InetAddress;
265    import java.net.UnknownHostException;
266    import org.springframework.stereotype.Controller;
267    import org.springframework.ui.Model;
268    import org.springframework.web.bind.annotation.RequestMapping;
269    import org.springframework.web.bind.annotation.ResponseBody;
270    import com.mr.common.QRLoginMQ;
271
272    @Controller
273    public class LoginController {
274
275        @RequestMapping("/qrlogin")
276        @ResponseBody
277        public String login(String username, String password) {
278            if ("mr".equals(username) && "123456".equals(password)) {
279                QRLoginMQ.confirmLogin("mr");
280                return " 登录成功 ";
281            }
282            return " 账号或密码错误 ";
283        }
284
285        @RequestMapping("/index")
286        public String index(Model model) throws UnknownHostException {
287            InetAddress address = InetAddress.getLocalHost();   // 本机器的局域网地址
288            String ip = address.getHostAddress().toString();     // 转为 IP 字符串
289            String addr = "http://" + ip + ":8080/qrlogin";      // 拼接成 URL
290            model.addAttribute("url", addr);                     // 传递给前端
291            return "login";
292        }
293
294        @RequestMapping("/success")
295        public String loginSuccess() {
296            return "success";
297        }
298    }
```

12.5.6 运行效果

启动项目，打开浏览器访问"http://127.0.0.1:8080/index"地址可以看到如图 12.11 所示页面，用户可以打开手机任意 APP 扫描页面中的二维码，手机就会访问页面下方的 URL 地址，一旦服务器接收到此地址发来的请求，就会认为手机扫码登录成功，二维码页面就会自动跳转至登录成功页面。

图 12.11　扫码登录页面

如果用户的手机与服务器无法在同一局域网内,也可以复制二维码下方的 URL 地址,打开另一个浏览器并访问复制的地址,操作如图 12.12 所示。一旦浏览器访问了该网址,服务器就会通知二维码页面跳转,效果如图 12.13 所示。

图 12.12　在火狐浏览器中访问二维码下方的地址

图 12.13　二维码页面自动跳转

12.6 网页聊天室

长连接最显著的优势就是可以实现双屏信息同步，也就是两个网页可能同步保持实时更新。最典型的例子就是网页聊天室，A 用户在网页里发送的消息可以立即显示在 B 用户的网页中，这样多个用户可以在网页中实时互发消息，就像在 QQ 群里聊天一样。

[实例 03] 网页聊天室 （源码位置：资源包 \Code\12\03）

12.6.1 添加 JQuery

本项目使用了 JavaScript 最常见的 JQuery 库，该库可以有效简化 JavaScript 代码。

在官网下载完 JQuery 之后，将 jquery.js 文件放到 Spring Boot 的 static 目录中，位置如图 12.14 所示。（本项目采用的是 3.6.0 版本）

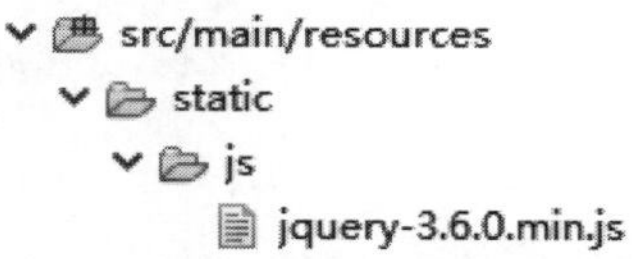

图 12.14 jquery.js 的位置

12.6.2 自定义会话组

当一个客户端发来消息后，服务端想要把该消息发送给其他客户端，就应该在服务器启动时建立一个会话组，每有一个客户端连接服务端，就将该连接的会话对象保存在会话组中。当服务端接收到消息后，服务端会遍历会话组中每一个会话对象，然后向每一个在线的客户端都发送该消息，这样就实现了群发功能。

WebSocketGroup 是该项目中的会话组类，该类使用 Map 保存所有会话对象，key 为会话的编号（session id），value 为会话对象。类中还有一个 AtomicInteger 类型属性用来记录当前在线人数。AtomicInteger 是原子整数类，该数字在递增或递减时是线程安全的，所以非常适合用来统计总数。

WebSocketGroup 类的代码如下：

```
299  package com.mr.common;
300  import java.io.IOException;
301  import java.text.*;
302  import java.util.*;
303  import java.util.concurrent.atomic.AtomicInteger;
304  import javax.websocket.Session;
305  import org.slf4j.*;
306  public class WebSocketGroup {
307      // 日志对象
308      private static final Logger log = LoggerFactory.getLogger(WebSocketGroup.class);
309      // 原子整数，记录在线人数
310      private static final AtomicInteger ONLINE_COUNT = new AtomicInteger();
311      // 保存所有在线的 Session
312      private static final Map<String, Session> ONLINE_SESSIONS = new HashMap<>();
313      // 日期格式化
314      static final DateFormat DATEFORMAT = new SimpleDateFormat("yyyy-MM-dd HH:mm:ss");
315
316      /**
317       * 向所有在线用户发送消息
318       * @param message 消息内容
319       * @param session 消息来源
```

```
320        */
321       public static void sendAll(String message, Session session) {
322           // 用原有信息上拼接用户 ID 和发送时间
323           message = "[游客" + session.getId() + "][" + DATEFORMAT.format(new Date()) + "]: " + message;
324           for (String id : ONLINE_SESSIONS.keySet()) {
325               Session one = ONLINE_SESSIONS.get(id);
326               try {
327                   one.getBasicRemote().sendText(message);
328               } catch (IOException e) {
329                   e.printStackTrace();
330                   Log.error("{}客户端发送消息失败 ", one.getId());
331               }
332           }
333       }
334
335       public static void addSession(Session session) {         // 添加会话
336           ONLINE_COUNT.incrementAndGet();                      // 在线数加 1
337           WebSocketGroup.sendAll(" 进入聊天室 ", session);
338           ONLINE_SESSIONS.put(session.getId(), session);
339           Log.info(" 有新连接加入: id{}, 当前在线人数为: {}", session.getId(), ONLINE_COUNT.get());
340       }
341
342       public static void removeSession(Session session) {      // 删除会话
343           ONLINE_COUNT.decrementAndGet();                      // 在线数减 1
344           ONLINE_SESSIONS.remove(session.getId());
345           WebSocketGroup.sendAll(" 离开聊天室 ", session);
346           Log.info("id{} 连接关闭, 当前在线人数为: {}", session.getId(), ONLINE_COUNT.get());
347       }
348   }
```

12.6.3 服务端实现

服务端在创建连接后要立即向客户端返回一套信息，告知该客户端在聊天室中的 ID（就是会话编号），在此之后的群发消息功能都由 WebSocketGroup 会话组完成。有新客户端连入时要将其会话对象添加到会话组中，有客户端关闭连接时要让会话组删除该连接的会话对象。

服务端代码如下：

```
349   package com.mr.websoket;
350   import java.io.IOException;
351   import javax.websocket.*;
352   import javax.websocket.server.ServerEndpoint;
353   import org.springframework.stereotype.Component;
354   import com.mr.common.WebSocketGroup;
355
356   @Component
357   @ServerEndpoint("/chatroom")                              // 设置端点的映射路径
358   public class ChatRoomEndpoint {
359
360       @OnOpen
361       public void onOpen(Session session) {
362           WebSocketGroup.addSession(session);   // 向组中添加新会话
363           try {
364               // 单独发一条消息, 告诉用户在聊天室所使用的 ID
365               session.getBasicRemote().sendText("--- 您的 ID: 游客" + session.getId() + " ---");
366           } catch (IOException e) {
```

```
367                e.printStackTrace();
368            }
369        }
370
371        @OnClose
372        public void onClose(Session session) {
373            WebSocketGroup.removeSession(session);    // 从组中删除会话
374        }
375
376        @OnMessage
377        public void onMessage(String message, Session session) {
378            WebSocketGroup.sendAll(message, session); // 向组中所有人发送消息
379        }
380
381        @OnError
382        public void onError(Session session, Throwable e) {
383            e.printStackTrace();                      // 打印异常
384        }
385    }
```

12.6.4 客户端实现

客户端只有 socket.html 这一个页面，发消息、收消息、展示消息的业务都在这一个页面中完成。页面输入框下方是聊天记录区域，服务器发来的信息都会作为聊天记录展示在此区域内，若内容过多还会提供滚动条。socket.html 的代码如下：

```
386    <!DOCTYPE html>
387    <html>
388    <head>
389    <meta charset="UTF-8">
390    <title>网络聊天室</title>
391    <script type="text/javascript" src="/js/jquery-3.6.0.min.js"></script>
392    <script type="text/javascript">
393        var websocket = null;                         // 连接对象
394        var local = window.location;                  // 当前页面的 URL 地址
395        var url = "ws://" + local.host + "/chatroom"; // 长连接地址
396        // 判断当前浏览器是否支持 WebSocket
397        if ('WebSocket' in window) {
398            websocket = new WebSocket(url);
399        } else {
400            alert(" 当前浏览器不支持长连接，请换其他浏览器 ")
401        }
402
403        // 连接发生错误触发的方法
404        websocket.onerror = function() {
405            setMessageInnerHTML(" 连接发生错误 ");
406            websocket.close();
407        };
408
409        // 连接成功建立触发的方法
410        websocket.onopen = function(event) {
411            setMessageInnerHTML(" 连接成功 ");
412        }
413
414        // 连接关闭触发的方法
415        websocket.onclose = function() {
416            setMessageInnerHTML(" 连接已关闭 ");
417        }
418
```

```
419         // 接收到消息触发的方法
420         websocket.onmessage = function(event) {
421             setMessageInnerHTML(event.data);                    // 向网页中添加收到的消息
422         }
423
424         // 监听窗口关闭事件，当窗口关闭后要主动关闭 websocket 连接
425         window.onbeforeunload = function() {
426             websocket.close();
427         }
428
429         // 将消息显示在网页上
430         function setMessageInnerHTML(innerHTML) {
431             $("#message").append(innerHTML + '<br/>');            // 在 div 底部有插入新消息
432             $("#message").scrollTop($("#message")[0].scrollHeight); // 滚动条保持在最底部
433         }
434
435         function send() {                                         // 发送消息
436             var message = $("#text").val();                       // 获取输入框中的文本
437             websocket.send(message);                              // 发送
438         }
439
440         $(function() {
441             $("#btn").click(function() {                          // 点击按钮时
442                 send();                                            // 发送消息
443             });
444         });
445     </script>
446 </head>
447 <body>
448     <input type="text" id="text">
449     <input type="button" id="btn" value="发送" />
450     <br />
451     <div id="message" style="height: 300px; width: 500px; border: 1px solid red; overflow-y: auto"></div>
452 </body>
453 </html>
```

12.6.5 运行效果

启动项目，打开浏览器访问"http://127.0.0.1:8080/index"地址可以看到如图 12.15 所示页面，每个用户都可以看到自己在聊天室中的 ID，例如图中的游客 0。

图 12.15　用谷歌浏览器打开聊天室，模拟第一位用户

打开另一个浏览器（例如火狐）访问"http://127.0.0.1:8080/index"地址，可以看到聊天室里其他用户收到了新用户进入聊天室的通知，效果如图12.16所示。

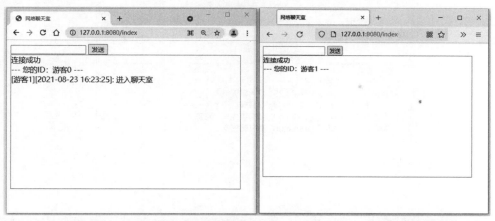

图12.16　用火狐浏览器打开聊天室，模拟第二位用户，第一位用户可以看到其进入聊天室

如果某个用户在输入框中填写消息并点击发送按钮，其他用户都会立刻看到这条消息，效果如图12.17和图12.18所示。

图12.17　游客0发送消息，所有用户都能看到

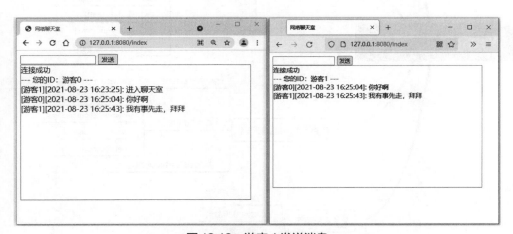

图12.18　游客1发送消息

如果有某个用户关闭了 WebSocket 连接，其他用户都可以看到服务器推送的用户退出通知，效果如图 12.19 所示。

图 12.19　游客 1 关闭浏览器，游客 0 可以看到其离开通知消息

 本章知识思维导图

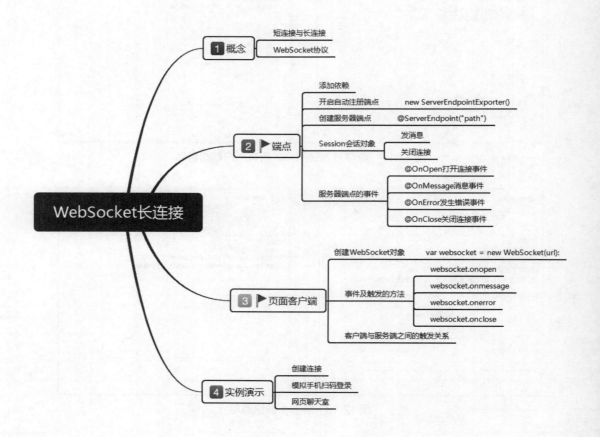

第 13 章
上传与下载

扫码领取
- 配套视频
- 配套素材
- 学习指导
- 交流社群

 本章学习目标

- 掌握如何上传文件至服务器
- 掌握如何让服务器提供文件下载连接
- 了解如何解析用户上传的 Excel 文件

13.1 上传文件

Java 有很多上传文件的实现方案，例如 Servlet 3.0 自带的 @MultipartConfig 注解、Apache 提供的 common upload 组件等。Spring MVC 也提供了一套自己的实现方案，并且用起来更加简单。

org.springframework.web.multipart.MultipartFile 就是 Spring MVC 中用来接收前端文件的接口，可以理解成"前端传来的文件"。MultipartFile 可以将前端文件中的数据转移到服务器本地文件中，这样就实现了上传文件到服务器的功能。Spring Boot 同样采用了这个实现方案。

> 说明：
> 本地文件用 java.io.File 类。

MultipartFile 提供的方法如表 13.1 所示。

表 13.1 MultipartFile 提供的方法

返回值	方法	说明
byte[]	getBytes()	返回文件的字节数组形式
String	getContentType()	返回文件的内容类型
InputStream	getInputStream()	获取文件的字节输入流
String	getName()	返回文件所用的参数名
String	getOriginalFilename()	返回客户端文件系统中的原始文件名
long	getSize()	返回文件包含的字节数
boolean	isEmpty()	上传的文件是否为空
void	transferTo(File dest)	将接收到的文件转移到 dest 文件
void	transferTo(Path dest)	将接收到的文件转移至 dest 路径，dest 为 NIO 中的 Path 接口

前端页面需要通过表单的方式提交上传的文件，表单提交的内容类型必须是"multipart / form-data"。例如，一个完整的表单如要包含以下内容：

```
01  <form action="url" method="post" enctype="multipart/form-data">
02      <input type="file" name="uploadfile" />
03      <input type="submit" value="上传" />
04  </form>
```

表单提交的服务器地址为 url，使用 post 方式提交，提交的内容类型为数据类型。file 组件可以让浏览器打开本地文件选择器，用户选好文件之后单击提交按钮，这样前端页面就将文件交给了服务器。

在服务器端需要为控制器方法添加一个 MultipartFile 类型的参数，该参数会自动获取前端传来的数据，参数名对应 file 组件的 name 名，调用 MultipartFile 的 transferTo() 方法就可以将上传文件中的数据转移至本地文件中。例如，服务端接收文件的代码如下：

```
05  @RequestMapping("/url")
06  @ResponseBody
07  public String uploadFile(MultipartFile uploadfile) {
```

```
08        File fileOnDisk = new File("D:\\ 上传的文件 \\tmp");    // 本地文件对象
09        try {
10            uploadfile.transferTo(fileOnDisk);              // 将上传文件的数据转移至本地文件中
11        } catch (IllegalStateException e) {
12            e.printStackTrace();
13        } catch (IOException e) {
14            e.printStackTrace();
15        }
16        return " 成功 ";
17    }
```

如果用户上传的文件过大，服务端可能会拒绝上传请求，开发者需要手动配置允许上传的文件容量极限。在项目的 application.properties 配置文件中需要配置以下内容：

```
18    # 开启 multipart 上传功能
19    spring.servlet.multipart.enabled=true
20    # 最大文件大小
21    spring.servlet.multipart.max-file-size=10MB
22    # 最大请求大小
23    spring.servlet.multipart.max-request-size=215MB
```

注意：
配置项中的单位 MB 必须大写。

[实例 01]   （源码位置：资源包 \Code\13\01 ）

将图片文件上传至服务器

用户可以通过网页上传任何文件，服务器会将上传的文件保存在 D:\upload 文件夹下。

首先设计前端页面，页面文件为 upload.html，页面中只包含一个文件选择框和一个提交按钮，代码如下：

```
24    <!DOCTYPE html>
25    <html>
26    <head>
27    <meta charset="UTF-8">
28    </head>
29    <body>
30        <form action="uploadfile" method="post" enctype="multipart/form-data">
31            <input type="file" name="file" />
32            <input type="submit" value=" 上传 " />
33        </form>
34    </body>
35    </html>
```

然后再设计服务器的控制器类。控制器类提供两个方法，一个用于跳转上传页，一个用于获取用户上传的文件。获取上传文件的方法添加了 MultipartFile 类型的参数 file，使用 file 的 transferTo() 方法将上传文件中的数据保存在服务器硬盘中。控制器类代码如下：

```
36    package com.mr.controller;
37    import java.io.File;
38    import java.io.IOException;
39    import org.springframework.stereotype.Controller;
40    import org.springframework.web.bind.annotation.RequestMapping;
41    import org.springframework.web.bind.annotation.ResponseBody;
42    import org.springframework.web.multipart.MultipartFile;
43
```

```
44    @Controller
45    public class UploadController {
46        @RequestMapping("/uploadfile")
47        @ResponseBody
48        public String uploadFile(MultipartFile file) {
49            String fileName = file.getOriginalFilename();          // 上传文件的文件名
50            File dir = new File("D:\\upload");                     // 服务器存放文件的目录
51            File fileOnDisk = new File(dir, fileName);             // 本地文件对象
52            try {
53                file.transferTo(fileOnDisk);                       // 将上传的文件转移至本地文件
54                return "上传成功,已存放至" + fileOnDisk.getAbsolutePath();
55            } catch (IllegalStateException e) {
56                e.printStackTrace();
57            } catch (IOException e) {
58                e.printStackTrace();
59            }
60            return "上传失败";
61        }
62
63        @RequestMapping("/index")
64        public String index() {
65            return "upload";
66        }
67    }
```

启动项目，打开浏览器访问"http://127.0.0.1:8080/index"地址可以看到如图 13.1 所示页面，用户此时需要单击"选择文件"按钮打开文件选择窗口。

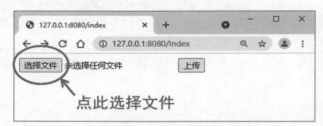

图 13.1　点击选择文件按钮打开文件选择器

在文件选择窗口中选中待上传的文件，效果如图 13.2 所示。

图 13.2　选择被上传文件

选好文件之后可以看到被选中的文件名已经展示在页面中，效果如图 13.3 所示。此时点击上传文件即可开始上传。

图 13.3　点击上传按钮开始上传文件

上传文件完毕之后，页面会显示成功提示，此时到服务器的 D:\upload 文件夹中就可以看到刚才上传的文件，效果如图 13.4 所示。

图 13.4　文件上传成功，在本地文件夹可以看到上传的文件

> 说明：
> 如果是其他电脑或手机端想要访问此上传页面，需要访问服务器的局域网 IP 或广域网 IP。例如，局域网内的 IP 可能为 192.168.1.10、192.168.1.12 等。

13.2　同时上传多个文件

如果页面同时上传多个文件，服务器就不能只用一个 MultipartFile 类型的参数获取文件了，而是需要使用另一种方案：将普通 HttpServletRequest 请求改为可获取批量文件的请求。

Spring MVC 的 org.springframework.web.multipart 包提供了许多可以实现此功能的接口。获取文件的方法由 MultipartRequest 接口提供，其子接口 MultipartHttpServletRequest 就是与 HttpServletRequest 对应的可获取批量文件的请求。

表 13.2　MultipartRequest 提供的方法

返回值	方法	说明
MultipartFile	getFile(String name)	获取指定参数名的上传文件对象。如果不存在该参数，则返回 null
Map<String,MultipartFile>	getFileMap()	返回请求中上传文件对应的参数名的键值对，键为参数名，值为文件对象
Iterator<String>	getFileNames()	返回请求中上传文件对应的参数名的迭代器

续表

返回值	方法	说明
List<MultipartFile>	getFiles(String name)	返回此请求中上载文件的内容和说明，如果不存在，则返回空列表
MultiValueMap<String,MultipartFile>	getMultiFileMap()	功能同getFileMap()方法，返回类型为MultiValueMap
String	getMultipartContentType(String paramOrFileName)	返回指定参数名称的文件内容类型，例如图片文件会返回image/jpeg

多个文件同时上传通常是多个 file 组件标注同一个 name，例如：

```
68  <form action="url" method="post" enctype="multipart/form-data">
69      <input type="file" name="uploadfile" />
70      <input type="file" name="uploadfile" />
71      <input type="file" name="uploadfile" />
72      <input type="submit" value="上传" />
73  </form>
```

这些 file 组件都以 uploadfile 作为参数名向服务器传输文件，服务器需要在控制器方法中添加 HttpServletRequest 参数，然后将该参数强制转换成 MultipartHttpServletRequest 类型，调用 getFiles() 方法就可以获取所有上传文件的对象了，示例代码如下：

```
74  @RequestMapping("/url")
75  public String uploadFiles(HttpServletRequest request) {
76      MultipartHttpServletRequest mrequest = (MultipartHttpServletRequest) request;
77      List<MultipartFile> fileList = mrequest.getFiles("uploadfile");
78  }
```

[实例 02]

（源码位置：资源包 \Code\13\02）

一次上传文件至服务器

如果允许用户同时上传多个文件至服务器，必须提高请求一次可传输的容量极限，因此需要修改以下配置项：

```
79  spring.servlet.multipart.enabled=true
80  spring.servlet.multipart.max-file-size=5MB
81  spring.servlet.multipart.max-request-size=100MB
```

创建 upload.html 上传页面，在该页面中添加 3 个 file 组件，name 值均为 files，代码如下：

```
82  <!DOCTYPE html>
83  <html>
84  <head>
85  <meta charset="UTF-8">
86  </head>
87  <body>
88      <form action="uploadFiles" method="post" enctype="multipart/form-data">
89          <input type="file" name="files" /><br />
90          <input type="file" name="files" /><br />
91          <input type="file" name="files" /><br />
92          <input type="submit" value="上传" />
93      </form>
94  </body>
95  </html>
```

创建控制器类，在该类的映射方法中将 HttpServletRequest 对象强转为 MultipartHttpServletRequest 类型，然后获取请求中所有参数名为"files"的文件，将这些文件都转移到 D:\upload 文件夹中。控制器的代码如下：

```java
package com.mr.controller;
import java.io.*;
import java.util.List;
import javax.servlet.http.HttpServletRequest;
import org.springframework.stereotype.Controller;
import org.springframework.web.bind.annotation.*;
import org.springframework.web.multipart.MultipartFile;
import org.springframework.web.multipart.MultipartHttpServletRequest;

@Controller
public class UploadController {

    @RequestMapping("/uploadFiles")
    @ResponseBody
    public String uploadFiles(HttpServletRequest request) throws IllegalStateException, IOException {
        MultipartHttpServletRequest mrequest = (MultipartHttpServletRequest) request;
        List<MultipartFile> fileList = mrequest.getFiles("files");// 获取请求中所有上传的文件
        File dir = new File("D:\\upload");                         // 存放文件的目录
        for (MultipartFile file : fileList) {
            if (file.isEmpty()) {                                  // 如果没有上传任何有效文件
                continue;                                          // 跳过此文件，继续下一个
            }
            String fileName = file.getOriginalFilename();          // 获取文件名称
            file.transferTo(new File(dir, fileName));              // 将上传文件转移至本地文件中
        }
        return "上传成功";
    }

    @RequestMapping("/index")
    public String index() {
        return "upload";
    }
}
```

启动项目，打开浏览器访问"http://127.0.0.1:8080/index"地址可以看到如图 13.5 所示页面，此时用户需要为每一个 file 组件选中文件。选文件过程如图 13.6 所示。

图 13.5　上传页面

图 13.6　选择被上传文件

当 3 个 file 组件都选好之后效果如图 13.7 所示，点击下方"上传"按钮开始上传文件。

上传文件完毕之后，页面会显示成功提示，此时到服务器的 D:\upload 文件夹中就可以看到刚才上传的 3 个文件，效果如图 13.8 所示。

309

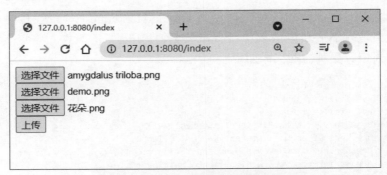

图 13.7 点击上传按钮开始上传文件

图 13.8 文件上传成功,在本地文件夹可以看到上传的文件

13.3 下载文件

下载文件的实现方式也有多种,例如提供静态文件的 URL 地址(不推荐)、使用 Servlet 的相应输出流、WebSocket 输出流等。本节介绍基于 Servlet 的 HttpServletResponse 输出流方式下载文件。

如果使用 HttpServletResponse 传输文件,必须将传输类型指定为 "multipart/form-data" 或 "application/octet-stream",这样对方客户端才能知道服务器传来的是一个文件,而不是一堆乱码。然后在响应头写入如图 13.9 所示的内容,Content-Disposition 是作为对下载文件的标识字段,attachment 表示响应中添加了附件,fileName=demo.png 表示下载的文件叫 demo.png。

如果使用 HttpServletResponse 编写这个过程,代码如下:

```
129    response.setContentType("application/octet-stream");
130    response.addHeader("Content-Disposition", "attachment;fileName=demo.png");
```

设置完请求头之后,通过 response.getOutputStream() 方法获取到响应对象的输出流,使用此输出流即可向前端传输文件。

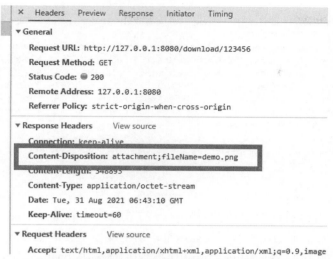

图13.9　谷歌浏览器下载文件时用开发者工具过滤到的响应头信息

[实例03]　　　　　　　　　　　　　　　　　　　　（源码位置：资源包\Code\13\03）

根据 URL 地址下载不同的文件

解析 RESTful 风格的 URL 的地址，根据访问的地址不同下载不同的文件，例如，URL 的末尾地址为"123456"就下载 demo.png 文件，末尾地址为"abcde"就下载花朵 .png，其他地址不提供任何文件下载。

控制器类捕捉"/download/{code}"地址并解析 code 的值，根据 code 值确定下载文件。使用文件字节输入流读取文件中的字节信息，然后写入 response 的输出流中。因为 HTTP 默认不支持中文文件名，所以需要使用 URLEncoder 类对文件名中出现的中文进行编码。

控制器类代码如下：

```
131    package com.mr.controller;
132    import java.io.*;
133    import java.net.URLEncoder;
134    import javax.servlet.http.HttpServletResponse;
135    import org.springframework.stereotype.Controller;
136    import org.springframework.web.bind.annotation.*;
137
138    @Controller
139    public class DownloadController {
140        @RequestMapping("/download/{code}")
141        public void download(@PathVariable String code, HttpServletResponse response) throws
IOException {
142            String path = "";                                    // 待下载文件路径
143            if ("123456".equals(code)) {                         // 根据参数指定被下载文件
144                path = "D:\\upload\\demo.png";
145            } else if ("abcde".equals(code)) {
146                path = "D:\\upload\\ 花朵 .png";
147            } else {
148                return;
149            }
150            File file = new File(path);                          // 被下载的文件
151            response.setContentType("application/octet-stream"); // 响应类型为二进制流
152            response.addHeader("Content-Length", String.valueOf(file.length()));// 给出文件大小
153            // 对文件名中的中文进行编码，防止中文名乱码
```

```
154            String fileName = URLEncoder.encode(file.getName(), "UTF-8");
155            // 让文件作为附件被下载
156            response.addHeader("Content-Disposition", "attachment;fileName=" + fileName);
157            OutputStream os = response.getOutputStream();        // 获取响应的字节输出流
158            FileInputStream fis = new FileInputStream(file);      // 文件字节输入流
159            byte buffer[] = new byte[1024];                       // 字节流缓冲区
160            int len = 0;                                          // 一次读取的字节数
161            while ((len = fis.read(buffer)) != -1) {              // 从输入流中读数据，填入到缓冲区
162                os.write(buffer, 0, len);                         // 将缓冲区中的数据写入到输出流中
163            }
164            fis.close();                                          // 关闭两个流
165            os.close();
166        }
167    }
```

启动项目，使用火狐浏览器访问"http://127.0.0.1:8080/download/123456"地址，可以看到浏览器弹出如图 13.10 所示下载提示框，访问此地址会下载 demo.png 文件，文件大小为341KB。如果在浏览器中访问"http://127.0.0.1:8080/download/abcde"地址，则会看到如图 13.11 所示下载提示框，下载的文件变为花朵.png，文件大小 163KB。访问其他地址不会弹出下载提示对话框。

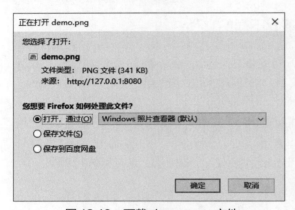

图 13.10　下载 demo.png 文件

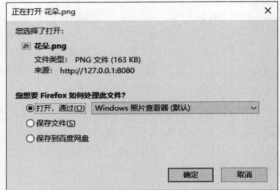

图 13.11　下载花朵.png 图片

13.4　提交 Excel 模板

Excel 是 Microsoft Office 办公软件里最常用的表格文件格式。Java 程序读写 Excel 文件推荐使用 Apache POI 库，简称 POI，该库支持对多种 Microsoft Office 文件格式进行读写。

本节将介绍如何在 Spring Boot 项目中使用 POI 读取用户上传的 Excel 表格数据。

13.4.1　添加 POI 依赖

Excel 文件有两种格式：xls 和 xlsx。前者是 2003 及更早版本的格式，后者是 2007 及之后版本的格式。xls 格式现在用得比较少了，虽然现在仍然支持此格式，但不推荐使用。

POI 读写 xlsx 文件与读写 xls 文件所使用的 API 不同，添加的依赖也不同。

读写 xlsx 文件需要添加以下依赖（可采用最新版本）：

```
168    <dependency>
169        <groupId>org.apache.poi</groupId>
170        <artifactId>poi-ooxml</artifactId>
171        <version>4.1.2</version>
172    </dependency>
```

如果读写 xls 文件需要添加以下依赖（可采用最新版本）：

```
173    <dependency>
174        <groupId>org.apache.poi</groupId>
175        <artifactId>poi</artifactId>
176        <version>4.1.2</version>
177    </dependency>
```

本章仅介绍 xlsx 文件的读取方式。

13.4.2 读取 Excel 文件的 API

POI 将一个 Excel 文件划分为如图 13.12 所示的几个部分，每一个部分对应一个 POI 接口。Workbook 表示整个 Excel 文件，Sheet 表示文件中的分页，Row 表示一页中的一行内容，Cell 表示一个具体的单元格，也是存放具体数据的接口。

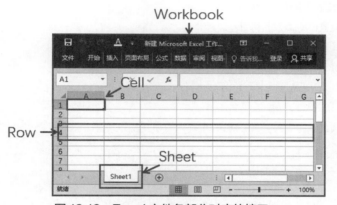

图 13.12　Excel 文件各部分对应的接口

这些接口都位于 org.apache.poi.ss.usermodel 包下，读取文件中每一个单元格数据需要按照先后顺序创建这些接口对象，顺序为 Workbook > Sheet > Row > Cell。

创建 Workbook 对象需要使用 WorkbookFactory 工厂类，该类提供了两个常用方法创建指定 Excel 文件对象：

① 根据 File 对象创建 Workbook，语法如下：

```
File file = new File("D:\\demo.xlsx");
Workbook workbook = WorkbookFactory.create(file);
```

② 从字节输入流中创建 Workbook，语法如下：

```
InputStream is = new FileInputStream("D:\\demo.xlsx");
Workbook workbook = WorkbookFactory.create(is);
```

如果是读取网页上传的 Excel 文件通常采用第二种方式，把 MultipartFile 的 getInputStream() 方法作为数据来源。

获得 Workbook 对象之后就可以继续读取文件中的分页内容，其语法如下：

```
Sheet sheet = workbook.getSheetAt(0);
```

getSheetAt() 的参数为分页的索引，第一个页的索引为 0。文件分页总数可以通过 workbook.getNumberOfSheets() 方法获得。

获得 Sheet 对象之后就可以读取分页中的每一行内容，其语法如下：

```
Row row = sheet.getRow(0);
```

getRow(0) 的参数为行索引，第一行索引为 0。有数据的总行数可以通过 sheet.getLastRowNum() + 1 的方式获得。

获得 Row 对象之后就可以读取每一个具体单元格的内容了，其语法如下：

```
Cell cell = row.getCell(0);
```

getCell(0) 的参数为列索引，第一列索引为 0。每一行总列数可以通过 row.getLastCellNum() 方法获得，结果无需 +1。

获得 Cell 对象也就获得单元格中的具体的数据。Excel 中的单元格也分为不同数据类型，这些数据类型在 POI 中用 CellType 枚举表示，其中包括以下类型。

- CellType.NUMERIC：数字。
- CellType.STRING：字符串。
- CellType.FORMULA：公式。
- CellType.BLANK：空内容。
- CellType.BOOLEAN：布尔值。
- CellType.ERROR：错误单元格。

开发者可以调用 Cell 对象的 getCellType() 判断单元格的数据类型，例如：

```
178    if (cell.getCellType() == CellType.NUMERIC) {
179        // 数字格式，需要转换
180    }
```

因为单元格支持的类型多，所以 Cell 对象也提供了返回不同类型的方法，常用方法如下：

```
181    boolean bool = cell.getBooleanCellValue();                    // 返回布尔值
182    java.util.Date date = cell.getDateCellValue();                // 返回日期对象
183    double number = cell.getNumericCellValue();                   // 返回数字
184    String str = cell.getStringCellValue();                       // 返回文本数据
185    String formula = cell.getCellFormula();                       // 返回公式字符串
186    RichTextString richText = cell.getRichStringCellValue();      // 返回富文本
```

Cell 对象类似强类型数据，不能自动转为其他类型。如果 Cell 中保存的数据为数字类型，则无法使用 getStringCellValue() 返回数字的字符串形式，只能使用 getNumericCellValue() 方法先获取 double 值，然后将其再转为字符串。

如果想要忽略格式，让 Cell 中所有格式的数据都以字符串形式返回，可以使用 cell.toString() 方法。

> 说明：
> 更多详细 API 请查阅官方文档：http://poi.apache.org/apidocs/5.0/。

13.4.3 综合实例

[实例 04] （源码位置：资源包 \Code\13\04）

批量上传考试成绩

很多网站都采用读取 Excel 模板的方式批量上传数据。现有如图 13.13 所示模板，第一行是模板的表头，从第二行开始是用户填写的数据。现在需要编写一个网站，用户将此 Excel 文件上传后，网站自动录入所有学生的成绩。

二年级成绩单.xlsx - Excel

学号	姓名	语文	数学	英语	道德与法治	地理	历史	生物
1	刘一	68	94	85	97	83	90	99
2	陈二	56	65	78	92	84	63	85
3	张三	54	73	77	50	73	57	90
4	李四	69	64	55	71	91	99	73
5	王五	56	51	82	77	52	75	65
6	赵六	87	66	91	60	69	76	57
7	孙七	84	77	65	56	78	81	83
8	周八	68	62	87	56	77	56	81
9	吴九	52	78	74	70	84	89	77
10	郑十	96	80	80	64	55	83	51

二年一班

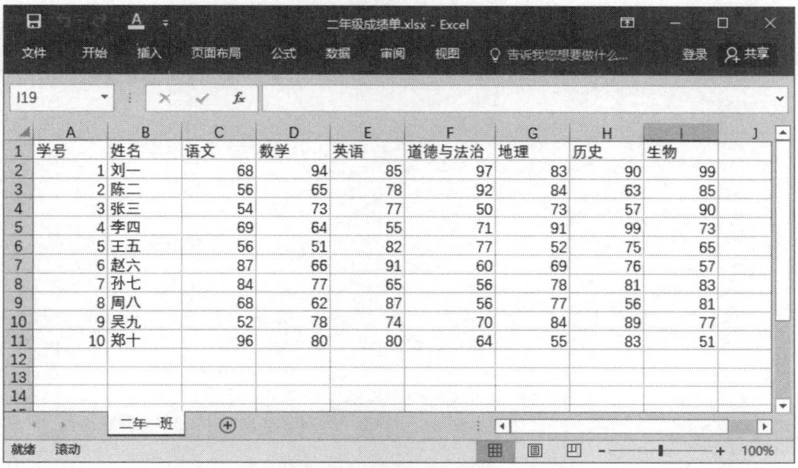

图 13.13 填写完的数据

想要实现此功能需要为 Spring Boot 项目添加如下依赖：

```
<dependency>
    <groupId>org.springframework.boot</groupId>
    <artifactId>spring-boot-starter-thymeleaf</artifactId>
</dependency>
<dependency>
    <groupId>org.springframework.boot</groupId>
    <artifactId>spring-boot-starter-web</artifactId>
</dependency>
<dependency>
    <groupId>org.apache.poi</groupId>
    <artifactId>poi-ooxml</artifactId>
    <version>4.1.2</version>
</dependency>
```

在项目的 com.mr.common 创建一个 ExcelUtil 工具类，专门用来提取 Excel 模板中的数据。因为模板中第一行为表头，所以在读取数据时要忽略第一行。遍历 Excel 第一个分页中所有行数据，将每一个单元格的字符串值都保存在二维数组的对应位置，最后返回此二维数组。ExcelUtil 类的代码如下：

```
package com.mr.common;
import java.io.IOException;
import java.io.InputStream;
import org.apache.poi.EncryptedDocumentException;
import org.apache.poi.ss.usermodel.Cell;
import org.apache.poi.ss.usermodel.CellType;
```

```java
206     import org.apache.poi.ss.usermodel.Row;
207     import org.apache.poi.ss.usermodel.Sheet;
208     import org.apache.poi.ss.usermodel.Workbook;
209     import org.apache.poi.ss.usermodel.WorkbookFactory;
210
211     public class ExcelUtil {
212
213         public static String[][] readXlsx(InputStream is) {
214             Workbook workbook = null;
215             try {
216                 workbook = WorkbookFactory.create(is);           // 从流中读取 Excel
217                 is.close();
218             } catch (EncryptedDocumentException e) {
219                 e.printStackTrace();
220             } catch (IOException e) {
221                 e.printStackTrace();
222             }
223             Sheet sheet = workbook.getSheetAt(0);                // 读取第一页
224             int rowLengh = sheet.getLastRowNum();                // 获取总行数
225             String report[][] = new String[rowLengh - 1][9];     // 去掉行头，9 列
226             // 遍历所有行，索引从 1 开始（忽略第一行）
227             for (int rowIndex = 1; rowIndex < rowLengh; rowIndex++) {
228                 Row row = sheet.getRow(rowIndex);                // 获取列对象
229                 // 遍历列中的每一个单元格
230                 for (int cellIndex = 0; cellIndex < row.getLastCellNum(); cellIndex++) {
231                     Cell cell = row.getCell(cellIndex);          // 获取单元格
232                     if (cell.getCellType() == CellType.NUMERIC) { // 如果是数字格式
233                         // 将 double 类型的格式化为无小数点字符串
234                         report[rowIndex - 1][cellIndex] = String.format("%.0f", cell.getNumericCellValue());
235                     } else {// 不是数字类型就获取字符格式数据
236                         report[rowIndex - 1][cellIndex] = cell.getStringCellValue();
237                     }
238                 }
239             }
240             return report;
241         }
242     }
```

upload.html 为用户上传 Excel 的页面。为了方便用户获取模板文件，此页面应提供空模板文件的下载链接。school_report.xlsx 为空模板文件，在项目中存放的位置如图 13.14 所示，这样空模板文件可以通过静态连接的方式下载。

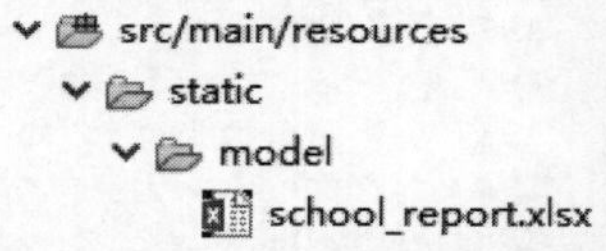

图 13.14 成绩单空模板存放位置

upload.html 中展示的内容比较少，仅包含一个下载链接和一个提交文件的表单，代码如下：

```html
243     <!DOCTYPE html>
244     <html>
245     <head>
246     <meta charset="UTF-8">
247     </head>
248     <body>
249         <p>请填写 <a href="model/school_report.xlsx">模板</a>，并上传成绩单 </p>
250         <form action="upload" method="post" enctype="multipart/form-data">
251             <input type="file" name="file" /> <input type="submit" value="上传" />
252         </form>
253     </body>
254     </html>
```

PoiController 是项目中的控制器类，除了提供跳转功能以外，还要处理用户上传的模板。当控制器接收到上传的文件后，首先要判断文件是否为空，或者文件是不是 xlsx 文件，如果用户上传的不是 Excel 文件，控制器要跳转到错误页面并给出错误提示。如果用户提交是 Excel 则调用 ExcelUtil 工具类将 Excel 模板中的数据都提取出来，再将数据交给 school_report.html 页面进行展示。PoiController 类的代码如下：

```java
255    package com.mr.controller;
256    import java.io.IOException;
257    import org.springframework.stereotype.Controller;
258    import org.springframework.ui.Model;
259    import org.springframework.web.bind.annotation.RequestMapping;
260    import org.springframework.web.multipart.MultipartFile;
261    import com.mr.common.ExcelUtil;
262
263    @Controller
264    public class PoiController {
265        @RequestMapping("/upload")
266        public String uploadxlsx(MultipartFile file, Model model) throws IOException {
267            if (file.isEmpty()) {
268                model.addAttribute("message", " 未上传任何文件！ ");
269                return "error";
270            } else {
271                String filename = file.getOriginalFilename();
272                if (!filename.endsWith(".xlsx")) {
273                    model.addAttribute("message", " 请使用配套模板！ ");
274                    return "error";
275                }
276                // 从 Excel 文件中读取行列数据（除第一行）
277                String report[][] = ExcelUtil.readXlsx(file.getInputStream());
278                model.addAttribute("report", report);// 行列输出发送给前端页面
279                return "school_report";
280            }
281        }
282
283        @RequestMapping("/index")
284        public String index() {
285            return "upload";
286        }
287    }
```

school_report.html 是展示用户提交数据的页面，该页面采用 Thymeleaf 模板引擎，将 div 渲染成表格风格，固定表头之后，遍历服务器传递的数据，按照数据原本的结构逐行展示。school_report.html 页面的代码如下：

```html
288    <!DOCTYPE html>
289    <html xmlns:th="http://www.thymeleaf.org">
290    <head>
291    <meta charset="UTF-8">
292    <style type="text/css">
293    .table-tr {
294        display: table-row;
295    }
296
297    .table-td {
298        display: table-cell;
299        width: 100px;
300        text-align: center;
301    }
302    </style>
```

```html
303
304     <title> 成绩单 </title>
305     </head>
306     <body>
307         <div class="table-tr">
308             <div class="table-td"> 学号 </div>
309             <div class="table-td"> 姓名 </div>
310             <div class="table-td"> 语文 </div>
311             <div class="table-td"> 数学 </div>
312             <div class="table-td"> 英语 </div>
313             <div class="table-td"> 道德与法治 </div>
314             <div class="table-td"> 地理 </div>
315             <div class="table-td"> 历史 </div>
316             <div class="table-td"> 生物 </div>
317         </div>
318         <div class="table-tr" th:each="row:${report}">
319             <div class="table-td" th:each="cell:${row}">
320                 <a th:text="${cell}"></a>
321             </div>
322         </div>
323     </body>
324 </html>
```

启动项目，打开浏览器访问"http://127.0.0.1:8080/index"地址可以看到如图 13.15 所示的上传页面。用户可以点击"模板"超链接下载空模板文件，当用户在模板中填写完数据之后，点击选择文件选中已填好的 Excel 文件，再点击上传，服务器会自动识别模板中数据，并将识别成功的数据展示在如图 13.16 所示的页面中。图 13.16 展示的数据源自图 13.13 所示的文件。

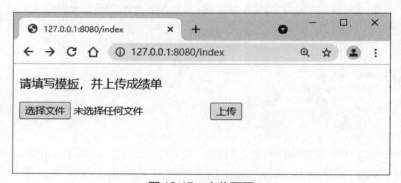

图 13.15　上传页面

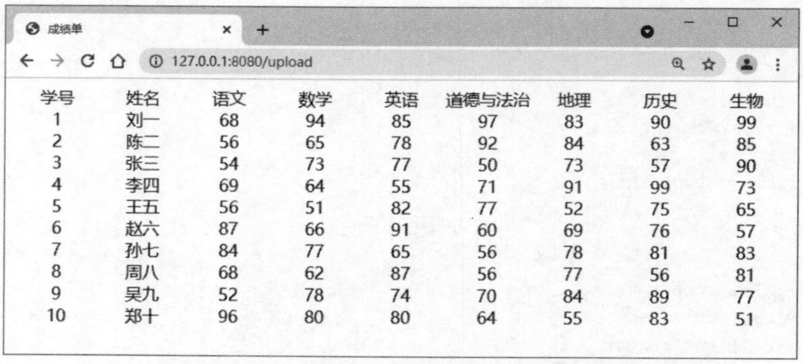

图 13.16　用户提交 Excel 文件后跳转的页面

第 13 章 上传与下载

本章知识思维导图

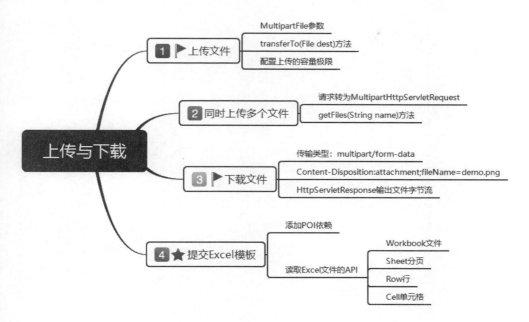

Spring Boot

从零开始学　Spring Boot

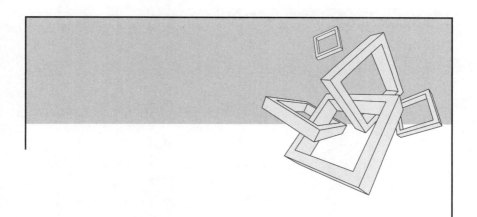

第3篇
框架整合篇

第 14 章
持久层框架——MyBatis

扫码领取
- 配套视频
- 配套素材
- 学习指导
- 交流社群

 本章学习目标

- 掌握如何使用 MyBatis 框架对数据库进行增删改查
- 掌握如何设置 MyBatis 框架中的映射关系

14.1 简介

MyBatis 是一款半自动化的持久层框架,它的前身正是 Apache 推出的开源项目 IBatis。所谓的半自动化,就是需要开发者手动编写部分 SQL 语句,并手动设置 SQL 语句与实体的映射关系。虽然 Hibernate 框架的"全自动"特性可以免去了开发者手写 SQL 的苦恼,刚推出时广受好评,但随着时间的推移,Hibernate 暴露的致命问题越来越多。"全自动"就意味着灵活性差,无法胜任复杂场景。Hibernate 想通过推出 HQL 解决此问题,但 HQL 无法做到优化 SQL 的功能,导致其性能非常不理想。开发者们转了一大圈又回到了手写 SQL 语句的原点,这时大家意识到,最好用的框架应该在自动映射数据关系的同时还允许人工优化 SQL 语句,因此半自动化持久层框架就成为了广大开发者的首选,MyBatis 也顺势成为了最受欢迎的 Java 持久层框架。

在目前比较流行的项目架构设计中,不会让 Service 服务直接与数据库进行交互,而是需要通过持久层来获取数据实体。位于持久层的 MyBatis 可以将数据与实体互相转换,其概念如图 14.1 所示。MyBatis 可以将一条数据封装成一个 Class 对象,也可以将多条数据封装成 List<Class> 对象集合,这个封装/拆装的过程是由 MyBatis 自动完成的。

图 14.1　MyBatis 框架位于持久层

作为半自动化持久层框架,MyBatis 会将 SQL 语句中的字段与实体类的属性一一对应,不管是查询、添加、修改还是删除语句,MyBatis 的映射器 Mapper 都可以自动实现填充或解析数据。例如根据一条查询语句,Mapper 就可以将查询结果交给实体类并创建包含这些数据的对象,效果如图 14.2 所示。

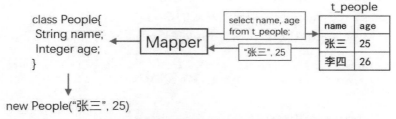

图 14.2　MyBatis 的映射器将 SQL 查询结果封装成类对象

本节会介绍如何在 Spring Boot 项目中整合 MyBatis,主要讲解 MyBatis 各种注解的使用方法。如果读者想要学习 MyBatis 的传统 XML 文件配置方法,可参考其官方教程。

14.2 添加依赖

Spring Boot 项目整合 MyBatis 的准备工作需要 3 步,下面分别介绍。

(1) 添加 MyBatis 依赖

MyBatis 框架依赖的 JAR 文件很多,作为具有整合优势的 Spring Boot 将 MyBatis 需要的所有依赖整合到了一起，开发者只需要在项目中添加这一条依赖就可以直接使用 MyBatis：

```xml
<dependency>
    <groupId>org.MyBatis.spring.boot</groupId>
    <artifactId>MyBatis-spring-boot-starter</artifactId>
    <version>2.2.0</version>
</dependency>
```

> 说明：
> 读者可以到阿里云云效 Maven 查询最新的版本号。

（2）添加数据库驱动依赖

数据库驱动的依赖需要单独导入，导入 MySQL 驱动依赖需要添加以下内容：

```xml
<dependency>
    <groupId>mysql</groupId>
    <artifactId>mysql-connector-java</artifactId>
    <scope>runtime</scope>
</dependency>
```

scope 属性采用 runtime 值，表示数据库驱动不参与项目编译，在项目运行时直接加载。添加驱动包可以不指定版本号，Spring Boot 会自动采用已设定好的默认版本号。

（3）添加 Spring.datasource 配置项

添加完依赖之后还要配置数据源，因为 Spring Boot 整合了持久层框架，所以只需配置 Spring DataSource 的数据源即可，Spring 会自动将配置应用到各持久层框架中。

需要配置的主要是以下 4 项。

- spring.datasource.driver-class-name，数据库驱动类名称，某些情况下可以不写。
- spring.datasource.url，连接数据库的 URL。
- spring.datasource.username，登录数据库的用户名。
- spring.datasource.password，用户名对应的密码。

例如，连接 MySQL 8.0（兼容 MySQL 5）的配置可以写成以下内容：

```
spring.datasource.url=jdbc:mysql://127.0.0.1:3306/db1?useUnicode=true&characterEncoding=UTF-8&useSSL=false&serverTimezone=Asia/Shanghai&zeroDateTimeBehavior=CONVERT_TO_NULL&allowPublicKeyRetrieval=true
spring.datasource.username=root
spring.datasource.password=123456
```

> 说明：
> 127.0.0.1 表示本地 IP 地址，3306 是 MySQL 的默认端口，db1 是数据库名称，useUnicode 用来启用 Unicode 字符集，characterEncoding 指定了字符集为 UTF-8，useSSL 指明不启用 SSL 连接，serverTimezone 将时区定为中国，zeroDateTimeBehavior 让空的日期数据以 null 形式返回，allowPublicKeyRetrieval 允许客户端从服务器获取公钥。

14.3 映射器 Mapper

映射器（Mapper）是 MyBatis 的核心功能，MyBatis 的绝大多数代码都是围绕着映射器展开的。

开发者可以在映射器中编写待执行的 SQL 语句，同时还设定数据库表与实体类之间的映射关系。如果不设定映射关系的话，映射器会自动给同名的表字段与类属性建立映射关系。例如图 14.3 所示表中有 4 个字段，实体类有 3 个属性，相同名称字段和属性可以互相映射，名称不同的就不可以了。

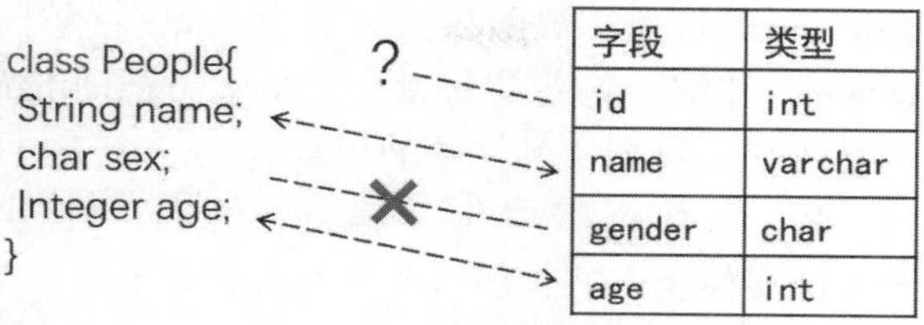

图 14.3 实体类属性和表字段同名可互相映射

自动映射不区分大小写，如果 People 类的属性名叫 NAME，同样可以映射表中的 name 字段。

创建 MyBatis 映射器应采用接口类型，接口名称以"Mapper"结尾。MyBatis 能够自动实现开发者直接定义抽象方法。例如，创建 Emp 员工的映射器 EmpMapper，让该映射器可以查询指定名称员工、添加新员工和删除指定名称员工，映射器的示例如下：

```
14    package com.mr.mapper;
15    import org.apache.ibatis.annotations.*;
16    import com.mr.po.Emp;
17    public interface EmpMapper {
18        @Select("select * from t_emp where name = #{name}")
19        public Emp getEmpByName(String name);
20
21        @Insert({ "insert into t_emp(name,gender)",
22            " values(#{name},#{gender})" })
23        public boolean addEmp(Emp emp);
24
25        @Delete("delete from t_emp where name= #{name}")
26        public boolean delEmpByName(String name);
27    }
```

EmpMapper 是接口类型，里面的方法都是抽象方法，每一个抽象方法都被一种事务注解所标注，注解中编写的就是该方法将要采用的 SQL 语句，MyBatis 会自动调用该 SQL 语句，并将 Emp 类中的属性与 t_emp 表中的同名字段一一对应。如果是查询事务，就将查询的结果封装成 Emp 对象；如果是插入或删除事务，就会将 Emp 对象中的属性值或方法参数填写到 SQL 语句中。所有的映射操作都由 MyBatis 自动完成。

想要映射器生效，则需要在 Spring Boot 的启动类上添加 @MapperScan 映射扫描器注解，指明启动时扫描哪些包。例如，启动时扫描 com.mr.mapper 包实例代码如下：

```
28    @SpringBootApplication
29    @MapperScan(basePackages = "com.mr.mapper")
30    public class MyBatisDemoApplication {
31        public static void main(String[] args) {
32            SpringApplication.run(MyBatisDemoApplication.class, args);
33        }
34    }
```

如果扫描器分布在多个包下，可以将多个包名写成数组形式：

```
@MapperScan(basePackages = { "com.mr.mapper1","com.mr.mapper2","com.mr.mapper3" })
```

下面介绍如何在映射器中实现各类事务。

14.4 增、删、改、查

增、删、改、查是数据库中最基本的 4 个事务，每一个都有对应的注解：增加数据使

用 @Insert 注解；删除数据使用 @Delete 注解；修改数据使用 @Update 注解；查询数据使用 @Select 注解。这些注解都位于 org.apache.ibatis.annotations 包中，本节将结合 People 数据实体来介绍这个 4 种注解的用法。

People 数据实体包含编号、姓名、性别、年龄 4 个字段，在 Srping Boot 项目中以 People 实体类方式封装，实体类代码如下：

```
35   package com.mr.po;
36   public class People {
37       private Integer id;                                  // 编号
38       private String name;                                 // 姓名
39       private String gender;                               // 性别
40       private Integer age;                                 // 年龄
41       public People() {}
42       public People(Integer id, String name, String gender, Integer age) {
43           this.id = id;
44           this.name = name;
45           this.gender = gender;
46           this.age = age;
47       }
48       public Integer getId() {return id;}
49       public void setId(Integer id) {this.id = id;}
50       public String getName() {return name;}
51       public void setName(String name) {this.name = name;}
52       public String getGender() {return gender;}
53       public void setGender(String gender) {this.gender = gender;}
54       public Integer getAge() {return age;}
55       public void setAge(Integer age) {this.age = age;}
56       public String toString() {
57           return "People [id=" + id + ", name=" + name + ", gender=" + gender + ", age=" + age + "]";
58       }
59   }
```

具体的数据保存在 MySQL 数据库的 t_people 表中，表结构如图 14.4 所示。

```
mysql> desc t_people;
+--------+-------------+------+-----+---------+----------------+
| Field  | Type        | Null | Key | Default | Extra          |
+--------+-------------+------+-----+---------+----------------+
| id     | int(11)     | NO   | PRI | NULL    | auto_increment |
| name   | varchar(20) | YES  |     | NULL    |                |
| gender | char(1)     | YES  |     | NULL    |                |
| age    | int(11)     | YES  |     | NULL    |                |
+--------+-------------+------+-----+---------+----------------+
```

图 14.4　t_people 表结构

下面分别介绍 4 种注解的用法。

14.4.1　@Select

@Select 注解是专门用来执行 select 语句的，用于标注抽象方法，MyBatis 会自动实现此抽象方法，并将 SQL 语句的查询结果封装到方法的返回值中。@Select 注解的语法如下：

```
@Select("select name from t_people where id = 3")
String getName();
```

@Select 注解中的 SQL 查询的结果如图 14.5 所示，MyBatis 会将查询到的"王五"作为此抽象方法的返回值。

```
mysql> select name from t_people where id = 3;
+------+
| name |
+------+
| 王五 |
+------+
```

图 14.5　@Select 注解中的 SQL 查询的结果

如果 SQL 语句的查询结果包含多列数据，就需要将抽象方法的返回值写成对应的数据实体类。例如，SQL 语句的查询结果如图 14.6 所示，t_people 对应的数据实体是 People 类，直接将 People 作为抽象方法的返回值类型，MyBatis 可以自动将查询到的结果按照字段名称赋值给实体类的相应属性。

```
mysql> select id, name, gender, age from t_people where name = '张三';
+----+------+--------+-----+
| id | name | gender | age |
+----+------+--------+-----+
|  1 | 张三 | 女     |  19 |
+----+------+--------+-----+
```

图 14.6　查询结果包含多列

实现语法如下：

```
@Select({ "select id, name, gender, age from t_people where name = '张三'" })
People getZhangsan();
```

其他组件调用此方法可得到 MyBatis 自动创建的"new People(1,"张三","女",19)"对象。

上面这行代码也可以使用 SQL 语句中的"*"占位符，简写成如下形式：

```
@Select({ "select * from t_people where name = '张三'" })
People getZhangsan();
```

MyBatis 仍然可以完成字段与属性的映射。如果 SQL 语句过长，还可以拆分成字符串数组的形式，@Select 会自动拼接这些片段，语法如下：

```
@Select({ "select id, name, gender, age",
        "from t_people",
        "where name = '张三'" })
People getZhangsan();
```

如果 SQL 语句查询的结果是多行，例如图 14.7 所示。MyBatis 会把每一行数据都封装成一个实体类对象，这些对象需要放在容器中返回，所以抽象方法的类型可以是 List、Set 或数组。

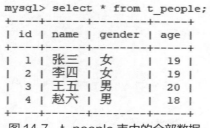

图 14.7　t_people 表中的全部数据

实现语法如下：

```
@Select("select * from t_people")
List<People> getPeopleList();

@Select("select * from t_people")
Set<People> getPeopleSet();

@Select("select * from t_people")
People[] getPeopleArray();
```

♛ 注意：

映射器接口中最好不要定义重载方法，否则可能会在注册 Bean 时出现异常。

♛ 说明：

想让 Spring Boot 打印 MyBatis 执行的 SQL 语句，可以在 application.properties 配置文件中添加以下配置：mybatis.configuration.log-impl=org.apache.ibatis.logging.stdout.StdOutImpl

[实例 01]   （源码位置：资源包 \Code\14\01）

将 t_people 表中的数据取出并封装成实体类对象

MySQL 数据库中的 t_people 表原始数据如图 14.8 所示。使用 MyBatis 框架将表中的数据读取并封装在实体对象中。

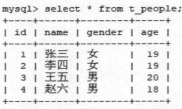

图 14.8　t_people 表原始数据

首先在 application.properties 配置文件中设置数据连接 URL 和账号密码，然后在启动类中添加映射器扫描器，扫描 com.mr.mapper 包，启动类添加的注解如下：

```
60    @MapperScan(basePackages = "com.mr.mapper")
```

在 com.mr.mapper 包下创建 PeopleMapper 接口作为映射器。映射器提供了 4 种方法，第 1 种方法仅读出一行数据然后封装成实体对象，后三种将所有数据都读出，分别封装成 List、Set 和数组。PeopleMapper 接口的代码如下：

```
61    package com.mr.mapper;
62    import java.util.*;
63    import org.apache.ibatis.annotations.Select;
64    import com.mr.po.People;
65    public interface PeopleMapper {
66
67        @Select("select * from t_people where name = '张三'")
68        People getZhangsan();                              // 找到名字叫张三的人
69
70        @Select("select * from t_people")
71        List<People> getPeopleList();                      // 将查询结果封装成 List
72
```

```
73      @Select("select * from t_people")
74      Set<People> getPeopleSet();            // 将查询结果封装成 Set
75
76      @Select("select * from t_people")
77      People[] getPeopleArray();             // 将查询结果封装成数组
78
79  }
```

最后在 src/test/java 包下的测试类中，注入 PeopleMapper 对象，调用该对象的方法查看执行结果。测试类代码如下：

```
80   package com.mr;
81   import org.junit.jupiter.api.Test;
82   import org.springframework.beans.factory.annotation.Autowired;
83   import org.springframework.boot.test.context.SpringBootTest;
84   import com.mr.mapper.PeopleMapper;
85   import com.mr.po.People;
86   @SpringBootTest
87   class SelectDemoApplicationTests {
88       @Autowired
89       PeopleMapper mapper;
90
91       @Test
92       void contextLoads() {
93           System.out.println("*** 只查询一行数据 ***");
94           System.out.println(mapper.getZhangsan());
95           System.out.println("*** 封装成 List***");
96           mapper.getPeopleList().stream().forEach(System.out::println);// 使用 lambda 表示遍历打印
97           System.out.println("*** 封装成 Set***");
98           mapper.getPeopleSet().stream().forEach(System.out::println);
99           System.out.println("*** 封装成数组 ***");
100          for (People p : mapper.getPeopleArray()) {
101              System.out.println(p);
102          }
103      }
104  }
```

运行测试类，看到控制台打印如图 14.9 所示日志内容，每一个 People 对象都包含具体的数据，这些数据以数据库表中的数据一致。

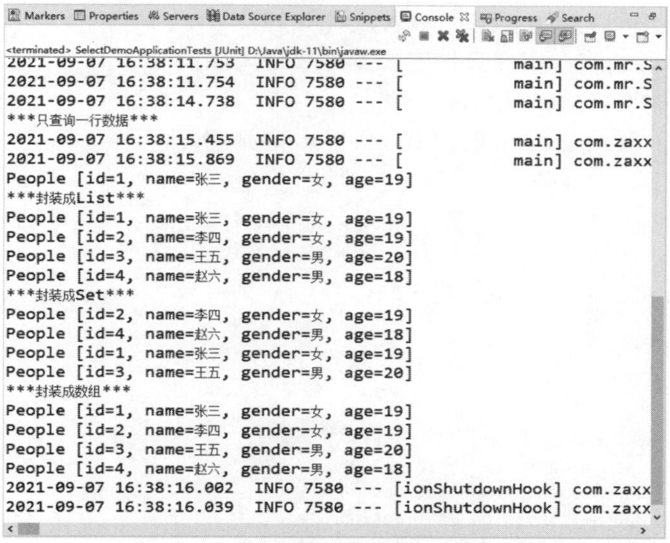

图 14.9　控制台打印的结果

14.4.2 @Insert、@Update 和 @Delete

这三个注解的用法 @Select 注解类似。@Insert 注解专门执行 insert 插入语句，@Update 注解专门执行 update 更新语句，@Delete 注解专门执行 deletes 删除语句。除了所处理的事务不同之外，这三个注解与 @Select 注解还有一处不同点：返回值的类型。被这三个注解标注的抽象方法返回类型可以是 boolean 或 void。返回类型是 boolean 时，方法会返回 SQL 语句是否执行成功，也就是数据库中的数据是否因此发生了变化。

除了上述不同点之外，这三个注解的用法与 @Select 注解基本一致了，同样支持将 SQL 语句拆分成字符串数组，例如：

```
105    @Insert("insert into t_people(name,gender,age) values( '小明','男', 18)")
106    boolean addXiaoming();
107
108    @Insert({ "insert into",
109        "t_people(name,gender,age)",
110        "values( '小明', '男', 18)" })
111    boolean addXiaoming2();
112
113    @Update("update t_people set name ='张3' where name = '张三'")
114    boolean updateName();
115
116    @Update({ "update t_people",
117        "set name ='张3'",
118        "where name = '张三'" })
119    boolean updateName2();
120
121    @Delete("delete from t_people where name = '小明'")
122    boolean delXiaoming();
123
124    @Delete({ "delete",
125        "from t_people",
126        "where name = '小明'" })
127    boolean delXiaoming2();
```

[实例 02]（源码位置：资源包\Code\14\02）
向 t_people 表中添加新人员数据、修改新人员数据，再删除此新人员数据

MySQL 数据库中的 t_people 表原始数据如图 14.10 所示。

首先在 application.properties 文件中配置好数据库连接信息，并在启动类中添加 @MapperScan 注解。

然后在 com.mr.mapper 包下创建 PeopleMapper 映射器，在映射器中实现以下 3 个业务。

① 向数据库表添加一个新人员，该人员名叫小丽，女性，20 岁。

② 将小丽的年龄修改为 19 岁。

③ 删除小丽的所有数据。

PeopleMapper 代码如下：

```
mysql> select * from t_people;
+----+------+--------+-----+
| id | name | gender | age |
+----+------+--------+-----+
|  1 | 张三 | 女     |  19 |
|  2 | 李四 | 女     |  19 |
|  3 | 王五 | 男     |  20 |
|  4 | 赵六 | 男     |  18 |
+----+------+--------+-----+
```

图 14.10　t_people 表原始数据

```
128    package com.mr.mapper;
129    import org.apache.ibatis.annotations.Delete;
130    import org.apache.ibatis.annotations.Insert;
131    import org.apache.ibatis.annotations.Update;
132    public interface PeopleMapper {
133
```

```
134        @Insert("insert into t_people(name,gender,age) values(' 小丽 ',' 女 ',20)")
135        boolean addXiaoLi();
136
137        @Update("update t_people set age = 19 where name = ' 小丽 '")
138        boolean updateXiaoLi();
139
140        @Delete("delete from t_people where name = ' 小丽 '")
141        boolean delXiaoLi();
142    }
```

最后在 src/test/java 包下的测试类中，注入 PeopleMapper 映射器对象，调用映射器的 addXiaoLi() 方法向表中添加数据，代码如下：

```
143    @SpringBootTest
144    class InsertUpdateDelDemoApplicationTests {
145        @Autowired
146        PeopleMapper mapper;
147        @Test
148        void contextLoads() {
149            boolean result = mapper.addXiaoLi();
150            if (result) {
151                System.out.println(" 数据库添加数据成功 ");
152            } else {
153                System.out.println(" 数据库添加数据失败 ");
154            }
155        }
156    }
```

运行测试类，控制台若输出了"数据库添加数据成功"内容，数据库表中可查询到如图 14.11 所示结果，表中新添加的第 5 人正是程序中设置的小丽。

修改测试类，调用映射器的 updateXiaoLi() 方法修改表中的数据，修改后的代码如下：

```
157    @SpringBootTest
158    class InsertUpdateDelDemoApplicationTests {
159        @Autowired
160        PeopleMapper mapper;
161        @Test
162        void contextLoads() {
163            boolean result = mapper.updateXiaoLi();
164            if (result) {
165                System.out.println(" 数据库修改数据成功 ");
166            } else {
167                System.out.println(" 数据库修改数据失败 ");
168            }
169        }
170    }
```

运行测试类，控制台若输出了"数据库修改数据成功"内容，数据库表中可查询到如图 14.12 所示结果，小丽的年龄从 20 岁改为 19 岁。

```
mysql> select * from t_people;
+----+------+--------+-----+
| id | name | gender | age |
+----+------+--------+-----+
|  1 | 张三 | 女     |  19 |
|  2 | 李四 | 女     |  19 |
|  3 | 王五 | 男     |  20 |
|  4 | 赵六 | 男     |  18 |
|  5 | 小丽 | 女     |  20 |
+----+------+--------+-----+
```

图 14.11　表中添加了新数据

```
mysql> select * from t_people;
+----+------+--------+-----+
| id | name | gender | age |
+----+------+--------+-----+
|  1 | 张三 | 女     |  19 |
|  2 | 李四 | 女     |  19 |
|  3 | 王五 | 男     |  20 |
|  4 | 赵六 | 男     |  18 |
|  5 | 小丽 | 女     |  19 |
+----+------+--------+-----+
```

图 14.12　表中的数据被修改

修改测试类，调用映射器的 delXiaoLi() 方法将小丽的数据从表中删除，修改后的代码如下：

```
171   @SpringBootTest
172   class InsertUpdateDelDemoApplicationTests {
173       @Autowired
174       PeopleMapper mapper;
175
176       @Test
177       void contextLoads() {
178           boolean result = mapper.delXiaoLi();
179           if (result) {
180               System.out.println("数据库删除数据成功");
181           } else {
182               System.out.println("数据库删除数据失败");
183           }
184       }
185   }
```

运行测试类，控制台若输出了"数据库删除数据成功"内容，数据库表中就查询不到小丽的数据了。

14.5 SQL 语句构建器

开发大型项目的技术人员往往要耗费大量时间拼接动态的 SQL 语句，JDBC 中的 PreparedStatement 接口也是为了实现动态 SQL 而设计的。MyBatis 也为开发者提供了几种实现动态 SQL 的方案，SQL 语句构建器就是其中之一。下面介绍 SQL 语句构建器的使用方法。

14.5.1 SQL 类

SQL 语句构建器的核心是 org.apache.ibatis.jdbc 包下的 SQL 类，该类继承自 AbstractSQL 抽象类，AbstractSQL 为子类提供了几乎涵盖所有 SQL 语句的构建方法。构建器的语法非常特殊，需要创建 SQL 匿名对象时重写 SQL 类，在 SQL 类添加一个非静态代码块，在代码块中调用拼接 SQL 语句所需的构建方法，SQL 对象能够自动将所有构建方法汇总并拼接成一个完整的 SQL 语句。

例如，程序需要使用下面这行 SQL 语句：

```
select id, name, gender, age from t_people where name = '张三'
```

使用构建器创建这条 SQL 的方法如下：

```
186   SQL builder = new SQL() {
187       {
188           SELECT("id, name, gender, age");
189           FROM(" t_people");
190           WHERE("name = ' 张三 '");
191       }
192   };
193   String sql = builder.toString();
```

最后一行代码调用 SQL 对象的 toString() 方法即可获得拼接出来的 SQL 语句，上述代码拼接出的 SQL 语句如下：

```
SELECT id, name, gender, age
FROM  t_people
WHERE (name = '张三')
```

从这个例子可以看出，SQL 语句构建器把每一个 SQL 关键字都单独封装成了一个方法，开发者只需调用这些关键字对应的方法，将关键字之后的内容作为方法的参数，构建器会自动完成拼接。开发者还可以在调用调用构建方法的同时添加动态参数，例如将此方法：

```
WHERE("name = '张三'");
```

改为：

```
WHERE("name = '" + name + "'");
```

name 作为程序中的一个变量，就让构建器实现了动态 SQL 的功能。

AbstractSQL 提供的构建方法非常多，几乎涵盖了所有关键字。例如，MyBatis 官方给出的实例是这样一个复杂 SQL 语句：

```
194     String sql = "SELECT P.ID, P.USERNAME, P.PASSWORD, P.FULL_NAME, "
195     "P.LAST_NAME,P.CREATED_ON, P.UPDATED_ON " +
196     "FROM PERSON P, ACCOUNT A " +
197     "INNER JOIN DEPARTMENT D on D.ID = P.DEPARTMENT_ID " +
198     "INNER JOIN COMPANY C on D.COMPANY_ID = C.ID " +
199     "WHERE (P.ID = A.ID AND P.FIRST_NAME like ?) " +
200     "OR (P.LAST_NAME like ?) " +
201     "GROUP BY P.ID " +
202     "HAVING (P.LAST_NAME like ?) " +
203     "OR (P.FIRST_NAME like ?) " +
204     "ORDER BY P.ID, P.FULL_NAME";
```

使用构建器拼接此 SQL 的写法如下：

```
205     private String selectPersonSql() {
206         return new SQL() {
207         {
208             SELECT("P.ID, P.USERNAME, P.PASSWORD, P.FULL_NAME");
209             SELECT("P.LAST_NAME, P.CREATED_ON, P.UPDATED_ON");
210             FROM("PERSON P");
211             FROM("ACCOUNT A");
212             INNER_JOIN("DEPARTMENT D on D.ID = P.DEPARTMENT_ID");
213             INNER_JOIN("COMPANY C on D.COMPANY_ID = C.ID");
214             WHERE("P.ID = A.ID");
215             WHERE("P.FIRST_NAME like ?");
216             OR();
217             WHERE("P.LAST_NAME like ?");
218             GROUP_BY("P.ID");
219             HAVING("P.LAST_NAME like ?");
220             OR();
221             HAVING("P.FIRST_NAME like ?");
222             ORDER_BY("P.ID");
223             ORDER_BY("P.FULL_NAME");
224         }
225         }.toString();
226     }
```

14.5.2 Provider 系列注解

MyBatis 的增删改查 4 个注解都有一个对应的 Provider 注解，其对应关系如下。

- @Insert 对应 @InsertProvider。
- @Select 对应 @SelectProvider。
- @Update 对应 @UpdateProvider。
- @Delete 对应 @DeleteProvider。

以 @SelectProvider 为例，@Select 与 @SelectProvider 都用于标注映射器的抽象方法。@Select 注解运行的 SQL 语句是由开发者写好，而 @SelectProvider 注解则告诉抽象方法需要从某个类的某个方法获得 SQL 语句。

@SelectProvider 有两个常用属性，value（或 type）用于指明 SQL 语句由哪个类提供，method 指明调用该类哪个方法可获得 SQL 语句。

例如，创建一个 SQL 语句构建器的提供类 PeopleProvider，该类的 getAll() 方法会提供获取 t_people 表中所有数据的 SQL 语句，代码如下：

```
227    package com.mr.mapper.provider;
228    import org.apache.ibatis.jdbc.SQL;
229    public class PeopleProvider {
230        public String getAll() {
231            return new SQL() {
232                {
233                    SELECT("*");
234                    FROM("t_people");
235                }
236            }.toString();
237        }
238    }
```

有了 SQL 语句的提供方，映射器中就可以这样写：

```
239    public interface PeopleMapper {
240        @SelectProvider(value = PeopleProvider.class, method = "getAll")
241        List<People> getPeopleList();
242    }
```

@SelectProvider 注解告诉抽象方法，调用 PeopleProvider 类的 getAll 方法就能获得要执行的 SQL 语句，这种定义方式等同于：

```
243    public interface PeopleMapper {
244        @Select("select * from t_people")
245        List<People> getPeopleList();
246    }
```

14.5.3 动态构建 SQL

SQL 语句构建器最大的优势是可以灵活拼接 SQL 语句。Provider 系列注解可以自动将抽象方法的参数传递给构建类方法。例如，在映射器定义一个添加人员的方法，代码如下：

```
247    @InsertProvider(value = PeopleProvider.class, method = "addPeopleSQL")
248    boolean addPeople(People p);
```

这两行代码表示抽象方法从 PeopleProvider 类的 addPeopleSQL 方法获得 SQL 语句。抽象方法有一个 People 类型参数，该参数就是待插入的人员数据，想要将这些数据传递给 addPeopleSQL 方法，只需在 addPeopleSQL 方法中定义一个相同的参数即可，MyBatis 可以自动完成参数的传递。PeopleProvider 的代码如下：

```
249  public class PeopleProvider {
250      public String addPeopleSQL(People p) {
251          return new SQL() {
252              {
253                  INSERT_INTO("t_people");
254                  VALUES("name", "'" + p.getName() + "'");
255                  VALUES("gender", "'" + p.getGender() + "'");
256                  VALUES("age", String.valueOf(p.getAge()));
257              }
258          }.toString();
259      }
260  }
```

这样构建器就可以从传来的参数中取值，拼接出不同的 SQL 语句，也就实现了动态 SQL 的功能。映射器中参数与构建类方法参数的之间的关系如图 14.13 所示。

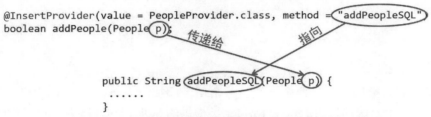

图 14.13　映射器抽象方法参数可直接传递给构建类方法

> 注意：
> 在拼接 SQL 语句时，需要开发者为字符串类型手动添加单引号。

[实例 03] 创建带参数的接口方法，允许插入定义人员数据，并查询指定姓氏的人员数据

（源码位置：资源包\Code\14\03）

本实例仍然采用 14.4 小节中使用的 t_people 表和 People 实体类，表中原数据如图 14.14 所示。

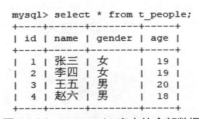

图 14.14　t_people 表中的全部数据

首先在 com.mr.mapper.provider 编写 PeopleProvider 构建器类，该类提供两个构建 SQL 语句的方法，一个用于查询指定姓氏的人员数据，另一个用于插入新人员数据。这两个方法都可以通过传入参数的方式构建动态 SQL。PeopleProvider 类的代码如下：

```
261  package com.mr.mapper.provider;
262  import org.apache.ibatis.jdbc.SQL;
263  import com.mr.po.People;
264
```

```java
public class PeopleProvider {
    public String getPeopleBySurnameSQL(String surname) {
        return new SQL() {
            {
                SELECT("*");
                FROM("t_people");
                WHERE("name like '%" + surname + "%'");
            }
        }.toString();
    }

    public String addPeopleSQL(People p) {
        return new SQL() {
            {
                INSERT_INTO("t_people");
                VALUES("name", "'" + p.getName() + "'");
                VALUES("gender", "'" + p.getGender() + "'");
                VALUES("age", String.valueOf(p.getAge()));
            }
        }.toString();
    }
}
```

然后在映射器接口中定义两个方法，一个用于添加新人员，另一个用于查询指定姓氏的所有人员，两个方法都采用 PeopleProvider 类提供的 SQL 语句。映射器接口代码如下：

```java
package com.mr.mapper;
import java.util.List;
import org.apache.ibatis.annotations.InsertProvider;
import org.apache.ibatis.annotations.SelectProvider;
import com.mr.mapper.provider.PeopleProvider;
import com.mr.po.People;

public interface PeopleMapper {
    @SelectProvider(value = PeopleProvider.class, method = "getPeopleBySurnameSQL")
    List<People> getPeopleBySurnameSQL(String surname);

    @InsertProvider(value = PeopleProvider.class, method = "addPeopleSQL")
    boolean addPeople(People p);
}
```

最后在 src/test/java 包下的测试类中，注入 PeopleMapper 映射器对象，先调用映射器的 addPeople() 方法将"张三丰，男，100 岁"的数据插入表中，再查询一下所有姓张的人。测试类代码如下：

```java
@SpringBootTest
class ProviderDemoApplicationTests {
    @Autowired
    PeopleMapper mapper;

    @Test
    void contextLoads() {
        mapper.addPeople(new People(null, "张三丰", "男", 100));
        mapper.getPeopleBySurnameSQL("张").stream().forEach(System.out::println);
    }
}
```

运行测试类，可以看到控制台若打印如图 14.15 所示日志内容，在数据库表中可查询到两个姓张的人员，第一个张三是表中原先就有的数据，第二个张三丰则是刚添加到表中的数据。

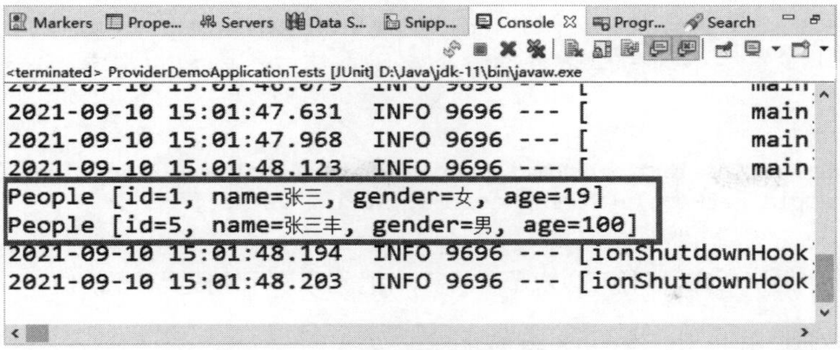

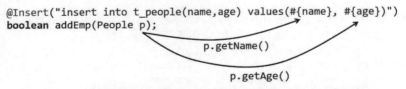

图 14.15　控制台打印的日志

14.6　SQL 参数

虽然 MyBatis 提供的 SQL 语句构建器可以实现动态 SQL 功能，但用起来还是略显麻烦。MyBatis 还提供了另一种非常简洁的动态 SQL 方案，就是在 SQL 语句中添加占位符。

MyBatis 有两种占位符，分别是 #{} 和 ${}，这两种占位符都可以读取抽象方法中的参数值，但两者的效果有些许不同。

#{} 是参数占位符，是最常用的占位符。#{} 可以根据参数类型自动解析、加工参数。例如图 14.16 所示场景，参数类型是字符串，#{} 在读取 name 参数中的文本后，会自动在 SQL 语句中为这段文本前后添加两个单引号。

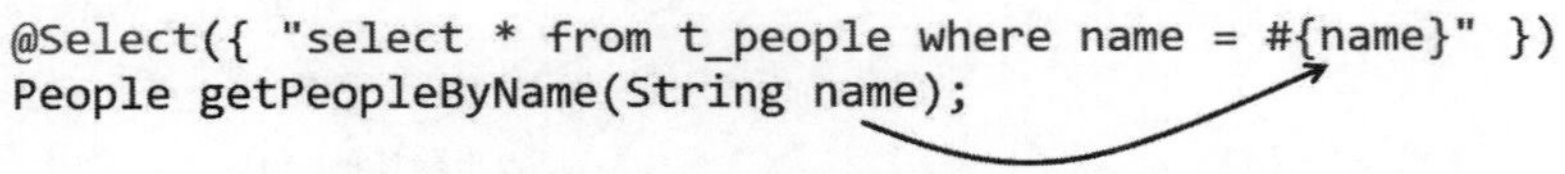

```
@Select({ "select * from t_people where name = #{name}" })
People getPeopleByName(String name);
```

图 14.16　映射器可以自动按将方法参数传入进 SQL 语句

如果参数是如图 14.17 所示的数据实体类类型，#{} 可以直接通过实体类的属性名来获得其属性值。实际上 MyBatis 是通过调用该属性的 Getter 方法获取属性值，如果实体类没有为该属性提供 Getter 方法，#{} 会引起异常。

```
@Insert("insert into t_people(name,age) values(#{name}, #{age})")
boolean addEmp(People p);
```
　　　　　　　　　p.getName()
　　　　　　　　　　　　p.getAge()

图 14.17　映射器可以自动按照名称将属性值填补到 SQL 参数中

如果参数是如图 14.18 所示的 Map 类型，#{} 可以直接读取 Map 中指定键的值。通常不推荐采用 Map 类型作为参数，因为无法保证 Map 中一定存在 #{} 所读取的键。

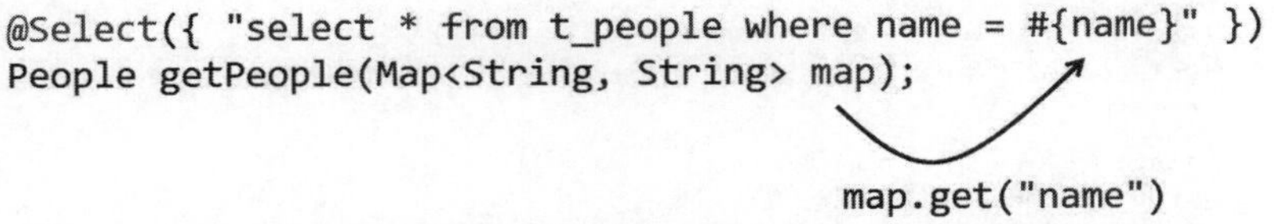

```
@Select({ "select * from t_people where name = #{name}" })
People getPeople(Map<String, String> map);
```
　　　　　　　　　　　　　　　　map.get("name")

图 14.18　映射器可以从 Map 参数中读出指定键的值

${} 是字符串替换符，不会去解析参数的类型，而是直接替换掉相应位置的文本，因此也不会为文本前后加单引号。${} 经常用来替代 SQL 语句中的表名、字段名等。例如图 14.19 所示的写法，第一个参数决定查询哪个字段，第二个参数决定字段应该等于什么值。

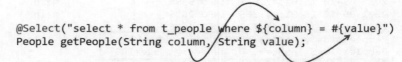

图 14.19 ${} 可以表示字段名，#{} 可以表示字段要等于的值

如果其他组件调用此方法输入的参数如下：

```
312    mapper.getPeople("name", "张三");
```

MyBatis 会自动将其拼接成如下 SQL 语句：

```
select * from t_people where name = '张三'
```

使用占位符时可能会遇到"参数冲突"的情况，例如图 14.20 所示的场景，#{name} 既可以代表 name 参数的值，也可以代表 People 实体类的 name 属性值，这种情况下会就出现参数冲突。

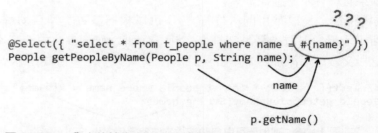

图 14.20 #{} 占位符代表 name 参数还是 People 的 name 属性？

> **说明：**
> 面对图 14.20 这种情况，MyBatis 默认采用 name 参数的值，而不会采用 People 的属性值，这也使得 People 参数无任何实际意义。

为了避免出现参数冲突，MyBatis 提供了 @Param 注解来给参数起别名。如果想在 SQL 语句中调用 People 对象的 name 属性，可以采用下面这种写法：

```
@Select({ "select * from t_people where name = #{p.name}" })
People getPeople(@Param("p") People people, String name);
```

这段代码中 people 参数被标注为 @Param("p")，表示该参数可以在 SQL 语句中用"p"代替。因为 people 是实体类类型，所以可以使用 #{p.name} 这样的语法获取其 name 属性的值。@Param 可以标注任何类型的参数，#{} 和 ${} 都支持参数别名。例如下面这些例子：

```
313    @Select("select * from t_people where ${c} = #{v}")
314    People getPeople2(@Param("c") String columnName,@Param("v") String value);
315
316    @Insert({ "insert into",
317        "t_people(name,gender,age)",
318        "values( #{p_name},#{p_sex}, #{p_age})" })
319    boolean addPeople(@Param("p_name") String name,
320         @Param("p_sex") String gender,
321         @Param("p_age") Integer age);
```

> **注意：**
> 参数的别名严格区分大小写，#{a} 无法获取 @Param("A") 标注的参数。

[实例 04]
创建开放式人员信息增删改查映射器接口

（源码位置：资源包 \Code\14\04）

所谓开放式接口表示任何组件都可以调用，并且可以对表中的任意数据进行增删改查操作，这要保证 Mapper 中执行的都是动态 SQL 语句。

本实例仍然采用 14.4 小节中使用的 t_people 表和 People 实体类。PeopleMapper 映射器接口提供对人员数据进行增、删、改、查 4 种操作，每一种操作都需要输入被操作人员的具体信息。PeopleMapper 的代码如下：

```
322  public interface PeopleMapper {
323      @Select("select * from t_people where ${field} = #{value}")
324      List<People> selectPeople(String field, String value);
325  
326      @Insert("insert into t_people(name,gender,age) values(#{p.name}, #{p.gender}, #{p.age})")
327      boolean addPeople(@Param("p") People people);
328  
329      @Update({ "update t_people",
330              "set id = #{p.id}",
331              ", name = #{p.name}",
332              ", gender = #{p.gender}",
333              ", age = #{p.age}",
334              "where id = #{id}" })
335      boolean updatePeople(Integer id, @Param("p") People newOne);
336  
337      @Delete("delete from t_people where id = #{id}")
338      boolean deletePeople(Integer id);
339  }
```

有了增、删、改、查 4 种方法之后，在 src/test/java 包下的测试类中分 3 步调用写好的 4 个方法。

第一步仅调用 addPeople() 方法向表中添加一个新人员信息；第二步先调用 selectPeople() 方法查一下新人员的 id，然后修改此人的属性，最后通过 updatePeople() 方法将此人最新的数据更新到表中；第三步删除此人所有数据。测试类的代码如下：

```
340  @SpringBootTest
341  class ParamDemoApplicationTests {
342      @Autowired
343      PeopleMapper mapper;
344  
345      @Test
346      void contextLoads() {
347          // (1) 创建新人物，id 由数据库自动生成
348          mapper.addPeople(new People(null, "孙悟空", "男", 500));
349  
350          // (2) 搜索刚才创建的任务，取出结果集中第一个结果
351          People wukong = mapper.selectPeople("name", "孙悟空").get(0);
352          // (2) 记录数据库为其分配的 id
353          Integer id = wukong.getId();
354          // (2) 修改属性值
355          wukong.setAge(1000);
356          // (2) 更新数据库中此人的所有属性值
357          mapper.updatePeople(id, wukong);
```

```
358
359                // (3) 删除此人
360                mapper.deletePeople(id);
361        }
362 }
```

读者可以采用逐步注释的方式让这些代码一步一步运行。执行前，表中的原始数据如图 14.21 所示。当测试类完成执行完第一步代码之后，表中数据如图 14.22 所示，多了一个人员信息。屏蔽第一步代码，执行第二部代码之后，表中数据如图 14.23 所示，该人员的年龄发生了变化。执行第三步代码之后，新人员数据被删除，表又回到图 14.21 所示的数据。

图 14.21 t_people 表中的原始数据

图 14.22 添加新人员后的表中数据　　图 14.23 修改人员属性之后的表中数据

14.7　结果映射

虽然 MyBatis 可以自动为名称相同的类属性和表字段建立映射关系，但真实项目中并不会出现这么理想的场景。例如图 14.24 所示，实体类中的性别属性叫做 sex，数据表中的性别字段叫 gender，两者英文都可以表示性别，逻辑上没问题，但 MyBatis 就无法自动为两者建立映射关系，最终导致实体对象无法完整的记录表中数据。这种情况在开发过程中经常遇到，因此 MyBatis 为开发者提供了手动建立映射关系的方法。

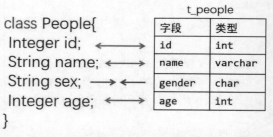

图 14.24 类中性别叫 sex，表中性别叫 gender

手动建立映射关系需要使用到 3 个注解，分别是：@Results、@Result 和 @ResultMap。

@Results 注解用于标注映射器的抽象方法，与增、删、改、查 4 个注解的位置相同。@Results 注解表示手动为此抽象方法建立映射关系，该映射关系会影响 MyBatis 自动封装的结果。@Results 注解的语法如下：

```
@Results(id = " 映射关系名称", value ={ 各字段映射关系 })
```

id 属性可以省略，value 属性需要配合 @Result 注解一起使用。
@Result 注解用于指定实体类哪个属性与表中哪个字段建立映射关系，其语法如下：

```
@Result(property = " 实体类的属性名", column = " 对应表中的字段名")
```

两个注解结合在一起，手动为 People 类的 sex 属性与 t_people 表的 gender 字段建立映射关系的代码如下：

```
363    @Select("select * from t_people ")
364    @Results(@Result(property = "sex", column = "gender"))
365    List<People> getAllPeople();
```

value 属性值是 Result[] 类型，所以以下几种写法均有效：

```
366    @Results(value=@Result(property = "sex", column = "gender"))
367    @Results({@Result(property = "sex", column = "gender")})
368    @Results(value = @Result(property = "sex", column = "gender"))
369    @Results(value = { @Result(property = "sex", column = "gender") })
```

如果手动为每一个属性都建立映射关系，代码如下：

```
370    @Select("select * from t_people ")
371    @Results(value = { @Result(property = "id", column = "id"),
372            @Result(property = "name", column = "name"),
373            @Result(property = "sex", column = "gender"),
374            @Result(property = "age", column = "age") })
375    List<People> getAllPeople();
```

注意：

@Results 比 @Result 多了一个字母"s"。

如果映射器有多个抽象方法，并且这些方法都采用同一套的映射关系，只需在一个 @Results 设置完映射关系，并给此 @Results 注解赋予 id 值，其他抽象方法通过 @ResultMap 注解调用此的 id 值，就能共用同一套映射关系。例如，查询全部数据方法在设置好映射关系之后，其他查询方法共用此映射关系，代码如下：

```
376    @Select("select * from t_people ")
377    @Results(id = "sex2gender", value = @Result(property = "sex", column = "gender"))
378    List<People> getAllPeople();
379
380    @Select("select * from t_people where name = #{name}")
381    @ResultMap("sex2gender")
382    People getPeopleByName(String name);
```

[实例 05]（源码位置：资源包 \Code\14\05）

创建图书馆借书单实体列，将三表联查结果封装到借书单对象中

数据库中完整图书借还信息由 3 张表（图 14.25）构成，分别是 t_reader 借阅人表、t_book 图书表和 t_borrow 借阅单表，其中 t_borrow 表中仅保存借阅人的 id 和图书的 id。

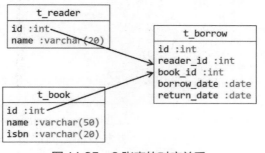

图 14.25　3 张表的对应关系

在 Spring Boot 项目的 com.mr.po 包下创建借书单对应的数据实体类 BorrowList，该实体类的主要代码如下：

```
public class BorrowList {
    private String readerName;          // 借书人名称
    private String bookName;            // 书名称
    private String borrowDate;          // 借阅日期
    private String returnDate;          // 归还日期

    // 此处省略完整的构造方法、Getter/Setter 方法，以及 toString() 方法
}
```

可以看出 BorrowList 类中的属性并不是与 t_borrow 表中的字段完全一致，因此需要在手动为两者创建映射关系。

创建 LibraryMapper 映射器接口，接口中仅提供两个方法：查询所有人的借阅单和查询指定借阅人姓名的借阅单。查询所使用的 SQL 语句是一个 3 表联查的复杂语句，表的别名会干扰 MyBatis 的自动识别功能，因此需要为每一个结果字段通过"as"关键字也起一个别名。把 BorrowList 类的每一个属性与查询结果中的每一个字段别名建立映射的关系，其他方法因用此映射关系。LibraryMapper 接口的代码如下：

```
package com.mr.mapper;
import java.util.List;
import org.apache.ibatis.annotations.Result;
import org.apache.ibatis.annotations.ResultMap;
import org.apache.ibatis.annotations.Results;
import org.apache.ibatis.annotations.Select;
import com.mr.dto.BorrowList;

public interface LibraryMapper {

    @Select({ "select r.name as reader_name",
            ",book.name as book_name",
            ",bo.borrow_date as borrow_date",
            ",bo.return_date as return_date",
            "from t_book book, t_reader r,t_borrow bo",
            "where book.id = bo.book_id",
            "and r.id = bo.reader_id" })
    @Results(id = "borrowList", value = {
            @Result(property = "readerName", column = "reader_name"),
            @Result(property = "bookName", column = "book_name"),
            @Result(property = "borrowDate", column = "borrow_date"),
            @Result(property = "returnDate", column = "return_date") })
    List<BorrowList> getAllBorrowList();                      // 查询所有人的借阅单

    @Select({ "select r.name as reader_name",
            ",book.name as book_name", ",bo.borrow_date as borrow_date",
            ",bo.return_date as return_date",
            "from t_book book, t_reader r,t_borrow bo",
            "where book.id = bo.book_id",
            "and r.id = bo.reader_id",
            "and r.name = #{name}" })
    @ResultMap("borrowList")                                  // 采用上面写好的映射关系
    List<BorrowList> getBorrowListByName(String name);        // 根据姓名查询此人所有借阅单
}
```

最后在 src/test/java 包下的测试类中，注入 LibraryMapper 映射器对象，调用映射器的 getBorrowListByName() 方法查询"张三"这个人所有的借阅记录，将所有借阅记录打印在控

制台。测试类的代码如下：

```
425    @SpringBootTest
426    class ResultDemoApplicationTests {
427        @Autowired
428        LibraryMapper mapper;
429
430        @Test
431        void contextLoads() {
432            // 查询张三的借书单
433            mapper.getBorrowListByName("张三").stream().forEach(System.out::println);
434        }
435    }
```

运行测试类，可以看到控制台打印如图 14.26 所示日志，程序成功读出了张三这个人的借阅记录，这说明 @Results 设定的映射关系是生效的，@ResultMap 让这个映射关系成功地应用到了 getBorrowListByName() 方法上。

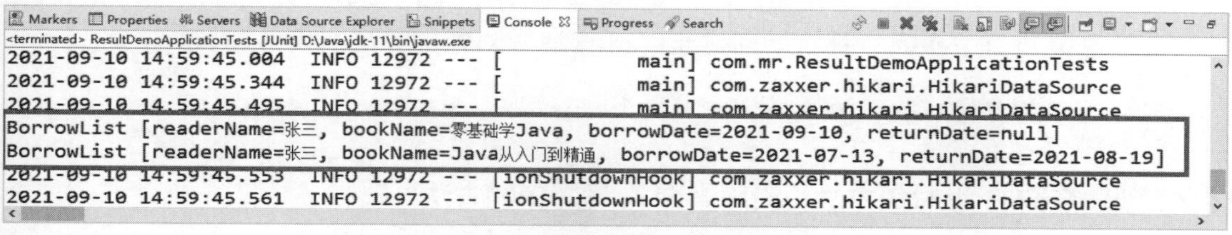

图 14.26 获取张三所有借阅单的查询结果

14.8 级联映射

级联映射是每一个持久层框架都逃无法逃避的难点，它表示不同数据实体之间的关联关系。例如人和身份证是两种独立的数据实体，因为一个人同时只能拥有一个身份证号，所以说人与身份证是"一对一"的关系。手机号也是一个单独的数据实体，但一个人可以同时拥有多个电话号码，所以人与手机号是"一对多"的关系。

数据表和实体类体现级联关系的方式不一样。以"一对一"关系为例，表通常使用主键创建级联关系，如图 14.27 所示，b 表将 a 表主键作为一个字段，表示 b 表的每行数据都会与 a 表中的一行数据有关系。实体类之间创建关系的方式更简单，直接把对方当做自己的成员属性即可，例如图 14.28 所示，B 类包含 A 类的数据，直接创建一个 A 类型的属性即可。

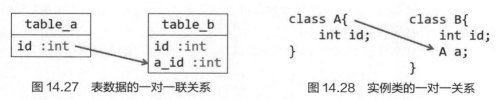

图 14.27 表数据的一对一联关系　　图 14.28 实例类的一对一关系

如果希望程序在查询 B 对象时自动将 table_a 表的对应数据填充到 B 的 a 属性中，需要先给持久层框架配置级联映射关系，让持久层框架自动查询多张表。

MyBatis 提供两个注解用来配置映射关系：@One 注解配置"一对一"关系，@Many 注解配置"一对多"关系，本节将分别介绍这两个注解的用法。

> 说明：
> 除了以上两种关系之外，还存在一种"多对多"关系。例如一个学生可以同时报名多门课程，每门课程又允许多名学生同时上课，课程与学生之间就是"多对多"的关系。不过在设计数据模型时，通常会采用"双向一对多"的方式去替代"多对多"关系。

14.8.1 一对一

@One 注解需要在 @Result 注解内部使用，可以指定实例类之间的"一对一"映射关系。例如，B 类中包含一个 A 类属性，在数据库中则是以 table_b 表中引用 table_a 表主键的形式体现，因此在创建 B 类对象时，需要根据 table_a 表主键创建一个 A 类的对象，再将此 A 类对象赋值给 B 对象的 a 属性。设置 A 类与 B 类一对一关系需要两步操作。

（1）创建根据 table_a 表主键获取 A 类对象的方法

作为半自动化持久层框架，A 类对象的数据不会自动从库中取出来，需要单独为其编写查询方法，表中使用了哪个字段做的"一对一"映射，查询的参数就设为哪个字段。例如，两表通过主键 id 建立关系，那么就创建通过 id 查询 A 对象的方法，代码如下：

```
436    @Select("select * from table_a where id = #{id}")
437    A selectAById(Integer id);
```

（2）创建查询 B 类对象方法，引用查询 A 类对象的方法

创建查询 B 类数据方法时需手动建立实体类与表之间的映射关系。@Result 注解的 one 属性可以为某个属性建立"一对一"映射关系。one 属性的值类型正是 @One 注解，@One 注解可以指定"一对一"属性的数据来源，其语法如下：

```
@One(select = "包名.接口名.方法名")
```

@One 注解所引用的方法正是第一步创建的方法。如果引用的方法与本方法在同一个接口中，则可以省略"包名.接口名"前缀。

为 B 类与 A 类创建"一对多"关系的完整代码如下：

```
438    @Select("select id, a_id from table_b")
439    @Results(@Result(property = "a", column = "a_id", one = @One(select = "selectAById")))
440    List<B> selectAllB();
```

@Result 注解中"property = "a"，column = "a_id""表示 B 类中名字为"a"的属性（即对应的 A 类）与表中的"a_id"字段互相映射。但一个类无法只与一个字段互相映射，所以后面又设置了 one = @One(select = "selectAById")，表示将"a_id"字段的值交给（同一接口中）名为"selectAById"的方法作为参数，并将该方法的返回值赋值给 a 属性，这样 a 属性就得到了一个包含完整数据的 A 对象。

查询 B 实体类数据实际上执行了两个 SQL 语句，这个过程如图 14.29 所示。

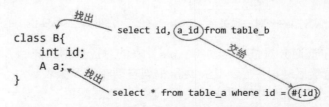

图 14.29 通过两个 SQL 语句查询 B 实体类数据的示意图

[实例06] 构建手机与电池的一对一关系　　　　（源码位置：资源包\Code\14\06）

大多数手机只安装了一块电池，这样手机与电池就是"一对一"关系。数据库中有如图 14.30 所示的电池表和如图 14.31 所示的手机表，手机表中 battery_id 就是该款手机所安装的电池编号。

```
mysql> select * from t_battery;
+----+--------+----------+
| id | brand  | capacity |
+----+--------+----------+
|  1 | 贼抗用 |     5000 |
|  2 | 特持久 |     4800 |
|  3 | 不断电 |     4000 |
+----+--------+----------+
```

图 14.30　电池表中的数据

```
mysql> select * from t_phone;
+----+--------+---------+------------+
| id | brand  | system  | battery_id |
+----+--------+---------+------------+
|  1 | 大黄梨 | Android |          2 |
|  2 | koko   | Android |          1 |
|  3 | Nogaga | Windows |          3 |
+----+--------+---------+------------+
```

图 14.31　手机表中的数据

参照电池表的字段，创建与其对应的电池数据实体 Battery 类，代码如下：

```
441    public class Battery {
442        private Integer id;              // 编号
443        private String brand;            // 品牌
444        private Integer capacity;        // 容量
445
446        // 此处省略完整的构造方法、Getter/Setter 方法，以及 toString() 方法
447    }
```

因为手机与电池是一对一关系，所以在设计手机数据实体 Phone 类时，直接创建一个 Battery 类型属性作为电池对象，代码如下：

```
448    public class Phone {
449        private Integer id;              // 编号
450        private String brand;            // 品牌
451        private String system;           // 系统
452        private Battery battery;         // 使用的电池
453
454        // 此处省略完整的构造方法、Getter/Setter 方法，以及 toString() 方法
455    }
```

创建 PhoneMapper 映射器接口，在接口中首先创建通过主键查询电池对象的方法，然后再创建查询手机对象的方法。为手机建立结果映射时要指定手机与电池的一对一关系。映射器的代码如下：

```
456    package com.mr.mapper;
457    import java.util.List;
458    import org.apache.ibatis.annotations.One;
459    import org.apache.ibatis.annotations.Result;
460    import org.apache.ibatis.annotations.Results;
461    import org.apache.ibatis.annotations.Select;
462    import com.mr.po.Battery;
463    import com.mr.po.Phone;
464
465    public interface PhoneMapper {
466        @Select("select * from t_battery where id=#{id}")
467        Battery getBatteryById(Integer id);     // 通过 id 查所有电池数据
468
```

345

```
469        @Select({ "select * ", "from t_phone" })
470        @Results(id = "phone&battery", value = {
471            @Result(property = "battery",
472                    column = "battery_id",
473                    one = @One(select = "getBatteryById"))
474        })
475        List<Phone> getAllPhone();                  // 查询所有手机
476    }
```

最后在 src/test/java 包下的测试类中，注入 PhoneMapper 映射器对象，调用映射器的 getAllPhone() 方法查询所有手机的数据，通过流遍历所有手机对象并打印到控制台中。整个过程没有使用过 getBatteryById() 方法。测试类的代码如下：

```
477    @SpringBootTest
478    class One2OneDemoApplicationTests {
479        @Autowired
480        PhoneMapper mapper;
481
482        @Test
483        void contextLoads() {
484            mapper.getAllPhone().stream().forEach(System.out::println);
485        }
486    }
```

运行测试类，可以在控制台看到如图 14.32 所示的内容。从这个结果可以明显地看出，不仅每一个手机的数据都能正常获取，连手机中的电池的数据也获取到了。手机的数据是通过 getAllPhone() 方法获得的，getAllPhone() 方法又通过"一对一"级联映射调用了 getBatteryById() 方法，将电池表中的数据放入到手机的电池属性中。每一款手机使用的电池品牌、容量都与数据库中对应的数据丝毫不差。

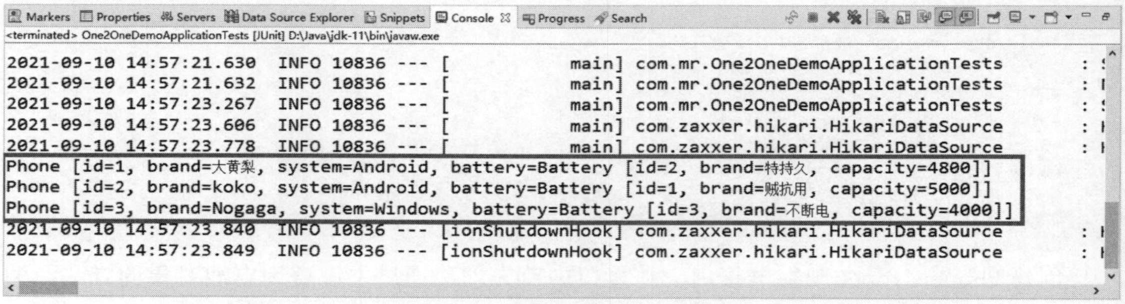

图 14.32 控制台中打印所有手机数据

14.8.2 一对多

@Many 注解同样需要在 @Result 注解内部使用，并且要在"一对多"中"一"的这一方定义。

"一对多"在数据表和实体类中的表现方式与"一对一"有很大差别。在数据库中，映射关系在"多"的一方体现，例如图 14.33 所示，在 table_a 中添加 table_b 表的主键字段，这样 table_a 表中每一条数据都对应一个 table_b 表的数据。如果 table_a 表中有多行数据引用了同一个 table_b 主键，两表之间就产生了一对多关系。

与数据表的规则正好相反，在实体类中映射关系要在"一"的一方体现。例如图 14.34 所示，如果一个 B 对象可以对应多个 A 对象，那直接在 B 类中定义一个集合，将其对应的所有 A 对象都放在这个集合中即可。

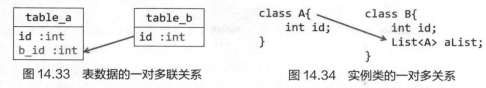

图 14.33　表数据的一对多联关系　　图 14.34　实例类的一对多关系

MyBatis 设置"一对多"关系要比设置"一对一"关系抽象了许多，但设置仍然是两步操作。

（1）创建根据 table_b 表主键获取 A 类对象的方法

因为 table_a 表包含 table_b 表的 id，所以可以通过 B 对象的 id 来查询该 B 对象对应了哪些 A 对象，查询方法代码应如下：

```
487    @Select("select * from table_a where b_id = #{BId}")
488    List<A> selectABYBId(Integer BId);
```

（2）创建查询 B 类对象方法，引用查询 A 类对象的方法

@Result 注解有 one 属性指定"一对一"，同样也有 many 属性可以指定"一对多"关系。many 属性的值类型正是 @Many 注解，@Many 注解的语法与 @One 相同，其语法如下：

```
@Many(select = "包名.接口名.方法名")
```

同样，如果引用的方法与本方法在同一个接口中，则可以省略"包名.接口名"前缀。
为 B 类与 A 类创建"一对多"关系的完整代码如下：

```
489    @Select("select * from table_b")
490    @Results({
491        @Result(property = "id", column = "id"),
492        @Result(property = "aList", column = "id", many = @Many(select = "selectABYBId"))
493    })
494    List<B> selectAllB();
```

@Result 注解中"property = "aList"，column = "id""表示 B 类中名字为"aList"的属性与表中的"id"字段互相映射，并且将"id"字段的值交给（同一接口中）名为"selectABYBId"的方法作为参数，并将该方法的返回值赋值给 aList 集合，这样 aList 属性就得到了一个包含完整数据的 A 对象集合。

上面这段代码中，不仅为 aList 属性设置了映射关系，还特意为 id 属性也设置了映射关系。从代码里可以看出原因：两个 @Result 设置中都写了"column = "id""，第一个是告诉 MyBatis 要把查出 id 的值赋给 B 的 id 属性，第二个是告诉 MyBatis 要把查出的 id 值交给 selectABYBId 方法当参数。如果缺少了第一个 id 的设置，MyBatis 可能会混淆 id 的用途。所以开发者在设置"一对多"关系时应同时设置好主键的映射关系。

查询 B 实体类数据实际上也执行了两个 SQL 语句，这个过程如图 14.35 所示。

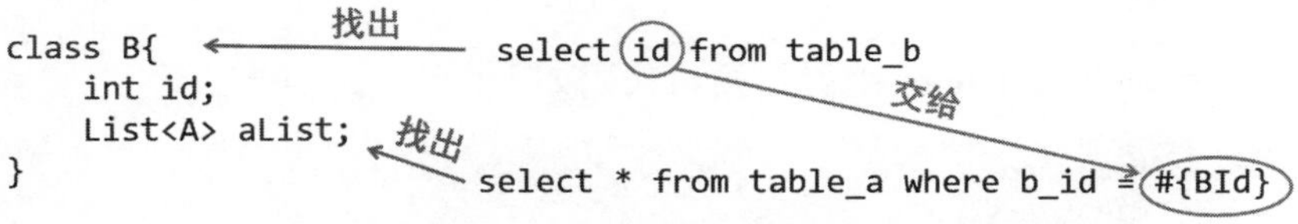

图 14.35　通过两个 SQL 语句查询 B 实体类数据的示意图

[实例07] 构建老师与学生的一对多关系

（源码位置：资源包\Code\14\07）

针对一门课程来说，课堂里所有学生都听一位老师上课，老师与学生就构成了"一对多"的关系。现在数据库中有如图 14.36 所示的老师表和如图 14.37 所示的学生表，学生表中的 teacher_id 字段为该学生的任课老师编号。多个学生的任课老师可以是同一个人。

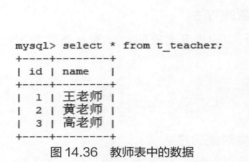

图 14.36　教师表中的数据

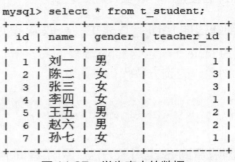

图 14.37　学生表中的数据

为了增加项目场景的复杂度，设计老师和学生的实体类时，不仅要体现出"一个老师教多个学生"，还要体现出"一个学生听一个老师的课"。按照这种需求设计的学生实体类如下：

```
495  public class Student {
496      private Integer id;                    // 编号
497      private String name;                   // 姓名
498      private String gender;                 // 性别
499      private Teacher teacher;               // 任课老师
500
501      // 此处省略完整的构造方法、Getter/Setter 方法，以及 toString() 方法
502  }
```

老师实体类如下：

```
503  public class Teacher {
504      private Integer id;                    // 编号
505      private String name;                   // 姓名
506      private Set<Student> students;         // 所教的学生
507
508      // 此处省略完整的构造方法、Getter/Setter 方法，以及 toString() 方法
509  }
```

学生类用一个老师属性保存自己的任课老师，老师类用一个集合保存自己所教的学生，这样双方都建立了级联关系，下面编写映射器实现此关系。

给学生类中的老师对象赋值需使用 @One 注解建立简单的"一对一"关系，给老师类的中的学生集合赋值需使用 @Many 注解建立"一对多"关系。因为每套关系都需要两个 SQL 语句才能实现，所以映射器中需要创建 4 个方法，分别是"根据 id 查老师""根据老师 id 查学生""查询所有老师"和"查询所有学生"，前两个方法用于为后两个方法提供映射关系数据。

根据以上设定，ClassMapper 映射器接口代码如下：

```
510  package com.mr.mapper;
511  import java.util.List;
512  import org.apache.ibatis.annotations.*;
```

```
513    import com.mr.po.*;
514
515    public interface ClassMapper {
516        @Select("select * from t_teacher where id = #{id}")
517        Teacher getTeacherById(Integer id);
518
519        @Select("select * from t_student where teacher_id = #{teacherID}")
520        Student getStudentByTeacherId(Integer teacherID);
521
522        @Select("select * from t_teacher")
523        @Results({ @Result(property = "id", column = "id"),
524                @Result(property = "students",
525                        column = "id",
526                        many = @Many(select = "getStudentByTeacherId"))
527        })
528        List<Teacher> getAllTeacher();
529
530        @Select("select * from t_student")
531        @Results({ @Result(property = "id", column = "id"),
532                @Result(property = "teacher",
533                        column = "teacher_id",
534                        one = @One(select = "getTeacherById"))
535        })
536        List<Student> getAllStu();
537    }
```

为了方便查看结果，本项目使用网页展示查询的结果，所以创建控制器 ClassController 类，在 ClassController 类中注入 ClassMapper 对象。当用户访问"/teacher"地址时，调用映射器的 getAllTeacher() 方法取出所有老师对象，并交给 teacher.html 页面展示；当用户访问"/student"地址，就调用映射器的 getAllStu() 方法取出所有学生对象，交给 student.html 页面展示。

ClassController 类的代码如下：

```
538    @Controller
539    public class ClassController {
540        @Autowired
541        ClassMapper mapper;
542
543        @RequestMapping("/teacher")
544        String teacher(Model model) {
545            List<Teacher> teachers = mapper.getAllTeacher();
546            model.addAttribute("teachers", teachers);
547            return "teacher";
548        }
549
550        @RequestMapping("/student")
551        String student(Model model) {
552            List<Student> students = mapper.getAllStu();
553            model.addAttribute("students", students);
554            return "student";
555        }
556    }
```

teacher.html 是展示所有老师对象的页面，该页面采用 Thymeleaf 模板引擎，遍历后端传来的教师对象集合，打印每一位老师的名字，再取出老师对象中的学生对象集合，遍历并打印每一个学生的名字，这样就可以在页面中展示每一位老师各自教了哪些学生。teacher.html 页面的代码如下：

```html
557  <!DOCTYPE html>
558  <html xmlns:th="http://www.thymeleaf.org">
559  <head>
560  <meta charset="UTF-8">
561  </head>
562  <body>
563      <div th:each="teacher:${teachers}">
564          <p th:text="${teacher.name} + '负责的学生名单:'"></p>
565          <div th:each="stu:${teacher.students}">
566              <p th:text="${stu.name}"></p>
567          </div>
568      </div>
569  </body>
570  </html>
```

student.html 是展示所有学生对象的页面，其逻辑与 teacher.html 页面类似，遍历后端传来的学生对象集合后，打印每一个学生的名字，再取出学生对象中的任课老师对象，将任课老师的名字也打印出来，这样就可以在页面中展示每一位学生及其任课老师的信息了。student.html 页面的代码如下：

```html
571  <!DOCTYPE html>
572  <html xmlns:th="http://www.thymeleaf.org">
573  <head>
574  <meta charset="UTF-8">
575  </head>
576  <body>
577      <div th:each="student:${students}">
578          <p th:text="${student.name} + '的任课老师是: ' + ${student.teacher.name}"></p>
579      </div>
580  </body>
581  </html>
```

启动项目，打开浏览器访问"http://127.0.0.1:8080/teacher"地址，可以看到如图 14.38 所示页面，每一个老师下都列出了其所教学生的名单。

访问"http://127.0.0.1:8080/student"地址可以看到如图 14.39 所示页面，每一个学生后都显示了其任课教师的名字。

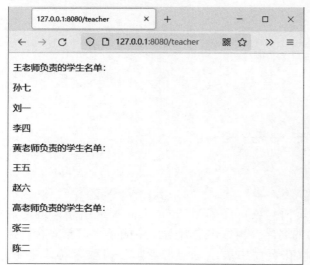

图 14.38　查询所有老师对象的页面

图 14.39　查询所有学生对象的页面

> **注意：**
> 老师对象中有学生对象，学生对象中有老师对象，为这种相互嵌套的数据实体设置级联映射时要小心谨慎，否则很容易造成无限递归查询的错误。
> 　　以本项目为例，不可以在 getTeacherById() 方法和 getStudentByTeacherId() 方法上设置"一对一"和"一对多"关系，因为 @One 和 @Many 都需要调用其他方法，如果这两种方法互相填写彼此的方法名，必然造成"A() 中运行 B()、B() 中再运行 A()"的无限递归错误，所以大家只需记住：被调用的方法上不要做级联映射。

 本章知识思维导图

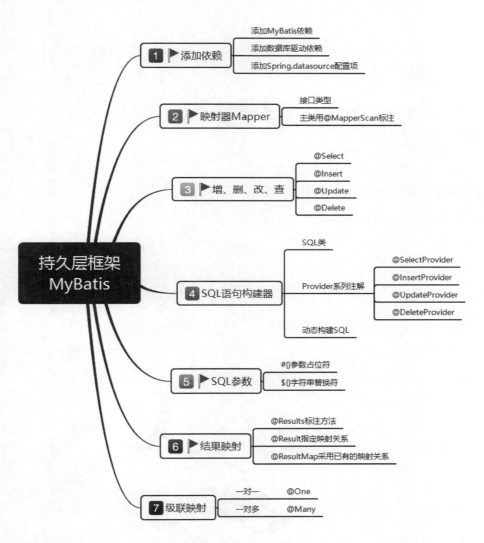

第 15 章
缓存中间件——Redis

扫码领取
- 配套视频
- 配套素材
- 学习指导
- 交流社群

本章学习目标

- 能够在 Windows 系统中搭建 Redis 环境
- 掌握 Redis 的常用命令
- 掌握如何在 Spring Boot 中使用 Redis 组件
- 了解 Jedis 的用法
- 掌握 RedisTemplate 类及相关 API

15.1　Redis 简介

15.1.1　非关系型数据库

项目中常见的 Oracle、MySQL、SQLserver、DB2 等数据库都属于关系型数据库。所谓的"关系型"是指数据库采用关系模型来组织数据，所有数据都放在表中并以行和列的形式存储。用户需要使用 SQL 语句查询数据，SQL 语句可以很好地体现出数据之间的映射关系。

随着互联网行业的发展，用户越来越多，业务也越来越多，数据量轻松破亿。原本学习成本低、开发迅速、性能良好的关系型数据库开始逐渐暴露了致命缺点——在处理极大数据量时效率非常低（甚至会崩溃），即使不断升级服务器硬件也未能彻底解决此问题。在众多技术人员绞尽脑汁研究解决方案时，大家不约而同地想起了一个曾经"有悖传统"的数据库方案——NoSQL。

NoSQL 是所有非关系型的数据库的统称，正如其名，非关系型数据库不使用 SQL 语句。NoSQL 的数据模型非常简单，数据之间几乎不存在映射关系，开发者可以随意增减、随意修改数据，这些操作都不会影响其他数据。再加上 NoSQL 普遍具备极高的扩展能力，这些特性使得 NoSQL 数据库能够很好地完成大数据量任务。自 2009 年非关系型分布式数据库概念提出之后，NoSQL 就迅速发展壮大。

15.1.2　Redis 简介

要谈起目前流行的 NoSQL，就不得不提本章的主角——Redis。Redis 是一款基于内存的 Key-Value 结构的数据库，再加上其底层采用单线程、多路 I/O 复用模型，Redis 的运行速度非常快，可以很好地完成高并发大数据的吞吐任务。

Redis 像一个超大的 Map 键值对，需要通过键来找数据。Redis 支持多种数据类型，其中包括：string 字符串类型、hash 哈希类型、list 列表（或链表）类型、set 集合类型和 zset 有序集合类型。

15.1.3　为什么把 Redis 称为缓存？

很多技术人员喜欢把 Redis 叫"缓存"，Redis 明明是数据库，为什么会叫一个不像数据库的名称？想要回答这个问题，要先了解缓存是什么。

缓存的英文为 cache，原本是指集成电路上的高速存储器。CPU 在做计算时会频繁读写数据，如果 CPU 直接在内存里频繁读写，处理的效率是很低的，但如果 CPU 在缓存中频繁读写，处理的效率就会得到极大提升。因此 CPU 在处理一条数据时，数据会先从内存移动到缓存中，在缓存中完成所有处理之后，再回到内存中，其移动过程可简化成图 15.1。缓存是快车道，内存是慢车道，数据只在慢车道跑了两次，大部分时间都在快车道奔驰，这样就极大地节省了运输时间。这就是缓存在硬件中作用。

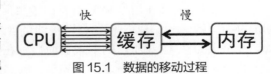

图 15.1　数据的移动过程

随着互联网的发展，网络越来越发达，很多日常事务都转移到了线上，这就出现了当今互联网行业最棘手的问题——高并发与大数据。例如某购物网站发生如图 15.2 所示场景，同一时刻有几千甚至几万人查询数据库中的同一张表，这样数据库会承受极大的压力。关系型数据库虽然看上去效率很高，但实际上非常脆弱。技术人员尝试过很多办法去解决高并发问题：负载均衡、分库分表、升级设备、延迟查询，但这些问题要么成本极高，要么牺牲了用户体验，有些甚至根本毫无作用。

最后技术人员想到了缓存，如果为网站项目提供一个类似 CPU 缓存的东西，让它去回应海量的访问请求，成为如图 15.3 所示的一道屏障，不就缓解了数据库的压力了吗？于是缓存从原先单纯的硬件概念，变成了硬件、软件都大量采用的高速读写方案。

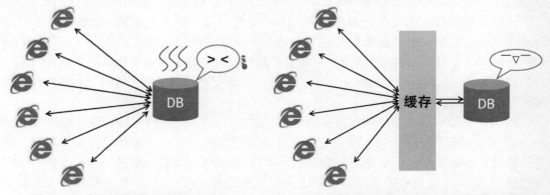

图 15.2　多个请求同时查询数据库，数据库压力过大　　图 15.3　由缓存提供静态数据，降低了数据库压力

目前很多项目首选的缓存软件正是 Redis。Redis 是 Key-Value 结构，查询数据的时间复杂度很低，非常善于快速查询；Redis 是基于内存的数据库，能有效降低服务器硬盘的 I/O 压力；Redis 是单线程的，很多命令都属于"原子操作"，可以轻松处理高并发请求。以上种种优点迅速让 Redis 成为缓存中间件的领头军，以至于很多技术人员习惯性地将 Redis 与缓存划上了等号，似乎忘了 Redis 仍是一款数据库软件。

15.2　Windows 系统搭建 Redis 环境

Redis 虽然是一款支持多平台、多语言的数据库软件，但其主要应用在 Linux 系统上。为了方便广大读者学习，本节将介绍如何在 Windows 系统中搭建 Redis 环境。

15.2.1　下载

Redis 官网只提供了 Linux 系统的安装包，Windows 系统版本的安装包需要到 GitHub 下载。

地址如图 15.4 所示页面中展示了当前可下载的版本。本书采用 3.2.100 版本，读者单击页面中的"3.2.100"标题超链接即可进入下载页面。

进入如图 15.5 所示的下载页面后，在页面下方可以找到不同格式的安装包，本书采用 ZIP 压缩包格式。下载此 ZIP 压缩包，将其解压到本地硬盘中即完成了下载与安装操作。

> 说明：
> 如果读者未能成功跳转至此页面，可以尝试直接访问此页面地址：
> https://github.com/microsoftarchive/redis/releases/tag/win-3.2.100

第 15 章 缓存中间件——Redis

图 15.4　可下载的版本列表

图 15.5　ZIP 压缩包下载位置

15.2.2　启动

将 ZIP 压缩包解压到本地硬盘上之后，进入 Redis 文件夹，可以看到如图 15.6 所示的文件结构。其中最关键的两个文件是 redis-server.exe（启动服务）文件和 redis-cli.exe（启动命令行）文件。

👑 说明：

该版本 Redis 解压后的默认文件夹为 Redis-x64-3.2.100。

图 15.6 Redis 根目录中默认文件

双击 redis-server.exe 文件即可启动 Redis 服务,正常启动后可以看到如图 15.7 所示的窗口,该窗口中显示了 Redis 的版本号、Redis 服务使用的端口号(Port)和进程号(PID)。此窗口若被关闭,Redis 服务也会随之关闭,所以在学习、开发、测试过程中应确保此窗口处于运行状态。

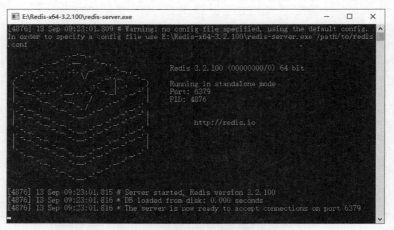

图 15.7 服务成功启动的窗口

双击 redis-cli.exe 文件可以打开 Redis 自带的命令行窗口,如图 15.5 所示。此窗口会自动连接本地的 Redis 服务。用户可以在此窗口中执行 Redis 命并查看执行结果。

图 15.8 客户端命令行窗口

> 说明:
> 注意两个文件的启动顺序,先双击 redis-server.exe 启动服务,再双击 redis-cli.exe 输入命令。

15.3 Redis 常用命令

虽然 Redis 不使用 SQL 语句操作数据，但 Redis 提供了大量用于操作数据的命令。本节介绍一些常用命令，更多 Redis 命令可查阅官方在线文档。

> 说明：
> Redis 命令不区分大小写。

15.3.1 基础键值命令

Redis 是 key-value 数据库，键值命令是 Redis 最基础、最常用的命令。key 为键，value 为值，其结构如图 15.9 所示。key 实际上就是一个不重复且带一定含义的字符串，一个 key 对应一个 value，value 的值可以重复。

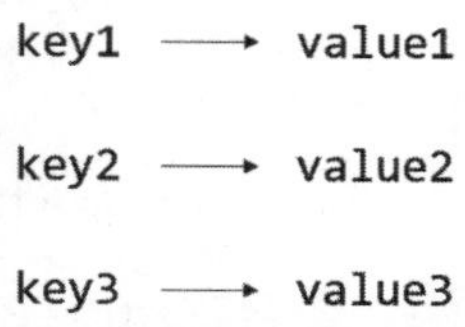

关于 key 的设计应符合以下几点要求。

① key 中可以使用 ":"（英文冒号）和 "."（英文点）作为分隔符，但不建议使用逗号、百分号等其他特殊字符作为分隔符。不能用有转义含义的特殊字符，例如空格、下划线、换行符、单引号等。

图 15.9 基本键值结构

② key 应该能体现 value 所表达的业务，但 key 不要太长，否则会影响 Redis 效率。

③ key 区分大小写。

本书在举简单例子时可能会使用简化的 key，例如 "name"、"age" 等。如果要在具体项目中使用 Redis，推荐大家采用以下 key 命名规范：

```
表名:主键名:主键值:字段名
```

这套命名规范就比较贴合数据实体类与关系型数据库之间的映射关系。例如，读取编号为 1000 的人员名称，键的命名建议如下：

```
user:id:1000:name
```

接下来介绍一些常用的键值命令。

（1）最基本的赋值与取值操作

Redis 的赋值与取值命令就像 JavaBean 的 Getter/Setter 方法，赋值命令的语法如下：

```
set [key] [value]
```

该命令会将 key 的值设置为 value。如果 key 不存在，就会新增。如果 key 存在且有值，则会覆盖原值。赋值成功之后会返回 "OK"。

读取命令的语法如下：

```
get [key]
```

该命令会返回键 key 对应的值。如果 key 不存在，则返回表示空值的 nil 值。

打开 Redis 命令行窗口，通过命令添加用户名称数据和用户编号数据，执行效果如下：

```
127.0.0.1:6379> set user:name mr
OK
127.0.0.1:6379> get user:name
```

```
"mr"
127.0.0.1:6379> set user:id 1100
OK
127.0.0.1:6379> get user:id
"1100"
```

（2）库操作

Redis 自带 16 个库，默认使用的为 0 号库。选择（或叫切换）其他库的语法如下：

```
select [index]
```

参数 index 是库编号。当进入非 0 号库之后，可以在端口号右侧看到当前库编号，例如：

```
127.0.0.1:6379> select 6
OK
127.0.0.1:6379[6]>
```

第三行端口号后的"[6]"表示已切换到了 6 号库。0 号库不显示任何编号。

如果想要把 0 号库中的某个 key 转移至 1 号库，可以使用 move 命令，语法如下：

```
move [key] [index]
```

key 参数是当前库中的键，index 是目标库的编号。key 被转移之后会在原库中消失。如果目标库中没有这个 key，则不会执行转移操作。该命令返回整数 1 则表示操作成功，返回 0 则表示操作失败。

例如，将 0 号库的"name"键转移至 1 号库，命令如下：

```
127.0.0.1:6379> set user:name "zhangsan"
OK
127.0.0.1:6379> move user:name 1
(integer) 1
127.0.0.1:6379> select 1
OK
127.0.0.1:6379[1]> get user:name
"zhangsan"
```

清空库的命令如下：

```
flushdb
```

> **注意：**
> 执行该命令后会清空当前库中所有 key，要谨慎执行。

（3）其他赋值与读取操作

查看所在库的所有 key，语法如下：

```
keys *
```

执行效果如下：

```
127.0.0.1:6379> keys *
1) "user:id"
2) "user:contact:email"
3) "user:age"
4) "user:name"
```

在当前库中随机获取一个 key，语法如下：

```
randomkey
```

执行效果如下：

```
127.0.0.1:6379> randomkey
"user:name"
```

判断当前库中是否有某个 key，语法如下：

```
exists [key]
```

如果库中有此 key，则返回整数 1，否则返回整数 0。执行效果如下：

```
127.0.0.1:6379> exists user:name
(integer) 1
127.0.0.1:6379> exists user:password
(integer) 0
```

上文介绍了 Redis 支持多种类型，查看 value 值的类型可用以下语法：

```
type key
```

执行效果如下：

```
127.0.0.1:6379> type user:name
string
```

拼接字符串命令的语法如下：

```
append [key] [value]
```

该命令会在原有的 value 值末尾拼接新的 value 值，执行效果如下：

```
127.0.0.1:6379> get user:name
"mr"
127.0.0.1:6379> append user:name @mingri.com
(integer) 13
127.0.0.1:6379> get user:name
"mr@mingri.com"
```

getset 命令是将 get 命令和 set 命令结合了起来，语法如下：

```
getset [key] [value]
```

该命令会覆盖 key 的旧值，效果等同于 set 命令，但命令会返回修改之前的旧值。执行效果如下：

```
127.0.0.1:6379> get user:name
"mr@mingri.com"
127.0.0.1:6379> getset user:name mingri
"mr@mingri.com"
127.0.0.1:6379> get user:name
"mingri"
```

批量赋值的语法如下：

```
mset [key1] [value1] [key2] [value2] [key3] [value3] ......
```

该命令采用不定长参数，但要注意 key 与 value 的顺序。

批量读取值的语法如下：

```
mget [key1] [key2] [key3]
```

两个命令结合使用，执行的效果如下：

```
127.0.0.1:6379> mset num1 15 num2 63 num3 47 num4 27
OK
127.0.0.1:6379> mget num1 num2 num3 num4
1) "15"
2) "63"
3) "47"
4) "27"
```

删除 key 的语法如下：

```
del [key1] [key2] [key3] ......
```

key 被删除之后对应的 value 也会被删除，所以要慎重执行此操作。

（4）原子递增与原子递减

Redis 的优势之一就是能很好地处理高并发业务。原子递增和原子递减是处理高并发的核心命令之一。所谓的"原子"，是指该命令的执行过程完全独立，从开始执行到执行完毕不会受到任何其他操作影响，即使多个线程争抢执行这一命令，该命令也能合理为各线程分配先后顺序，避免线程冲突。

原子递增命令的语法如下：

```
incr [key]
```

原子递减命令的语法如下：

```
decr [key]
```

虽然 Redis 没有整数类型，但这两个命令可以将 value 字符串解释成十进制 64 位有符号整数，然后再做递增或递减。如果 key 不存在，则会先创建 key，value 取 0，然后再做递增或递减。如果 value 值不能表示为数字，命令会返回错误信息。

原子递增命令和原子递减命令的执行效果如下：

```
127.0.0.1:6379> incr countonline
(integer) 1
127.0.0.1:6379> incr countonline
(integer) 2
127.0.0.1:6379> decr countonline
(integer) 1
127.0.0.1:6379> decr countonline
(integer) 0
127.0.0.1:6379> decr countonline
(integer) -1
```

👑 说明：
　　开发者可以通过原子命令为每一个线程分发排队序号，线程可以根据已获得的序号来判断自己是否可以获得任务资源。若无法获得资源，线程应主动取消任务。这种设计思路可应用于各类高并发场景下的报名、抢购功能。

（5）生存时间

生存时间也叫过期时间。Redis 允许开发者为每一个 key 设置生存时间，一旦 key 的生存时间结束就会被删除。

Redis 中有两种设置生存时间的命令，两种命令的时间单位不一样，以秒作为单位的命令语法如下：

```
expire [key] [second]
```

该命令会在 second 秒之后删除 key。例如，编号为 1000 的用户的登录验证码设置 60 秒的有效期，命令如下：

```
127.0.0.1:6379> expire user:id:1000:verification 60
(integer) 1
```

以毫秒为单位的命令语法如下：

```
pexpire [key] [millisecond]
```

该命令会在 millisecond 毫秒之后删除 key，1 秒 =1000 毫秒。

生存时间从 expire 或 pexpire 执行的一瞬间开始计时。如果想要取消生存时间，需要在生存时间结束前执行以下语法：

```
persist [key]
```

如果 key 值不存在，该命令会返回整数 0。

15.3.2 哈希命令

哈希类型的数据采用哈希表结构存储，其结构如图 15.10 所示，比较像 Java 中的 Map 键值对。一个 key 代表一个哈希表，一个哈希表中每一个字段（field）都对应一个值（value），下面介绍 Redis 中的哈希命令。

key →

field	value
name	zhangsan
age	20
sex	male

图 15.10 哈希表的结构

（1）赋值与取值

为哈希类型赋值、取值的命令，在最基础的 set 命令和 get 命令基础上加了一个“h”前缀，赋值命令的语法如下：

```
hset [key] [field] [value]
```

hset 命令比 set 命令多了一个参数，field 参数表示将 value 保存在 key 哈希表的哪个字段上。该命名会创建不存在的哈希表和字段，并返回整数 1。如果字段已存在则会覆盖原有的值，并返回整数 0。

取值命令的语法如下：

```
hget [key] [field]
```

该命令指定 key 的同时还要指定获取哪个字段对应的值。如果 key 或 field 不存在则返回表示空值的 nil 值。

例如，创建编号为 10 的用户的哈希类型数据，保存该用户的姓名、年龄和性别，指定

的命令如下:

```
127.0.0.1:6379> hset user:id:10 name zhangsan
(integer) 1
127.0.0.1:6379> hset user:id:10 age 25
(integer) 1
127.0.0.1:6379> hset user:id:10 sex male
(integer) 1
127.0.0.1:6379> hget user:id:10 name
"zhangsan"
127.0.0.1:6379> hget user:id:10 age
"25"
127.0.0.1:6379> hget user:id:10 sex
"male"
```

除了赋值命令之外,针对哈希类型还有一个hsetnx新增命令。新增命令只能创建不存在的字段,若字段已经存在则放弃新增操作,其语法如下:

```
hsetnx [key] [field] [value]
```

如果新增命令创建字段成功则返回整数1,创建失败则返回数字0。例如,先后使用hset命令和hsetnx命令为人员姓名赋值,执行效果如下:

```
127.0.0.1:6379> hsetnx user:id:10 name zhangsan
(integer) 1
127.0.0.1:6379> hset user:id:10 name lisi
(integer) 0
127.0.0.1:6379> hsetnx user:id:10 name wangwu
(integer) 0
```

从这个结果可以看到,第一个新增命令的返回值为1,表示新增成功,第二个赋值命令的返回值为0,表示覆盖了原值,第三个新增命令返回值为0,表示未做任何操作。

哈希类型同样支持批量赋值和批量获取,批量赋值的语法如下:

```
hmset [key] [field1] [value1] [field2] [value2] ......
```

批量获取的语法如下:

```
hmgetet [key] [field1] [field2] ......
```

批量赋值与批量获取的执行效果如下:

```
127.0.0.1:6379> hmset user:id:10 name zhangsan age 25 sex male
OK
127.0.0.1:6379> hmget user:id:10 name age sex
1) "zhangsan"
2) "25"
3) "male"
```

(2)哈希表的其他操作

hlen命令可以取哈希表长度,即字段个数,语法如下:

```
hlen [key]
```

执行效果如下:

```
127.0.0.1:6379> hset user:id:10 name zhangsan
(integer) 1
127.0.0.1:6379> hset user:id:10 age 25
(integer) 1
127.0.0.1:6379> hset user:id:10 sex male
(integer) 1
127.0.0.1:6379> hlen user:id:10
(integer) 3
```

hexists 命令可以判断哈希表中是否存在指定字段，语法如下：

```
hexists [key] [field]
```

如果哈希表中存在指定字段则返回整数 1，不存在则返回 0，执行效果如下：

```
127.0.0.1:6379> hset user:id:10 name zhangsan
(integer) 1
127.0.0.1:6379> hexists user:id:10 name
(integer) 1
127.0.0.1:6379> hexists user:id:10 email
(integer) 0
```

hkeys 命令可以一次取出哈希表中所有字段，效果类似 Java 中 Map 接口的 keySet() 方法。hkeys 命令的语法如下：

```
hkeys [key]
```

执行效果如下：

```
127.0.0.1:6379> hmset user:id:10 name zhangsan age 25 sex male
OK
127.0.0.1:6379> hkeys user:id:10
1) "name"
2) "age"
3) "sex"
```

hvals 命令可以一次取出哈希表中所有值，效果类似 Java 中 Map 接口的 values() 方法。hvals 命令的语法如下：

```
hvals [key]
```

执行效果如下：

```
127.0.0.1:6379>  hmset user:id:10 name zhangsan age 25 sex male
OK
127.0.0.1:6379> hvals user:id:10
1) "zhangsan"
2) "25"
3) "male"
```

hgetall 命令可以一次将哈希表中的所有内容都列出来语法如下：

```
hgetall [key]
```

该命令会按照 field1、value1、field2、value2……的顺序返回哈希表中的字段和值，执行效果如下：

```
127.0.0.1:6379> hmset user:id:10 name zhangsan age 25 sex male
OK
127.0.0.1:6379> hgetall user:id:10
1) "name"
2) "zhangsan"
3) "age"
4) "25"
5) "sex"
6) "male"
```

hdel 命令删除哈希表中的字段，语法如下：

```
hdel myhash name
```

👑 说明：

hdel 只能删除哈希表中的字段，想要删除整个哈希表需要使用 del 命令。

15.3.3 列表命令

列表类型也叫链表、双向列表、双向链表，其结构比较像 Java 中的 List。Redis 中一个 key 代表一个列表，列表中的每一个位置都有一个索引值，结构如图 15.11 所示。"双向"表示列表前后都可以添加值。下面介绍 Redis 中的列表命令。

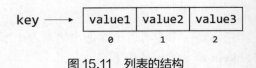

图 15.11　列表的结构

（1）赋值与取值

列表赋值使用"push"表示，可以翻译成"压入"。Redis 提供了两个方向的压入命令：lpush 和 rpush，这两个命令的语法如下：

```
lpush [key] [value1] [value2] [value3] ……
rpush [key] [value1] [value2] [value3] ……
```

lpush 是"left push"的意思，表示从左侧压入，其效果如图 15.12 所示，新值会在列表头部插入。rpush 是"right push"的意思，表示从右侧压入，效果如图 15.13 所示，新值会追加在列表的末尾。这两个命令都会自动创建新列表，并且可以同时添加多个值。

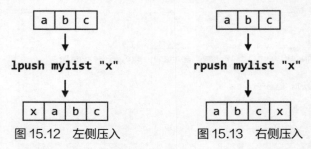

图 15.12　左侧压入　　　　　　图 15.13　右侧压入

想要查看列表中的所有元素就需要对列表进行遍历，遍历命令的语法如下：

```
lrange [key] [start] [stop]
```

start 表示遍历的起始索引，stop 表示遍历至哪一个索引为止。Redis 支持负索引，其概念与 Python 语言类似，-1 索引表示列表的倒数第一个元素，-2 索引表示列表的倒数第二个元素，以此类推。

例如，依次向左压入"a""b""c"三个字母，再依次向右压入"1""2""3"三个数字，遍历整个列表，将所有值按保存顺序列出，执行的命令如下：

```
127.0.0.1:6379> lpush demo a b c
(integer) 3
127.0.0.1:6379> rpush demo 1 2 3
(integer) 6
127.0.0.1:6379> lrange demo 0 -1
1) "c"
2) "b"
3) "a"
4) "1"
5) "2"
6) "3"
```

push 这个名词来源于计算机中的栈结构，与之对应的就是 pop，翻译成弹出，表示取出并删除容器中最外侧的一个元素。Redis 同样提供了两种弹出命令，分别是 lpop 和 rpop，这两个命令的语法如下：

```
lpop [key]
rpop [key]
```

lpop 表示从左侧弹出，rpop 表示从右侧弹出，执行效果如下：

```
127.0.0.1:6379> rpush demo a b c d e f
(integer) 6
127.0.0.1:6379> lpop demo
"a"
127.0.0.1:6379> lrange demo 0 -1
1) "b"
2) "c"
3) "d"
4) "e"
5) "f"
127.0.0.1:6379> rpop demo
"f"
127.0.0.1:6379> lrange demo 0 -1
1) "b"
2) "c"
3) "d"
4) "e"
```

（2）其他操作

llen 命令可以获取列表的长度，也就是元素个数，语法如下：

```
llen [key]
```

执行效果如下：

```
127.0.0.1:6379> rpush demo a b c d e f
(integer) 6
127.0.0.1:6379> llen demo
(integer) 6
```

linsert 命令可以把元素插入到列表内部，而非两端，语法如下：

```
linsert [key] before [pivot] [value]
linsert [key] after [pivot] [value]
```

pivot 参数必须是列表中某个已存在的元素，使用 before 命令表示将 value 值插入在 pivot 元素前面，也就是左侧；使用 after 命令表示将 value 值插入在 pivot 元素后方，也就是右侧。如果列表中不存在 pivot 元素，linsert 命令不会执行任何操作。

左侧插入的效果如下：

```
127.0.0.1:6379> rpush demo a b c
(integer) 3
127.0.0.1:6379> linsert demo before b 4
(integer) 4
127.0.0.1:6379> lrange demo 0 -1
1) "a"
2) "4"
3) "b"
4) "c"
```

右侧插入的效果如下：

```
127.0.0.1:6379> rpush demo a b c
(integer) 3
127.0.0.1:6379> linsert demo after b 7
(integer) 4
127.0.0.1:6379> lrange demo 0 -1
1) "a"
2) "b"
3) "7"
4) "c"
```

lindex 命令可以获取指定索引的值，语法如下：

```
lindex [key] [index]
```

如果 index 超出了最大索引值则会返回表示空值的 nil 值，最后一个元素的索引可以用 -1 表示。该命令的在执行效果如下：

```
127.0.0.1:6379> rpush demo a b c
(integer) 3
127.0.0.1:6379> lindex demo 2
"c"
```

lset 命令可以更新列表中指定索引位置的值，其语法如下：

```
lset [key] [index] [value]
```

如果 index 超出了最大范围则会返回错误信息。该命令执行效果如下：

```
127.0.0.1:6379> rpush demo a b c
(integer) 3
127.0.0.1:6379> lset demo 1 K
OK
127.0.0.1:6379> lrange demo 0 -1
1) "a"
2) "K"
3) "c"
```

ltrim 命令可以用来截取列表中的一个片段，其语法如下：

```
ltrim [key] [start] [stop]
```

start 表示截取的起始索引，stop 表示截取至哪一个索引为止。该命令的直接效果如下：

```
127.0.0.1:6379> rpush demo a b c d e f
(integer) 6
127.0.0.1:6379> ltrim demo 2 4
OK
127.0.0.1:6379> lrange demo 0 -1
1) "c"
2) "d"
3) "e"
```

lrem 命令用于删除列表中的元素，其语法如下：

```
lrem [key] [count] [value]
```

count 参数用于指定删除规则，可用规则如下：

- 如果 count > 0，则从左向右删除 count 个与 value 相等的元素。
- 如果 count < 0，则从右向左删除 count 个与 value 相等的元素。
- 如果 count = 0，则删除所有与 value 相等的值。

从左往右删除 1 个元素的执行效果如下：

```
127.0.0.1:6379> rpush demo a b c a b c
(integer) 6
127.0.0.1:6379> lrem demo 1 c
(integer) 1
127.0.0.1:6379> lrange demo 0 -1
1) "a"
2) "b"
3) "a"
4) "b"
5) "c"
```

全部删除的执行效果如下：

```
127.0.0.1:6379> rpush demo a b c a b c
(integer) 6
127.0.0.1:6379> lrem demo 0 c
(integer) 2
127.0.0.1:6379> lrange demo 0 -1
1) "a"
2) "b"
3) "a"
4) "b"
```

15.3.4 集合命令

Redis 中包含无序集合和有序集合两种类型，本章主要介绍无序集合的相关命令。

虽然叫无序集合，但实际上 Redis 是根据哈希值分配元素位置，只不过元素之间不会构成线性结构，而是类似图 15.14 所示的结构。列表中的元素是可以重复的，但集合不会保存重复元素，因此集合具有去重、

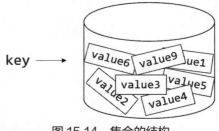

图 15.14 集合的结构

高效的特性。

下面介绍 Redis 中的集合命令。

> 说明：
> 因为官方给集合中的 value 注释为 [member]，所以集合中的 value 可以叫值，也可以叫成员。

（1）赋值与获取

向集合添加成员的命令语法如下：

```
sadd [key] [member1] [member2] [member3] ......
```

该命令会返回被添加进集合的成员数量，重复的元素不会被统计。若 key 不存在则会自动创建新集合。该命令执行效果如下：

```
127.0.0.1:6379> sadd demo a b c a b c
(integer) 3
```

smembers 命令用于查看集合中所有成员，其语法如下：

```
smembers [key]
```

若查询的 key 不存在则返回空集合。该命令的执行效果如下：

```
127.0.0.1:6379> sadd demo a b c a b c
(integer) 3
127.0.0.1:6379> smembers demo
1) "a"
2) "b"
3) "c"
127.0.0.1:6379> smembers demo2
(empty list or set)
```

sismember 命令用于判断集合中是否有某个成员，其语法如下：

```
sismember [key] [member]
```

如果 member 是集合中的成员，则返回整数 1，否则返回整数 0。该命令执行效果如下：

```
127.0.0.1:6379> sadd demo a b c a b c
(integer) 3
127.0.0.1:6379> sismember demo c
(integer) 1
```

（2）其他操作

scard 命令可以返回集合的成员个数，其语法如下：

```
scard [key]
```

如果集合不存在或集合中没有任何成员，则返回整数 0。该命令执行效果如下：

```
127.0.0.1:6379> sadd demo a b c a b c
(integer) 3
127.0.0.1:6379> scard demo
(integer) 3
```

srandmember 命令可以随机获取一个集合中的成员，其语法如下：

```
srandmember [key]
```

spop 命令可以随机弹出一个集合中的成员，其语法如下：

```
spop [key]
```

两个随机取值命令的不同之处在于：srandmember 命令只取值，不做删除操作；spop 命令会将取出的成员从集合中删除。

srem 命令可以删除集合中的成员，其语法如下：

```
srem [key] [member1] [member2] [member3] ......
```

该命令可以同时删除多个成员，若参数在集合中不存在则被忽略，最后返回成功删除的成员个数。该命令执行效果如下：

```
127.0.0.1:6379> sadd demo a b c d
(integer) 4
127.0.0.1:6379> srem demo a b 1 2 3
(integer) 2
127.0.0.1:6379> smembers demo
1) "d"
2) "c"
```

（3）差集、交集与并集

差集指多个集合作差得到的子集，也就是属于 A 集合但不属于 B 集合的元素所构成的集合，其范围如图 15.15 所示。

sdiff 命令可以获取多个集合的差集，其语法如下：

```
sdiff [key1] [key2] [key3] ......
```

如果参数中有不存在的 key，则会将其视为空集合。该命令的执行效果如下：

```
127.0.0.1:6379> sadd demo1 a b c d
(integer) 0
127.0.0.1:6379> sadd demo2 c d e f
(integer) 0
127.0.0.1:6379> sdiff demo1 demo2
1) "a"
2) "b"
```

交集指多个集合共有的子集，也就是既属于 A 集合又属于 B 集合的元素构成的集合，其范围如图 15.16 所示。

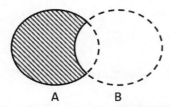

图 15.15　A 集合与 B 集合的差集

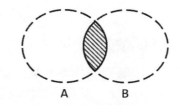

图 15.16　A 集合与 B 集合的交集

sinter 命令可以获取多个集合的交集，其语法如下：

```
sinter [key1] [key2] [key3] ......
```

该命令的执行效果如下：

```
127.0.0.1:6379> sadd demo1 a b c d
(integer) 4
127.0.0.1:6379> sadd demo2 c d e f
(integer) 4
127.0.0.1:6379> sinter demo1 demo2
1) "d"
2) "c"
```

并集指多个集合的全部元素合并而成的集合，其范围如图 15.17 所示。

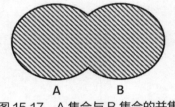

图 15.17　A 集合与 B 集合的并集

sunion 命令可以获取多个集合的交集，其语法如下：

```
sunion [key1] [key2] [key3] ......
```

该命令的执行效果如下：

```
127.0.0.1:6379> sadd demo1 a b c d
(integer) 4
127.0.0.1:6379> sadd demo2 c d e f
(integer) 4
127.0.0.1:6379> sunion demo1 demo2
1) "c"
2) "a"
3) "b"
4) "e"
5) "f"
6) "d"
```

15.4　Spring Boot 访问 Redis

Spring Boot 也提供了整合 Redis 驱动包的依赖包，开发者只需配置连接信息、注入连接对象即可访问 Redis 数据。本节将结合 spring-boot-starter-redis 依赖介绍两种访问 Redis 的方法。

15.4.1　添加依赖

Java 访问 Redis 使用的 JAR 文件都已经整合到 spring-boot-starter-redis 依赖中。开发者仅需在项目的 pom.xml 文件中添加以下依赖：

```
01  <dependency>
02      <groupId>org.springframework.boot</groupId>
03      <artifactId>spring-boot-starter-redis</artifactId>
04      <version>1.4.7.RELEASE</version>
05  </dependency>
```

👑 说明:

读者可以到阿里云云效 Maven 查询最新的版本号。

15.4.2 配置项

Spring Boot 中实现 Redis 相关配置项的类为 RedisPropertie,该类位于 org.springframework.boot.autoconfigure.data.redis 包。开发者可以在 application.properties 配置文件中填写以下配置:

```
06  # Redis 服务 IP 地址
07  spring.redis.host=127.0.0.1
08  # Redis 服务端口
09  spring.redis.port=6379
10  # 下面这些配置可以不写,Redis 自动采用默认值
11  # Redis 服务密码(默认为空)
12  spring.redis.password=
13  # 连接的库索引(默认 0)
14  spring.redis.database=0
15  # 连接超时的毫秒数
16  spring.redis.timeout=10000ms
17  # 连接池最大连接数(负值表示没有限制)
18  spring.redis.jedis.pool.max-active=5
19  # 连接池最大阻塞等待时间(负值表示没有限制)
20  spring.redis.jedis.pool.max-wait=-1ms
21  # 连接池的最大空闲连接数
22  spring.redis.jedis.pool.max-idle=8
23  # 连接池的最小空闲连接数
24  spring.redis.jedis.pool.min-idle=0
```

👑 说明:

以上配置主要应用于 RedisTemplate 组件。

15.4.3 使用 Jedis 访问 Redis

Jedis 是 Java 连接 Redis 的驱动之一,驱动包为 jedis.jar,该包提供了一个 redis.clients.jedis.Jedis 类,开发者可以直接使用此类操作 Redis 数据库。

直接使用 Jedis 类有好处也有坏处,好处是可以直接调用驱动包中的 API,执行效率会提升,而且 Jedis 的 API 与 Redis 的命令更像,学习起来更轻松。但坏处也很明显,脱离了 Spring 框架,很多优秀的功能就无法使用了,例如自动管理连接池、自动整合其他组件等,连 Spring Boot 的配置文件都需要手动读取。

接下来介绍如何在 Spring Boot 项目中使用 Jedis。

(1)注册 Bean

Spring Boot 不能自动创建 Jedis 类对象,开发者需要手动注册 Jedis 的 Bean。

Jedis 类的构造方法有多种重载形式,例如,可以使用下面这段代码注册 Jedis,指定要连接的 IP 和端口的同时,设置连接密码和连接的超时时间:

```
25  package com.mr.config;
26  import org.springframework.context.annotation.Bean;
27  import org.springframework.context.annotation.Configuration;
28  import redis.clients.jedis.HostAndPort;
29  import redis.clients.jedis.Jedis;
30  import redis.clients.jedis.JedisClientConfig;
```

```
31    @Configuration
32    public class JedisConfig {
33        @Bean
34        public Jedis getJedis() {
35            return new Jedis(new HostAndPort("127.0.0.1","6379"),    // 设置域名与端口
36                        new JedisClientConfig() {                     // 实现客户端配置接口对象
37                            public String getPassword() {             // 密码默认为空
38                                return null;
39                            }
40                            public int getConnectionTimeoutMillis() {// 超时毫秒数
41                                return 2000;
42                            }
43                        }
44                    );
45        }
46    }
```

构造方法中的第二个参数是 JedisClientConfig 接口类型，该接口提供的方法均为 default 方法，所以也可以不做任何重写，让所有配置均采用默认配置，代码如下：

```
47    @Bean
48    public Jedis getJedis() {
49        return new Jedis(new HostAndPort("127.0.0.1","6379"), new JedisClientConfig() {});
50    }
```

以上代码还能够继续简化，直接调用 Jedis 的最简构造方法，代码如下：

```
51    @Configuration
52    public class JedisComponent {
53        @Bean
54        public Jedis getJedis() {
55            return new Jedis("127.0.0.1",6379);
56        }
57    }
```

在 Spring Boot 中注册完 Jedis 对象之后，在其他组件中直接注入即可使用：

```
58    @Autowired
59    Jedis jedis;
```

（2）常用 API

Jedis 提供的方法基本与 Redis 的相关命令同名，例如 Redis 中为键赋值的命令为 set，同样的功能在 Jedis 中也叫 set(String key, String value)，连参数顺序都完全一致。常用的方法如下。

为键值类型赋值和取值的方法：

```
60    jedis.set("username", "mr");                    // 为键赋值
61    String username = jedis.get("username");        // 根据键获取值
```

原子递增和原子递减的方法：

```
62    Long num1 = jedis.incr("number");               // 原子递增
63    Long num2 = jedis.decr("number");               // 原子递减
```

哈希类型赋值和取值的方法：

```
64    jedis.hset("user", "name", "zhangsan");         // 为哈希表赋值
65    jedis.hset("user", "age", "25");
66    String userAge = jedis.hget("user", "age");     // 去读 user 表的 age 字段
```

列表类型赋值和取值的方法：

```
67    jedis.rpush("namelist", "张三", "李四", "王五", "赵六");    // 为列表赋值
68    List<String> list = jedis.lrange("namelist", 0, -1);        // 遍历所有列表
```

集合类型赋值和取值的方法：

```
69    jedis.sadd("demo", "a", "b", "c", "a", "b");                // 为集合赋值
70    Set<String> set = jedis.smembers("demo");                   // 遍历集合
```

读者只需掌握 Redis 相关命令的语法，即可直接在 Jedis 的方法中套用。

想要学习更多 Jedis 提供的方法，可以查阅开源中国平台提供的在线 API 文档。

（3）实例

使用 Redis 的原子递增服务可以很好地解决高并发的抢购场景，下面通过一个简化版的实例来演示如何实现。

[实例 01]

高并发抢票服务

（源码位置：资源包 \Code\15\01）

某网站开通限量抢票服务，在不考虑用户登录的前提下，大量用户点击购票连接即可完成下单操作。在这个场景中，后台服务要确保下单数量不能超过最大库存数，最好的办法就是所有抢购请求均由 Redis 的原子自增命令分发排队编号，超出最大库存数量的号码均不提供下单服务。下面介绍代码的实现。

第一步要为 Spring Boot 项添加依赖，需要的依赖包括 Web、Thymeleaf 和 Redis，需要为 pom.xml 文件添加以下内容：

```
71    <dependency>
72        <groupId>org.springframework.boot</groupId>
73        <artifactId>spring-boot-starter-thymeleaf</artifactId>
74    </dependency>
75    <dependency>
76        <groupId>org.springframework.boot</groupId>
77        <artifactId>spring-boot-starter-web</artifactId>
78    </dependency>
79    <dependency>
80        <groupId>org.springframework.boot</groupId>
81        <artifactId>spring-boot-starter-redis</artifactId>
82        <version>1.4.7.RELEASE</version>
83    </dependency>
```

第二步在 application.properties 文件中添加下面的配置内容：

```
84    spring.redis.host=127.0.0.1
85    spring.redis.port=6379
86    ticket.total=12
```

前两行是 Redis 的连接信息，第三行是自定义的最大库存数，开发者可自行修改。

第三步注册 Jedis 对象。注入 Environment 环境组件，从配置文件中读出连接的 IP 和端口，然后创建 Jedis 对象，代码如下：

```
87    package com.mr.config;
88    import org.springframework.beans.factory.annotation.Autowired;
```

```java
89     import org.springframework.context.annotation.*;
90     import org.springframework.core.env.Environment;
91     import redis.clients.jedis.*;
92
93     @Configuration
94     public class JedisConfig {
95         @Autowired
96         Environment env;                                        // 注入环境组件，读配置文件
97
98         @Bean
99         public Jedis getJedis() {
100            return new Jedis(new HostAndPort(                   // 设置域名与端口
101                           env.getProperty("spring.redis.host"), // 获取配置的 IP
102                           env.getProperty("spring.redis.port", Integer.class)// 获取配置的端口
103            ), new JedisClientConfig() {                         // 实现客户端配置接口对象
104                public int getConnectionTimeoutMillis() {// 超时毫秒数
105                    return 2000;
106                }
107                public String getPassword() {  // 密码默认为空
108                    return null;
109                }
110            }
111            );
112        }
113    }
```

第四步编写购票服务。在服务类中注入注册好的 Jedis 对象和配置文件中的最大库存值，同时创建两个常量用于保存 Redis 中的键名称：一个表示用于原子递增的已购票数，另一个表示抢购互动的结束状态。

在抢购方法中首先读取结束状态，如果活动已结束就返回 null，未结束则执行原子递增命令。若递增之后的数字超出最大库存则将活动状态变为"结束"，不提供出票操作；若未超出最大库存就进行出票操作，返回该票的票号字符串。

购票服务的代码如下：

```java
114    package com.mr.service;
115    import org.springframework.beans.factory.annotation.*;
116    import org.springframework.stereotype.Service;
117    import redis.clients.jedis.Jedis;
118
119    @Service
120    public class TicketsService {
121        @Autowired
122        Jedis jedis;
123
124        @Value("${ticket.total}")                               // 自动注入配置文件的值
125        Long total;
126
127        final String COUNT_KEY = "ticketscount";                // 自增的已售票数
128        final String FINISH_KEY = "scramble.finish";            // 抢购结束表示，true 表示解释
129
130        public String scramble() {
131            String finish = jedis.get(FINISH_KEY);              // 获取结束状态
132            if (!"ture".equals(finish)) {                       // 如果抢购未结束
133                Long applicationNumber = jedis.incr(COUNT_KEY);// 出一张票
134                if (applicationNumber <= total) {// 如果当前票数小于等于最大票数，则出票
135                    return String.format("ticket%03d", applicationNumber);// 数字长度为3，用 0 补位
136                } else {
137                    jedis.set(FINISH_KEY, "ture");              // 抢购状态设为结束
138                }
```

```
139             }
140             return null;// 没票了
141         }
142 }
```

第五步编写控制器。控制器接收到"/scramble"的请求后，调用购票服务的抢票方法，如果出票成功则告知用户获得的票号，若出票失败则给予提示。控制器的代码如下：

```
143 package com.mr.controller;
144 import org.springframework.beans.factory.annotation.Autowired;
145 import org.springframework.stereotype.Controller;
146 import org.springframework.web.bind.annotation.*;
147 import com.mr.service.TicketsService;
148
149 @Controller
150 public class TicketController {
151     @Autowired
152     TicketsService service;
153
154     @RequestMapping("/scramble")
155     @ResponseBody
156     public String grab() {
157         String ticketnum = service.scramble();    // 抢票
158         if (ticketnum == null) {                  // 没抢到
159             return "<h1>对不起,所有票都已经抢完了！</h1>";
160         } else {                                  // 抢到了
161             return "<h1>请牢记您的票号: " + ticketnum + "</h1>";
162         }
163     }
164
165     @RequestMapping("/index")
166     public String index() {
167         return "buyticket";
168     }
169 }
```

最后一步是提供入口页面。buyticket.html 作为抢票入口页面，仅提供一个抢票超链接即可，代码如下：

```
170 <!DOCTYPE html>
171 <html>
172 <head>
173 <meta charset="UTF-8">
174 <title>抢票页面</title>
175 </head>
176 <body>
177     <a href="/scramble" style="font-size:18px; ">立即抢票</a>
178 </body>
179 </html>
```

编写完以上所有代码后启动项目，打开浏览器访问"http://127.0.0.1:8080/index"地址进入抢票入口，可以看到如图 15.18 所示页面，点击"立即抢票"超链接即开始抢票。

图 15.18　抢票的入口页面

如果第一次点击抢票则会看到如图 15.19 所示页面，票号为 ticket001 表示抢到了第一张票。如果读者有条件可以让多个浏览器同时点击抢票，即可以看到每个人都分配了不同的票号。一旦所有票都抢完，无论用何种方法抢票都只能看到如图 15.20 所示的页面。

图 15.19　成功抢到第一张票

图 15.20　所有票都卖完了

15.4.4　使用 RedisTemplate 访问 Redis

RedisTemplate 是 Spring 框架提供的专门用于操作 Redis 的工具类，该类位于 org.springframework.data.redis.core 包，其本质是对 Jedis 进行了进一步的封装，使其可以更好地融入 Spring 框架。RedisTemplate 可以自动获取 application.properties 文件中配置 Redis 服务的连接信息。

RedisTemplate<K, V> 本身有两个泛型，K 和 V 分别表示采用哪种类型保存 key 和 value，因为大多数项目都把 key 和 value 保存成字符串形式，所以 Spring 提供了 RedisTemplate 的字符串序列化子类 StringRedisTemplate，其定义如下：

```
StringRedisTemplate extends RedisTemplate<String, String>
```

Spring Boot 项目可以直接注入 StringRedisTemplate 对象，StringRedisTemplate 操作的 key 和 value 都是字符串形式，非常方便开发者保存 JSON 数据。

因为 RedisTemplate 是 Spring 的组件，所以开发者可以直接 Spring Boot 项目的 application.properties 文件中配置 Redis 服务的连接信息，Spring Boot 在注册 RedisTemplate 对象时会自动连接服务。

RedisTemplate 与 Jedis 最明显的差别就是 Jedis 的方法与 Redis 命令同名，但 RedisTemplate 的方法与 Redis 命令不同名。RedisTemplate 的 API 采用了 JDK API 的命名规则，因此会增加初学者的学习压力。为了方便大家学习和查阅，下面会列出常用的 API 并说明其与 Redis 命令的关系。

RedisTemplate 类并不能直接操作 Redis，但其针对 Redis 的各种数据类型提供了不同的操作对象，开发者需要通过这些操作对象来执行 Redis 命令。RedisTemplat 提供常用操作对象的方法如表 15.1 所示。

表 15.1　RedisTemplate 提供常用操作对象的方法

返回类型	方法	说明
ValueOperations<K,V>	opsForValue()	获取键值操作对象
<HK,HV> HashOperations<K,HK,HV>	opsForHash()	获取哈希操作对象
ListOperations<K,V>	opsForList()	获取列表操作对象
SetOperations<K,V>	opsForSet()	获取集合操作对象

ValueOperations 是键值操作接口，只能用于执行基础键值命令，其常用方法如表 15.2 所示。

表 15.2　ValueOperations 键值操作接口常用的方法

返回值	方法名	说明
Integer	append(K key, String value)	对应 append 命令，拼接值
Long	decrement(K key)	对应 decr 命令，原子递减
Long	decrement(K key, long delta)	对应 decr 命令，delta 为递减量
V	get(Object key)	对应 get 命令，取值
V	getAndSet(K key, V value)	对应 getset 命令，赋新值，取旧值
Long	increment(K key)	对应 incr 命令，原子递增
Double	increment(K key, double delta)	对应 incr 命令，delta 为递增量
void	set(K key, V value)	对应 set 命令，赋值
default void	set(K key, V value, Duration timeout)	执行 set 命令，并为 key 设置生存时间，具体时间由 Duration 对象指定
void	set(K key, V value, long timeout, TimeUnit unit)	执行 set 命令，key 的生存时间取值 timeout，时间单位由 TimeUnit 指定
Long	size(K key)	对应 len 命令，取值长度

HashOperations 是哈希操作接口，只能用于执行哈希命令，其常用方法如表 15.3 所示。

表 15.3　HashOperations 哈希操作接口常用的方法

返回值	方法名	说明
Long	delete(H key, Object... hashKeys)	对应 hdel 命令，删除字段
Map<HK,HV>	entries(H key)	取出哈希表中所有字段和值，保存成 Map 对象
HV	get(H key, Object hashKey)	对应 hget 命令，取值
Boolean	hasKey(H key, Object hashKey)	对应 hexists 命令，判断字段是否存在
Set<HK>	keys(H key)	对应 hkeys 命令，取所有字段
Long	lengthOfValue(H key, HK hashKey)	获取 key 表中 hashKey 字段的值长度
void	put(H key, HK hashKey, HV value)	对应 hset 命令，赋值
void	putAll(H key, Map<? extends HK,? extends HV> m)	将 Map 中的 key-value 全部赋给哈希表
Boolean	putIfAbsent(H key, HK hashKey, HV value)	只有表中没有该字段情况下，才会执行的赋值操作
Long	size(H key)	对应 hlen 命令，取哈希表长度
List<HV>	values(H key)	对应 hvals 命令，取所有值

ListOperations 是列表操作接口，只能用于执行哈希命令，其常用方法如表 15.4 所示。

表 15.4　ListOperations 列表操作接口常用的方法

返回值	方法名	说明
V	index(K key, long index)	对应 lindex 命令，取索引位置值
Long	indexOf(K key, V value)	返回 value 从左至右第一次出现的索引
Long	lastIndexOf(K key, V value)	返回 value 从右至左第一次出现的索引

续表

返回值	方法名	说明
V	leftPop(K key)	对应 lpop 命令，左侧弹出
Long	leftPush(K key, V value)	对应 lpush 命令，左侧压入
Long	leftPush(K key, V pivot, V value)	对应 linsert 命令，在 pivot 元素左侧插入 value
Long	leftPushAll(K key, Collection<V> values)	在列表左侧压入 values 集合中所有值
Long	leftPushAll(K key, V... values)	对应 lpush 命令，支持不定长参数
Long	leftPushIfPresent(K key, V value)	只有列表存在的情况下才会向左侧压入值
List<V>	range(K key, long start, long end)	对应 lrange 命令，遍历列表
Long	remove(K key, long count, Object value)	对应 lrem 命令，删除元素
V	rightPop(K key)	对应 rpop 命令，右侧弹出
V	rightPopAndLeftPush(K sourceKey, K destinationKey)	弹出 sourceKey 列表右侧的值，并将其拼接到 destinationKey 列表左侧，最后返回此值
Long	rightPush(K key, V value)	对应 rpush，右侧压入
Long	rightPush(K key, V pivot, V value)	对应 linsert 命令，在 pivot 元素右侧插入 value
Long	rightPushAll(K key, Collection<V> values)	在列表右侧压入 values 集合中的所有值
Long	rightPushAll(K key, V... values)	对应 rpush 命令，支持不定长参数
Long	rightPushIfPresent(K key, V value)	只有列表存在的情况下才会向右侧压入值
void	set(K key, long index, V value)	对应 lset 命令，修改值
Long	size(K key)	对应 llen 命令，列表长度
void	trim(K key, long start, long end)	对应 ltrim 命令，截取列表

SetOperations 是集合操作接口，只能用于执行哈希命令，其常用方法如表 15.5 所示。

表 15.5　SetOperations 集合操作接口常用的方法

返回值	方法名	说明
Long	add(K key, V... values)	对应 sadd 命令，添加成员
Set<V>	difference(Collection<K> keys)	对应 sdiff 命令，取所有集合的差集
Set<V>	difference(K key, Collection<K> otherKeys)	对应 sdiff 命令，取 key 与其他集合的差集
Set<V>	difference(K key, K otherKey)	对应 sdiff 命令，取 key 与 otherKey 的差集
Long	differenceAndStore(Collection<K> keys, K destKey)	取所有集合的差集，将结果储存在 destKey 集合中
Long	differenceAndStore(K key, Collection<K> otherKeys, K destKey)	取 key 与 otherKey 的差集，将结果储存在 destKey 集合中
Long	differenceAndStore(K key, K otherKey, K destKey)	取 key 与 otherKey 的差集，将结果储存在 destKey 集合中
Set<V>	distinctRandomMembers(K key, long count)	从 key 集合中随机取 count 个不同的元素
Set<V>	intersect(Collection<K> keys)	对应 sinter 命令，取所有集合的交集
Set<V>	intersect(K key, Collection<K> otherKeys)	对应 sinter 命令，取 key 与其他集合的交集
Set<V>	intersect(K key, K otherKey)	对应 sinter 命令，取 key 与 otherKey 的交集
Long	intersectAndStore(Collection<K> keys, K destKey)	取所有集合的差集，将结果储存在 destKey 集合中

续表

返回值	方法名	说明
Long	intersectAndStore(K key, Collection<K> otherKeys, K destKey)	取key与otherKey的交集，将结果储存在destKey集合中
Long	intersectAndStore(K key, K otherKey, K destKey)	取key与otherKey的交集，将结果储存在destKey集合中
Boolean	isMember(K key, Object o)	对应sismember命令，判断o是不是key的成员
Set<V>	members(K key)	对应smembers命令，获取所有成员
Boolean	move(K key, V value, K destKey)	将key集合中的value成员转移至destKey集合中
V	pop(K key)	对应spop命令，随机弹出一个成员
List<V>	pop(K key, long count)	随机弹出count个成员
V	randomMember(K key)	对应srandmember命令，随机获取一个成员
List<V>	randomMembers(K key, long count)	随机获取count个成员
Long	remove(K key, Object... values)	对应srem命令，删除成员
Long	size(K key)	对应scard命令，获取成员个数
Set<V>	union(Collection<K> keys)	对应sunion命令，取多个集合的并集
Set<V>	union(K key, Collection<K> otherKeys)	对应sunion命令，取key与其他集合的并集
Set<V>	union(K key, K otherKey)	对应sunion命令，取两个集合的并集
Long	unionAndStore(Collection<K> keys, K destKey)	取所有集合的并集，将结果储存在destKey集合中
Long	unionAndStore(K key, Collection<K> otherKeys, K destKey)	取k与otherKey的并集，将结果储存在destKey集合中
Long	unionAndStore(K key, K otherKey, K destKey)	取key与otherKey的并集，将结果储存在destKey集合中

除了表15.1列出的常用操作对象以外，RedisTemplate也提供了如表15.6所示其他Redis特殊类型的操作对象，但本书不会介绍这些操作，读者可自行学习。

表15.6 其他类型操作对象

返回类型	方法	说明
ZSetOperations<K,V>	opsForZSet()	获取有序集合操作对象
<HK,HV> StreamOperations<K,HK,HV>	opsForStream()	获取流操作对象
HyperLogLogOperations<K,V>	opsForHyperLogLog()	获取基数命令操作对象
GeoOperations<K,V>	opsForGeo()	获取地理命令操作对象
ClusterOperations<K,V>	opsForCluster()	获取集群操作对象

说明：
更多RedisTemplate类相关的API可以查询官方在线文档：https://docs.spring.io/spring-data/redis/docs/current/api/。

[实例02]　（源码位置：资源包 \Code\15\02）

为视频播放量排行榜添加缓存

某视频网站推出视频播放量排行榜功能，大量用户涌入网站查看排行情况，后台服务将接受海量数据查询压力。为了保护数据库不会崩溃，将采用Redis作为缓存中间件为页面提供静态数据。

想要实现这个功能，一套完整的 Spring Boot 项目需要用到 Web 组件、Jackson 解析器、Thymeleaf 模板、MyBatis 持久层框架、MySQL 数据库和 Redis 数据库。

实现的第一步是数据库准备。首先在 MySQL 中创建 db_video 库，在库中创建 t_video 表，表中包含如图 15.21 所示数据。MySQL 数据库准备完毕之后再下载并启动 Redis 数据库。

```
mysql> select * from t_video;
+----+----------------+-----------+------------+
| id | name           | author    | video_view |
+----+----------------+-----------+------------+
| 10 | 零基础学Java    | 张工程师   |     100000 |
| 20 | 如何做鱼香肉丝  | 李厨师    |      80000 |
| 30 | 职场日常妆     | 王女士    |      76000 |
| 40 | 动作电影剪辑    | 老赵      |      66000 |
+----+----------------+-----------+------------+
```

图 15.21　MySQL 数据库的初始数据

第二步要为 Spring Boot 项添加依赖，pom.xml 文件需要添加以下内容：

```xml
180  <dependency>
181      <groupId>org.springframework.boot</groupId>
182      <artifactId>spring-boot-starter-thymeleaf</artifactId>
183  </dependency>
184  <dependency>
185      <groupId>org.springframework.boot</groupId>
186      <artifactId>spring-boot-starter-web</artifactId>
187  </dependency>
188  <dependency>
189      <groupId>org.mybatis.spring.boot</groupId>
190      <artifactId>mybatis-spring-boot-starter</artifactId>
191      <version>2.2.0</version>
192  </dependency>
193  <dependency>
194      <groupId>org.springframework.boot</groupId>
195      <artifactId>spring-boot-starter-redis</artifactId>
196      <version>1.4.7.RELEASE</version>
197  </dependency>
198  <dependency>
199      <groupId>mysql</groupId>
200      <artifactId>mysql-connector-java</artifactId>
201      <scope>runtime</scope>
202  </dependency>
```

第三步，配置 Spring Boot 的数据库连接信息，application.properties 文件中的配置如下：

```
203  spring.redis.host=127.0.0.1
204  spring.redis.port=6379
205  spring.datasource.url=jdbc:mysql://127.0.0.1:3306/db_video?useUnicode=true&characterEncoding=UTF-8&useSSL=false&serverTimezone=Asia/Shanghai&zeroDateTimeBehavior=CONVERT_TO_NULL&allowPublicKeyRetrieval=true
206  spring.datasource.username=root
207  spring.datasource.password=123456
```

第四步，编写 t_video 表的数据实体类 VideoPo。VideoPo 类的定义如下：

```java
208  package com.mr.pojo;
209  public class VideoPo {
210      private Integer id;              // 编号
211      private String name;             // 名称
212      private String author;           // 作者
213      private Integer videoView;       // 播放量
214
215      // 此处省略构造方法、属性的 GETTER/SETTER 方法和 toString() 方法
216  }
```

第五步，编写 MyBatis 映射器，该映射器仅提供一个按播放量降序排列的查询方法，并指定实体类播放量属性与表中播放量字段的映射关系。映射器代码如下：

```java
217  package com.mr.mapper;
218  import java.util.List;
219  import org.apache.ibatis.annotations.*;
220  import com.mr.pojo.VideoPo;
221
222  public interface VideoMapper {
223      @Select("select * from t_video order by video_view desc")
224      @Results(@Result(property = "videoView", column = "video_view"))
225      List<VideoPo> getRankingList();
226  }
```

第六步，编写 Redis 操作服务 RedisDaoImpl 类。该类中注入 StringRedisTemplate 对象和 Jackson 对象。类中的 getRankingList() 方法读取保存排行榜数据库的 JSON 字符串，并将 JSON 数据转为保存实体类的 List 对象。saveRankingList() 方法会将排行榜数据解析成 JSON 字符串并保存在 Redis 中，保存时间为 10 秒。RedisDaoImpl 类的代码如下：

```java
227  package com.mr.dao;
228  import java.util.*;
229  import java.util.concurrent.TimeUnit;
230  import org.springframework.beans.factory.annotation.Autowired;
231  import org.springframework.data.redis.core.StringRedisTemplate;
232  import org.springframework.stereotype.Service;
233  import com.fasterxml.jackson.core.JsonProcessingException;
234  import com.fasterxml.jackson.databind.*;
235  import com.fasterxml.jackson.databind.node.ArrayNode;
236  import com.mr.pojo.VideoPo;
237
238  @Service
239  public class RedisDaoImpl {
240      @Autowired
241      private StringRedisTemplate template;
242
243      @Autowired
244      private ObjectMapper jackson;                                    // JSON 解析器
245
246      public List<VideoPo> getRankingList() {
247          String listJson = template.opsForValue().get("rankinglist"); // 读取缓存中的 JSON
248          if (listJson == null) {                                      // 如果没有缓存过此数据
249              return null;
250          }
251          List<VideoPo> videoList = new ArrayList<VideoPo>();
252          try {
253              // 将 JSON 字符串解析成数组节点
254              ArrayNode videoArray = (ArrayNode) jackson.readTree(listJson);
255              for (JsonNode node : videoArray) {                       // 遍历 JSON 数据
256                  // 将每一个节点解析成实体类对象
257                  VideoPo v = jackson.convertValue(node, VideoPo.class);
258                  videoList.add(v);                                    // 添加返回结果中
259              }
260          } catch (JsonMappingException e) {
261              e.printStackTrace();
262          } catch (JsonProcessingException e) {
263              e.printStackTrace();
264          }
265          return videoList;
266      }
267
```

```java
268    public void saveRankingList(List<VideoPo> list) {
269        try {
270            String listJson = jackson.writeValueAsString(list);// 解析成 JSON 字符串
271            // JSON 字符串放到缓存中，10 秒后过期
272            template.opsForValue().set("rankinglist", listJson, 10, TimeUnit.SECONDS);
273        } catch (JsonProcessingException e) {
274            e.printStackTrace();
275        }
276    }
277 }
```

第七步是本项目最关键的步骤，编写 VideoService 视频服务类，该类会注入之前写好的 MyBatis 映射器和 Redis 操作对象。VideoService 视频服务在向前端提供排行榜数据时，会先尝试从 Redis 中读取，如果 Redis 没有数据，则再从 MySQL 中读数据，并同步给 Redis。两种读数据的方法都会留下 Log 日志，方便开发者通过控制台查看数据来源。VideoService 类的代码如下：

```java
278 package com.mr.service;
279 import java.util.List;
280 import org.slf4j.*;
281 import org.springframework.beans.factory.annotation.Autowired;
282 import org.springframework.stereotype.Service;
283 import com.mr.dao.RedisDaoImpl;
284 import com.mr.mapper.VideoMapper;
285 import com.mr.pojo.VideoPo;
286
287 @Service
288 public class VideoService {
289     @Autowired
290     private RedisDaoImpl redisDao;
291     @Autowired
292     private VideoMapper videoMapper;
293     private static final Logger log = LoggerFactory.getLogger(VideoService.class);
294
295     public List<VideoPo> getRankingList() {              // 获取排行榜
296         List<VideoPo> list = redisDao.getRankingList();  // 先从 Redis 取数据
297         log.info(" 访问缓存 ");
298         if (list == null) {                               // 如果 Redis 中没有数据
299             list = videoMapper.getRankingList();          // 从 MySQL 中取数据
300             log.info(" 缓存中没有数据，则访问数据库 ");
301             redisDao.saveRankingList(list);               // 给 Redis 也保存一份
302             return list;
303         }
304         return list;
305     }
306 }
```

第八步编写跳转页面的控制器，当用户访问"/ranking_list"地址时，通过视频服务对象获取排行榜数据，并将数据交给 videoviewlist.html 页面。控制器代码如下：

```java
307 package com.mr.controller;
308 import java.util.List;
309 import org.springframework.beans.factory.annotation.Autowired;
310 import org.springframework.stereotype.Controller;
311 import org.springframework.ui.Model;
312 import org.springframework.web.bind.annotation.RequestMapping;
313 import com.mr.pojo.VideoPo;
314 import com.mr.service.VideoService;
315
```

```
316    @Controller
317    public class VideoController {
318        @Autowired
319        VideoService service;
320    
321        @RequestMapping("/ranking_list")
322        public String getRankingList(Model model) {
323            List<VideoPo> list = service.getRankingList();
324            model.addAttribute("rankinglist", list);
325            return "videoviewlist";
326        }
327    }
```

最后一步编写 videoviewlist.html 页面,展示后台传来的数据,页面代码如下:

```
328    <!DOCTYPE html>
329    <html xmlns:th="http://www.thymeleaf.org">
330    <head>
331    <meta charset="UTF-8">
332    <title>播放量排行榜</title>
333    <style type="text/css">
334    .table-tr {
335        display: table-row;
336    }
337    
338    .table-td {
339        display: table-cell;
340        width: 130px;
341        text-align: center;
342    }
343    </style>
344    
345    </head>
346    <body>
347        <div class="table-tr">
348            <div class="table-td"> 排名 </div>
349            <div class="table-td"> 播放量 </div>
350            <div class="table-td"> 视频名称 </div>
351            <div class="table-td"> 上传者 </div>
352        </div>
353        <div th:each="video:${rankinglist}" class="table-tr">
354            <div class="table-td" th:text="${videoStat.index + 1}"></div>
355            <div class="table-td" th:text="${video.getVideoView()}"></div>
356            <div class="table-td" th:text="${video.getName()}"></div>
357            <div class="table-td" th:text="${video.getAuthor()}"></div>
358        </div>
359    </body>
360    </html>
```

编写完以上所有代码后启动项目,打开浏览器访问"http://127.0.0.1:8080/ranking_list"地址,可以看到如图 15.22 所示页面,数据库表中的视频信息根据播放量从大到小排列显示。

图 15.22　视频播放量排行榜页面

用户可以不停访问此页面，后台可能会打印如图 15.23 所示日志。从该日志可以看出，用户第一次访问页面时，后台首先访问了缓存，又紧接着访问了 MySQL，这表示项目刚启动时缓存是空的，需要从 MySQL 取数据。之后几次的访问没有进入 MySQL，说明缓存分摊了查询压力。当缓存中数据过期之后，就会再次从 MySQL 中取数据。本项目为缓存设置的生存时间为 10 秒，也就意味着每 10 秒才会查询一次 MySQL，这 10 秒内所有查询请求全由 Redis 提供数据，这样就保证了 MySQL 可以稳定运行。

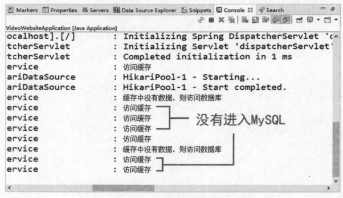

图 15.23　控制台打印的日志

 ## 本章知识思维导图

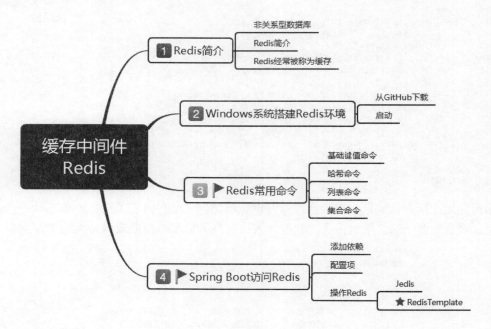